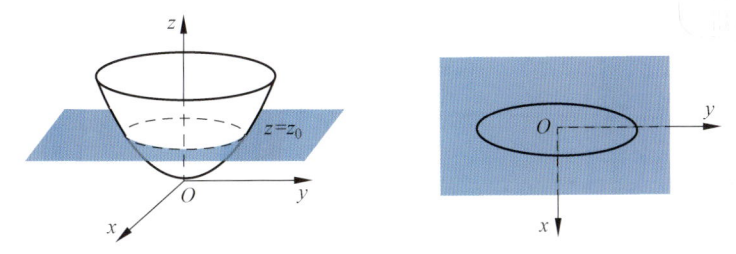

图 6.26 椭圆抛物面被 $z=z_0$ 所截得的曲线示意图

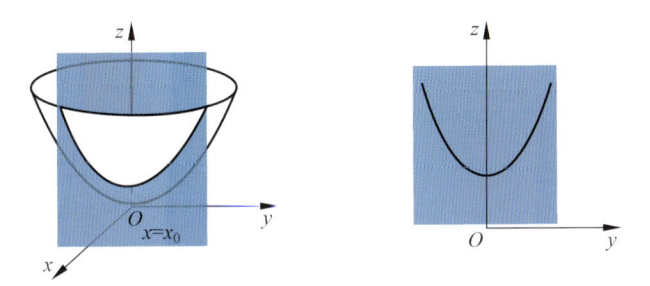

图 6.27 椭圆抛物面被 $x=x_0$ 所截得的曲线示意图

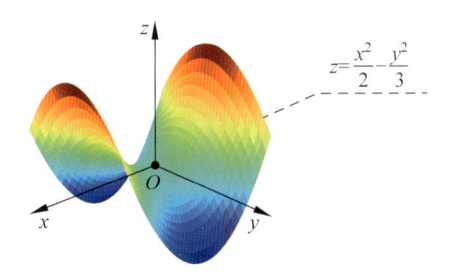

$$z=\frac{x^2}{2}-\frac{y^2}{3}$$

图 6.28 双曲抛物面图像

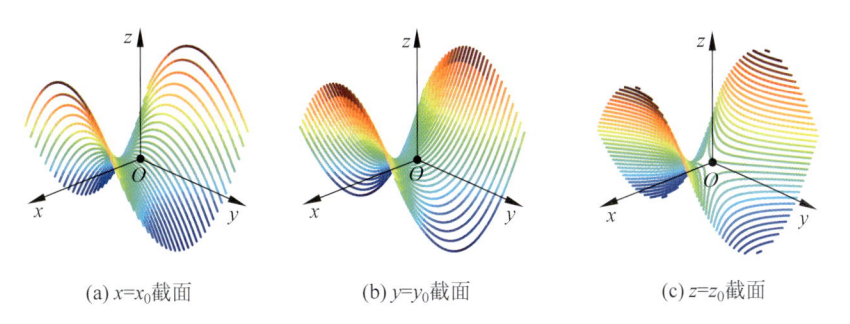

(a) $x=x_0$ 截面　　(b) $y=y_0$ 截面　　(c) $z=z_0$ 截面

图 6.29 截面分析双曲抛物面

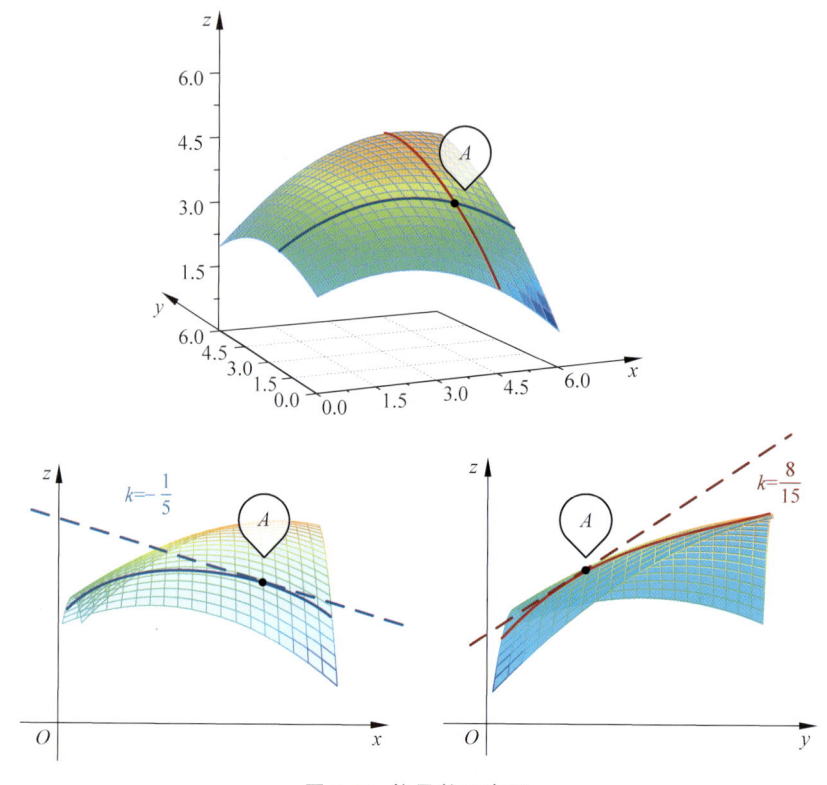

图 7.5 偏导数示意图

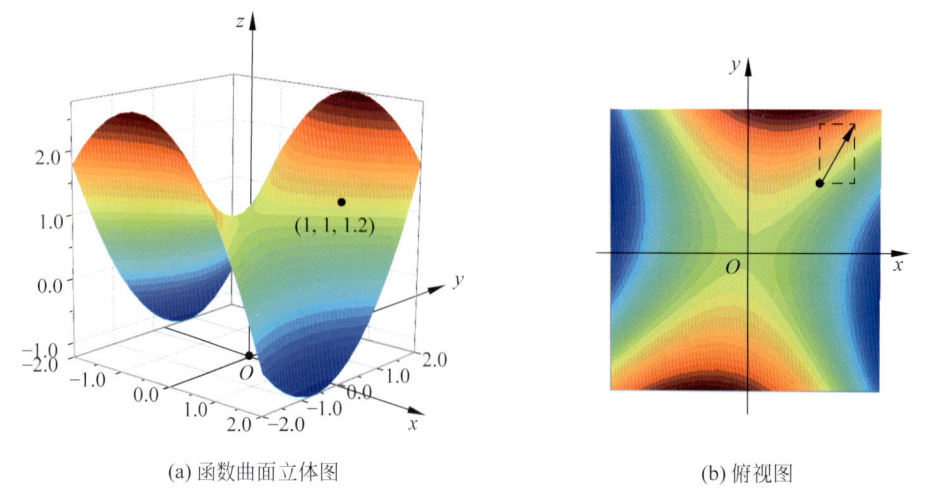

(a) 函数曲面立体图

(b) 俯视图

图 7.6 空间曲面示意图

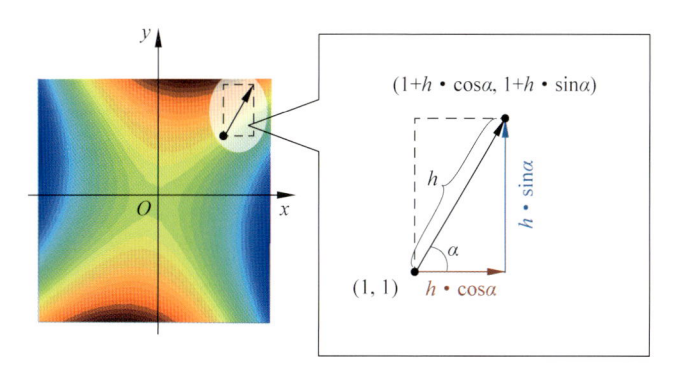

图 7.7 方向导数示意图

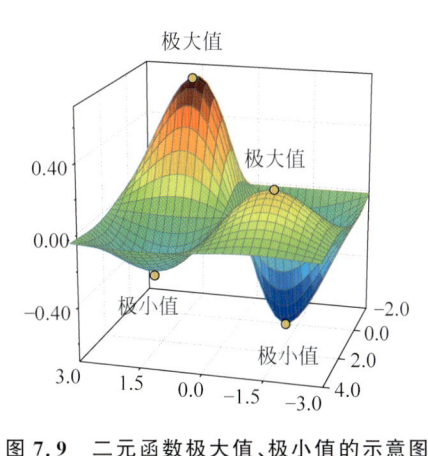

图 7.9 二元函数极大值、极小值的示意图

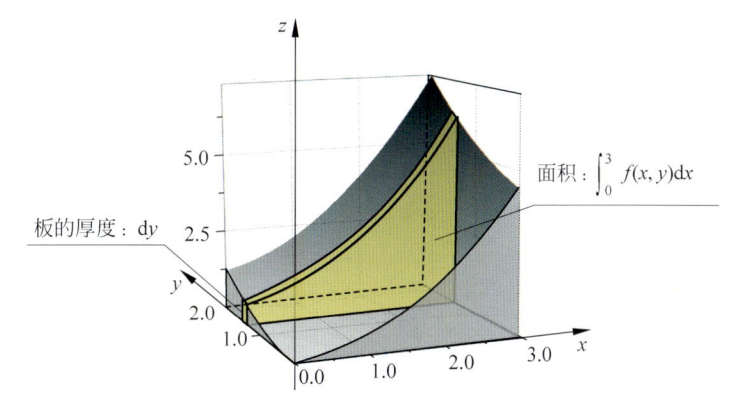

图 8.3 空间曲顶立体的切片（垂直于 y 轴）

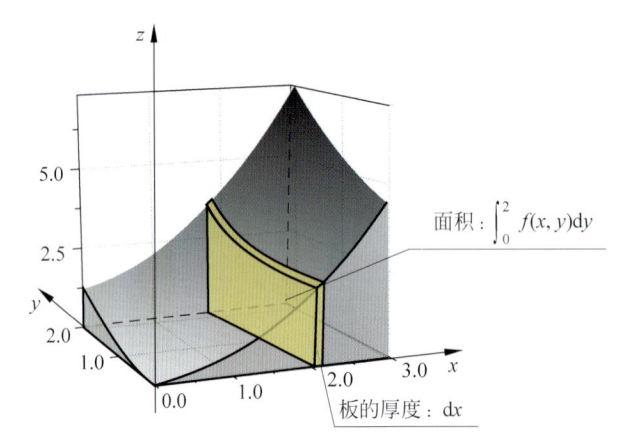

图 8.4 空间曲顶立体的切片（垂直于 x 轴）

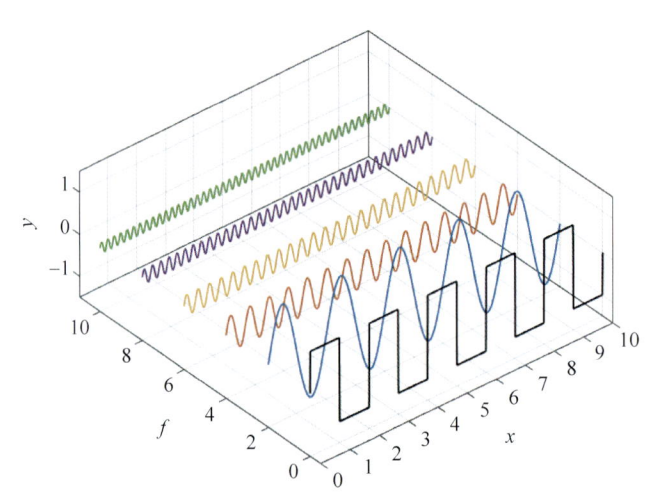

图 9.8 傅里叶级数的立体展现

简明实用高等数学

李天意　姜海景 ◎ 编著

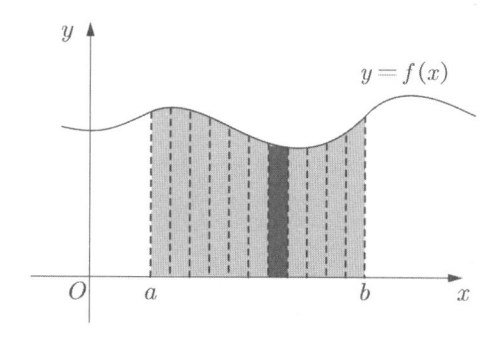

清华大学出版社
北 京

内 容 简 介

微积分是数学体系中最为重要的分支，兼具深厚的理论基础与广泛的应用价值——为物理学、化学、医学、经济学等诸多学科提供了强有力的支撑。近年来，以深度学习为代表的计算机科学迅猛发展，其核心理论都离不开微积分的支持。本书作为面向工科学生的微积分教材，一方面希望帮助大学新生掌握微积分的核心内涵，另一方面旨在助力高年级本科生与研究生熟练运用微积分以解决实际问题。

本书共9章：第1章为基础数学知识；第2～4章分别介绍极限、微分、积分三大核心基础知识；第5章讲解微分方程，包括常见的一阶与二阶微分方程；第6～8章介绍多元函数微积分有关知识，分别是空间几何、多元函数微分与重积分；第9章讲解无穷级数知识点，包括常数项级数、幂级数与傅里叶级数。

本书可作为高等院校理工科相关专业本科一、二年级数学类课程的教材或相关课程的参考书，可供从事计算机、物理等专业相关工作的科研人员和工程师的案头参考书，还可供需要提前学习大学数学知识的高中生及数学爱好者阅读。

版权所有，侵权必究。举报：010-62782989，beiqinquan@tup.tsinghua.edu.cn。

图书在版编目（CIP）数据

简明实用高等数学/李天意，姜海景编著. -- 北京：清华大学出版社，2025.6.
ISBN 978-7-302-69462-5

Ⅰ．O13

中国国家版本馆 CIP 数据核字第 2025QG1023 号

责任编辑：杨迪娜
封面设计：杨玉兰
责任校对：李建庄
责任印制：沈　露

出版发行：清华大学出版社
网　　址：https://www.tup.com.cn，https://www.wqxuetang.com
地　　址：北京清华大学学研大厦A座　　邮　编：100084
社 总 机：010-83470000　　邮　购：010-62786544
投稿与读者服务：010-62776969，c-service@tup.tsinghua.edu.cn
质量反馈：010-62772015，zhiliang@tup.tsinghua.edu.cn
印 装 者：三河市科茂嘉荣印务有限公司
经　　销：全国新华书店
开　　本：203mm×260mm　　印　张：11.75　　插　页：2　　字　数：294 千字
版　　次：2025 年 6 月第 1 版　　　　　　　　　　　　印　次：2025 年 6 月第 1 次印刷
定　　价：69.00 元

产品编号：102339-01

前　言

你好，非常高兴我们在这里相遇。我们将从此开启一段精彩的旅程。

2022年，我和姜海景老师开始构思写作这本微积分教材。历时两年有余，初稿方才完成。在整个编写过程中，我们秉持这样一种理念：写一本既有趣又有用的数学教材。相比于直接将各项公式和定理逐一罗列出来，我们希望你先了解背景问题，在探讨"学什么"之前，先明白"为何要学"；比起**教授**知识，我们更期待能和你一起在解决问题的过程中**发现**知识。以怎样的目的和方式去接触知识，决定了知识所产生的价值。你理解的内容越多，需要你去记忆的内容也就越少。

在这里，微积分不再是一堆抽象的符号和公式，而是你探索现实世界的强大工具。我们相信数学之美在于它的实用性，而微积分正是连接数学与生活的最佳桥梁。本书会从你熟悉的具体问题出发，无论是物理中的运动规律，还是经济领域的价格波动，都能让你在学习过程中感受到微积分的实际意义。你会发现，微积分不仅仅是课堂上的理论，它还能帮助你解决生活中的难题，甚至改变你看待世界的方式。在本书中，除了传统的解析方法，我们还会带你走进数值计算和编程代码的世界，拓展思维的边界。当你将来学习更加深入的专业课程（如大学物理、流体力学、信号系统等），或者成为一名工程师去建构一个复杂的系统时，你会更加轻松自如、享受其中，这也是我们创作这本书的一个重要目的。

本书在编写时注重体现以下3个特点：

（1）深入浅出，生动讲解。化繁为简，突出重点，力求用通俗易懂的图文内容，帮助读者高效地把握微积分的核心思想，引导学生形成学习微积分的兴趣与热情。

（2）应用导向，结合实际。基于工业生产以及日常生活中的具体问题，探讨如何使用微积分原理思考和解决实际问题，培养学生构建数学模型的能力。

（3）跨多学科，实战检验。融合多个科目，包括高等数学、数值方法、大学物理等内容，就是为了打破理论与应用之间的壁垒，让读者能够学有所得、得有所用。

让我们一起踏上这段旅程吧！愿这本书能点燃你对数学、对真理的热情，成为你终身学习的起点。

如果你不介意的话，给你讲讲我的故事吧。时间回到2016年我刚考进大学，体会到大学生活原来没有想象中轻松。第一学期结束，看到考试成绩我傻眼了，"高等数学"（微积分）这门课只考了78分，这实在是一个不太理想的分数。看着身边的同学从容地收拾行李回家过年，我在心里只感到深深的失落，我不禁怀疑自己是否太愚笨了。那年寒假，我找了很多有关这门课的书和资料，把自己关在房间里，重新学习这门课，窗外的鞭炮声、热闹的集市等这些与我都没有关系。而就从这个过程中我才逐渐发现微积分的奥妙：当我不只是满足于记住一些解题的套路方法，而是去探索它们的原理，这时候一条条定理公式在我眼里开始鲜活起来，看似复杂的知识体系其背后的核心思想竟如此简明。有时我甚至能感受到发明它的人心里该有多么高兴和激动。也是从这一刻起，我才真正爱上学习、探索，而这份快乐与考试取得多少分数没有关系。

我希望能够把这种快乐传递给更多人，尤其是看到许多人对这门课感到困惑、颓丧，我真切地觉得自己应该做点什么。从大二开始，每逢期末考试临近，我就在学校里给大一新生开公益讲座，帮助他们去理解这些内容。那段时间既要开讲座，又要复习准备自己的期末考试，熬通宵是常有的事情。现在回想起那段日子，却丝毫不觉得辛苦，尽是快乐和充实。我想，当人走上自己选择的道路时，必然能有血有肉、充满激情地活着。2019 年，我开始把讲座视频上传到哔哩哔哩（bilibili）网站，随着时间的累积，承蒙大家厚爱，获得了上千万次的播放量。这也奇迹般地改写了我人生的轨迹——从曾经一个标准的工科生，到现在成为一名教育学的博士研究生。

改变我们命运的契机有很多，可能是一次不经意间的抬头，可能是一场彻夜长谈，也可能是一个考砸的分数……这些奇遇会引导我们走进未曾设想的故事，只要你仍怀揣希望与好奇，那么生命的曲线总归是昂扬向上的。希望你能勇敢地听到自己内心的声音，捕获属于自己的火花。

勇气，是自由的序章。

李天意
2025 年 6 月

目 录

第 1 章 基础数学知识 1

  1.1 基本函数 1

    1.1.1 幂函数 1

    1.1.2 指数函数 1

    1.1.3 对数函数 2

    1.1.4 三角函数 3

    1.1.5 反三角函数 4

    1.1.6 反函数 5

  1.2 常用代数等式 6

  1.3 有理分式化简 7

    1.3.1 假分式转换 7

    1.3.2 分母分解 8

  1.4 极坐标 10

第 2 章 极限：数列极限和函数极限 12

  2.1 极限的基本概念 13

    2.1.1 数列极限 13

    2.1.2 函数极限 16

  2.2 无穷大与无穷小 20

    2.2.1 基本概念 20

    2.2.2 比值运算规律 22

  2.3 两个特殊极限 24

    2.3.1 关于 $\sin x$ 的极限 24

    2.3.2 关于自然常数 e 的极限 28

  2.4 函数的连续性与间断点 33

  2.5 结语 35

第 3 章 微分与导数 36

  3.1 导数的基础概念与运算 37

	3.1.1 变化率与导数	37
	3.1.2 导数基本运算	40
	3.1.3 其他形式函数的导数计算	43
	3.1.4 特殊情形的导数	48
3.2	导数基本应用	49
	3.2.1 函数的单调性与极值点	49
	3.2.2 函数的凹凸性与拐点	52
	3.2.3 洛必达法则	55
3.3	微分运算及其应用	57
	3.3.1 微分基本运算规则	57
	3.3.2 相关变化率	58
3.4	超越方程与牛顿迭代法	62
3.5	结语	67

第 4 章 积分：不定积分与定积分 … 68

4.1	不定积分（原函数）	69
	4.1.1 基础原函数公式	70
	4.1.2 凑常数积分法：$(ax+b)$当作整体	71
	4.1.3 凑导数积分法："函数＋导数"组合	73
	4.1.4 有理分式积分：两次简化，四种类型	75
	4.1.5 换元积分法：消除根号	76
	4.1.6 分部积分法：不同函数乘积	77
4.2	定积分	80
	4.2.1 牛顿-莱布尼茨公式	80
	4.2.2 定积分的运算规则	82
4.3	应用一：几何问题中的定积分应用	84
	4.3.1 旋转体体积	84
	4.3.2 曲线弧长	85
4.4	应用二：物理问题中的定积分应用	86
	4.4.1 变力做功问题	87
	4.4.2 转动体的动能问题	87
4.5	拓展：数值积分	88
4.6	结语	91

第 5 章 微分方程 … 92

5.1	微分方程的基本概念	93
5.2	一阶微分方程	95
	5.2.1 分离变量法	95
	5.2.2 线性方程公式法	96

5.3 二阶微分方程 ··· 99
　　5.3.1 可降阶的微分方程 ·· 99
　　5.3.2 线性齐次方程公式法 ··· 101
5.4 物理问题中的微分方程 ··· 103
　　5.4.1 导热问题 ·· 103
　　5.4.2 简谐运动 ·· 104
5.5 微分方程的数值方法 ··· 105
5.6 结语 ·· 107

第 6 章　空间向量与几何 ·· 108

6.1 向量 ·· 108
　　6.1.1 向量基础概念与运算 ··· 108
　　6.1.2 向量点乘 ·· 109
　　6.1.3 向量叉乘 ·· 112
6.2 空间平面 ·· 114
6.3 空间直线 ·· 117
6.4 空间曲面 ·· 119
　　6.4.1 球面 ·· 119
　　6.4.2 锥面 ·· 120
　　6.4.3 柱面 ·· 121
　　6.4.4 椭圆抛物面 ·· 121
　　6.4.5 双曲抛物面 ·· 123

第 7 章　多元函数与微分 ·· 124

7.1 多元函数基本概念 ··· 124
　　7.1.1 多元函数的定义域 ··· 125
　　7.1.2 多元函数的图像 ··· 125
　　7.1.3 多元函数的极限与连续性 ··· 126
7.2 偏导数 ·· 127
7.3 全微分 ·· 131
7.4 方向导数与梯度 ··· 133
7.5 多元函数的极值问题 ··· 137
　　7.5.1 无条件极值问题 ··· 137
　　7.5.2 有条件极值问题 ··· 139
7.6 隐函数及导数 ··· 141
7.7 几何应用 ·· 142
7.8 结语 ·· 144

第8章 重积分 ... 145

8.1 二重积分基础 ... 146
8.1.1 二重积分的概念 ... 146
8.1.2 二次积分与运算 ... 147
8.2 二重积分的极坐标 ... 151
8.3 重积分的应用 ... 154
8.3.1 非均匀薄板的质量与质心 ... 154
8.3.2 物体转动时的动能 ... 157
8.4 结语 ... 158

第9章 无穷级数 ... 160

9.1 常数项级数 ... 161
9.1.1 正项级数 ... 162
9.1.2 交错级数 ... 164
9.2 幂级数 ... 165
9.2.1 收敛半径、收敛区间 ... 165
9.2.2 泰勒级数 ... 168
9.3 傅里叶级数 ... 173
9.3.1 基本公式 ... 173
9.3.2 三角函数的正交性 ... 175
9.4 结语 ... 179

第 1 章　基础数学知识

在正式开始学习微积分之前,需要在本章介绍一些相关的基础数学知识。这其中大部分内容读者应当在中学阶段已有所了解,对于比较熟悉的部分可以快速浏览或跳过。

1.1 基本函数

在函数世界中,最为基础与常用的共有 5 类,见表 1.1。

表 1.1　5 类基本函数

幂 函 数	指 数 函 数	对 数 函 数	三 角 函 数	反三角函数
x^n	$a^x(a>0,a\neq 1)$	$\log_a x(a>0,a\neq 1)$	$\sin x, \cos x, \tan x$ $\csc x, \sec x, \cot x$	$\arcsin x$ $\arccos x$ $\arctan x$

接下来分别学习它们各自对应的性质。

1.1.1 幂函数

幂函数的通用表达式为
$$f(x)=x^n \tag{1.1.1}$$
其中,n 是一个常数。对于不同类型的常数,幂函数也会有不同的性质:如果 n 是负整数,则对应为分母的情况,比如 $x^{-3}=\dfrac{1}{x^3}$;如果 n 是分数,则对应有根号的情况,比如 $x^{\frac{1}{4}}=\sqrt[4]{x}$、$x^{-\frac{2}{3}}=\dfrac{1}{\sqrt[3]{x^2}}$。常见的幂函数图像如图 1.1 所示。

1.1.2 指数函数

指数函数的通用表达式为
$$f(x)=a^x, \quad a>0, a\neq 1 \tag{1.1.2}$$
如果 $a>1$,则 a^x 随着 x 增大而增大;如果 $0<a<1$,则 a^x 随着 x 增大而减小。常见的指数函数图像如图 1.2 所示。

(a) $y=x^n, n>0$

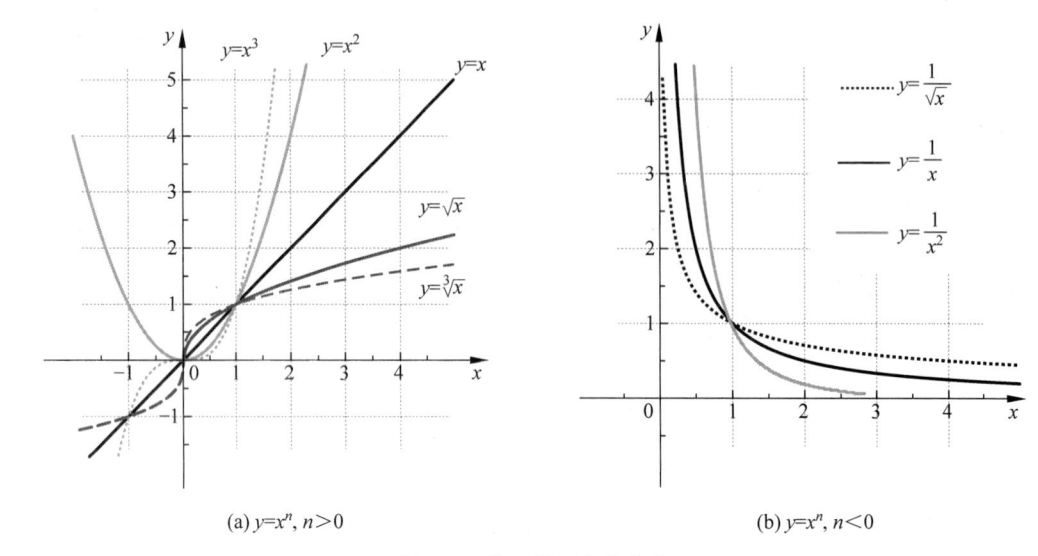

(b) $y=x^n, n<0$

图 1.1 常见的幂函数曲线

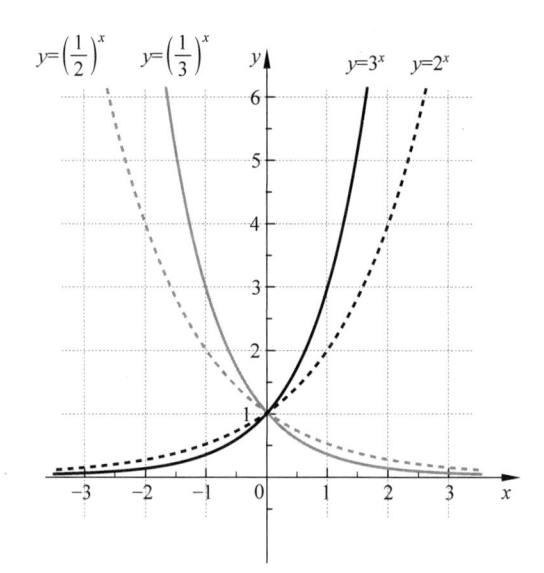

图 1.2 常见的指数函数曲线

1.1.3 对数函数

对数函数的通用表达式为

$$f(x)=\log_a x, \quad a>0, a\neq 1 \tag{1.1.3}$$

对数运算相当于指数运算的逆计算,比如,$\log_2 8=3$,$\log_7 \sqrt{7}=\dfrac{1}{2}$。如图 1.3(a)所示,对于同样的一个底数 a,$y=\log_a x$ 与 $y=a^x$ 的图像关于直线 $y=x$ 对称,具体原因我们将在 1.1.6 节给出解释。图 1.3(b)所示为常见的对数函数图像。

对数函数的常见公式如下:

(1) $\log_a(M \cdot N)=\log_a M+\log_a N$

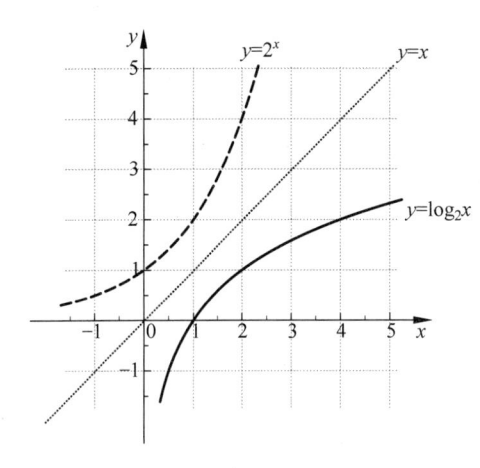

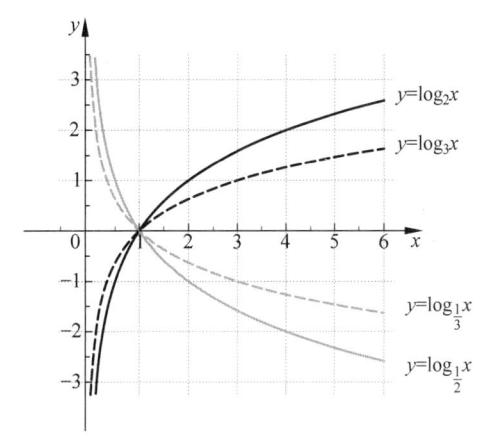

(a) 指数函数与对数函数图像关系 (b) 不同底数的对数函数曲线

图 1.3 常见的对数函数图像

(2) $\log_a \dfrac{M}{N} = \log_a M - \log_a N$

(3) $\log_a M^n = n \log_a M$

(4) $\log_a b = \dfrac{\log_c b}{\log_c a}$

(5) $a = e^{\ln a}, a^b = e^{b \ln a} \ (a > 0)$

并且,$\log x$ 与 $\lg x$ 指代的都是 $\log_{10} x$;$\ln x$ 指代的是 $\log_e x$,其中 e 是自然常数(e ≈ 2.718)。

1.1.4 三角函数

三角函数起源于直角三角形的边长比值,如图 1.4 所示,其中 3 条边分别为 a、b、c。对于角 θ,有以下三角函数值:

$$\sin\theta = \dfrac{b}{c} \qquad (1.1.4)$$

$$\cos\theta = \dfrac{a}{c} \qquad (1.1.5)$$

$$\tan\theta = \dfrac{b}{a} = \dfrac{\sin\theta}{\cos\theta} \qquad (1.1.6)$$

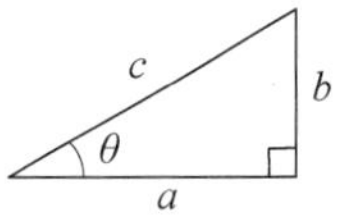

图 1.4 直角三角形

还有另外 3 种,分别是上述三者的倒数:$\csc x = \dfrac{1}{\sin x}$,$\sec x = \dfrac{1}{\cos x}$,$\cot x = \dfrac{1}{\tan x}$。对于更多角度,也可以用直角坐标系下的单位圆来辅助,如图 1.5 所示一个半径为 1 的圆,圆心在 $(0,0)$,则 A 点的横、纵坐标分别为 $\cos\theta$、$\sin\theta$。

对于 3 种常见的三角函数,它们的函数曲线图像呈现明显的周期性,如图 1.6 所示。

关于三角函数,希望大家熟练掌握以下常用等式:

(1) $\cos^2 x + \sin^2 x = 1$,$\tan^2 x + 1 = \sec^2 x$

(2) $\sin(A+B) = \sin A \cos B + \cos A \sin B$,$\sin(A-B) = \sin A \cos B - \cos A \sin B$

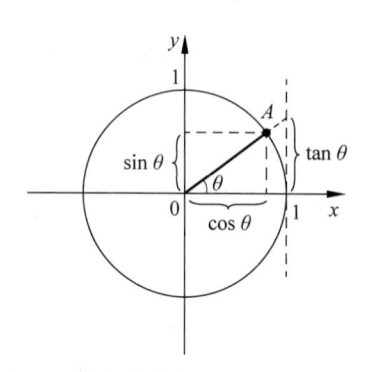

图 1.5 单位圆内的三角函数对应位置

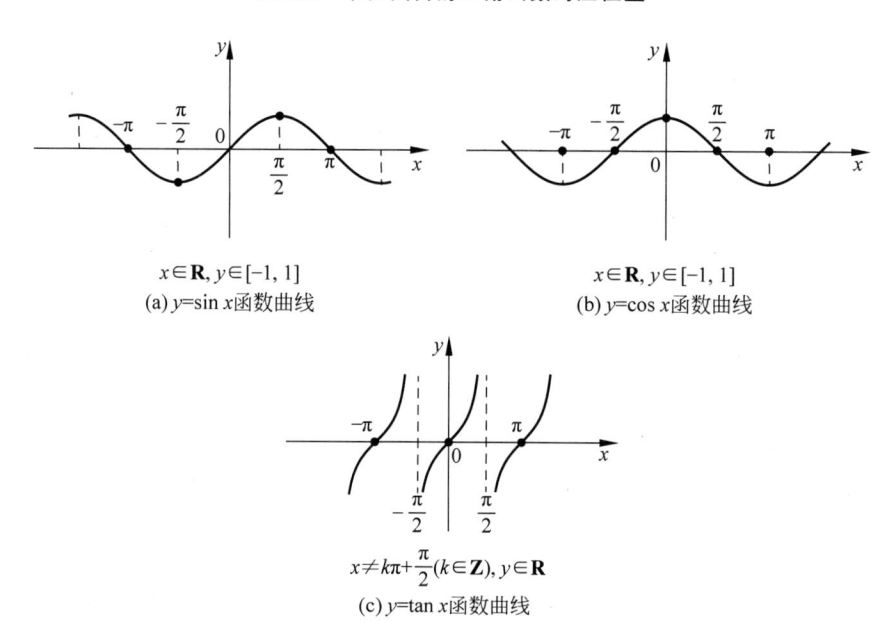

$x \in \mathbf{R}, y \in [-1, 1]$
(a) $y = \sin x$ 函数曲线

$x \in \mathbf{R}, y \in [-1, 1]$
(b) $y = \cos x$ 函数曲线

$x \neq k\pi + \dfrac{\pi}{2}(k \in \mathbf{Z}), y \in \mathbf{R}$
(c) $y = \tan x$ 函数曲线

图 1.6 三角函数图像

(3) $\cos(A+B) = \cos A \cos B - \sin A \sin B$,$\cos(A-B) = \cos A \cos B + \sin A \sin B$

(4) $\tan(A+B) = \dfrac{\tan A + \tan B}{1 - \tan A \tan B}$,$\tan(A-B) = \dfrac{\tan A - \tan B}{1 + \tan A \tan B}$

(5) $\sin 2\alpha = 2\sin \alpha \cos \alpha$

(6) $\cos 2\alpha = \cos^2 \alpha - \sin^2 \alpha = 1 - 2\sin^2 \alpha = 2\cos^2 \alpha - 1$

(7) $\cos^2 \alpha = \dfrac{1 + \cos 2\alpha}{2}$,$\sin^2 \alpha = \dfrac{1 - \cos 2\alpha}{2}$

1.1.5 反三角函数

反三角函数涉及 3 种函数,分别是 $\arcsin x$、$\arccos x$ 和 $\arctan x$。

(1) $y = \arcsin x$,其中 $x \in [-1, 1]$,$y \in \left[-\dfrac{\pi}{2}, \dfrac{\pi}{2}\right]$。比如 $\arcsin\left(\dfrac{1}{2}\right) = \dfrac{\pi}{6}$,$\arcsin(-1) = -\dfrac{\pi}{2}$。

(2) $y = \arccos x$,其中 $x \in [-1, 1]$,$y \in [0, \pi]$。比如 $\arccos\left(\dfrac{1}{2}\right) = \dfrac{\pi}{3}$,$\arccos(-1) = \pi$。

(3) $y = \arctan x$,其中 $x \in (-\infty, +\infty)$,$y \in \left(-\dfrac{\pi}{2}, \dfrac{\pi}{2}\right)$。比如 $\arctan(\sqrt{3}) = \dfrac{\pi}{3}$,$\arctan(-1) = -\dfrac{\pi}{4}$。

它们的函数图像如图 1.7 所示,其中需要注意 $y = \arctan x$ 函数图像(见图 1.7(c)),它的主要特点是:当 x 不断向右移动时,y 会逐渐无限逼近 $\dfrac{\pi}{2}$;而当 x 不断向左移动时,y 会逐渐无限逼近 $-\dfrac{\pi}{2}$。

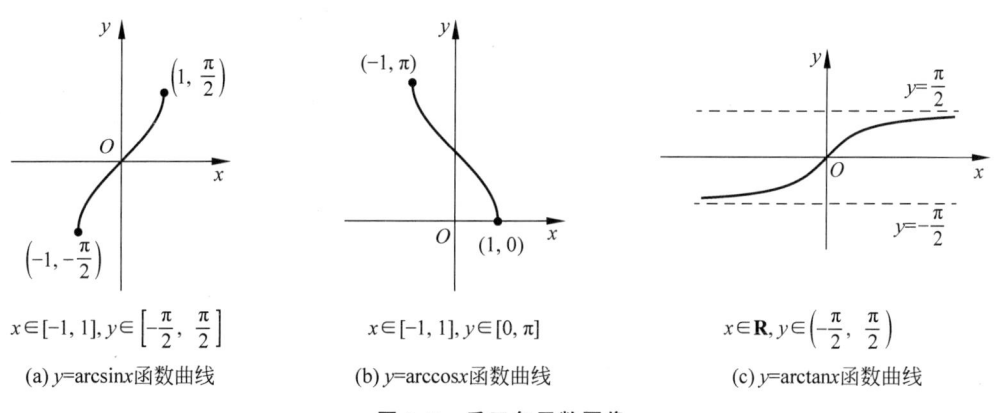

(a) $y=\arcsin x$ 函数曲线
(b) $y=\arccos x$ 函数曲线
(c) $y=\arctan x$ 函数曲线

图 1.7 反三角函数图像

1.1.6 反函数

我们首先需要了解什么叫作"单射"。举一个例子,函数 $y = f(x)$ 有如下表达式:

$$y = 2x - 1 \tag{1.1.7}$$

每个 x 计算产生一个 y 值,而同样地,一个 y 值只可能存在唯一一个 x 值与之对应,这种函数称为"单射"。需要注意的是,并非所有函数都满足单射关系,比如 $y = x^2$,那么当 $y = 4$ 时,x 既有可能是 2 也可能是 -2。下面给出单射的准确定义。

> 单射函数的定义:对于函数 $f(x)$,如果其定义域内任意取两个值 x_1 和 x_2,只要 $x_1 \neq x_2$,则必然有 $f(x_1) \neq f(x_2)$,满足这种性质的函数是单射的。

而对于单射函数,它是存在反函数的。比如式(1.1.7),可以反其道而行之,用 y 将 x 表示出来:

$$x = \dfrac{y+1}{2} \tag{1.1.8}$$

这就得到了反函数的表达式,式(1.1.8)可以写成:

$$x = f^{-1}(y) = \dfrac{y+1}{2} \tag{1.1.9}$$

对于一个函数 f,其反函数写成 f^{-1}。可以这样理解两者之间的关系:函数 f 是一台流水线机器，它可以将 x 通过一系列运算，加工成 y 的值；而反函数 f^{-1} 是一个逆向运作的机器，f 产生的函数值恰恰是 f^{-1} 的自变量，然后 f^{-1} 可以将 y 的值还原回 x。

再举一个例子：

$$y = f(x) = e^{3x-1} \tag{1.1.10}$$

求其反函数的过程还是用 y 将 x 表示出来：

$$x = f^{-1}(y) = \frac{\ln y + 1}{3} \tag{1.1.11}$$

这样就得出了 $f^{-1}(y)$ 的表达式，它是把 y 当作自变量，x 当作因变量。然而很多时候我们习惯了让 x 当自变量、y 作为因变量，索性将式(1.1.11)中的 x 和 y 对调位置，便得到了：

$$f^{-1}(x) = \frac{\ln x + 1}{3} \tag{1.1.12}$$

我们将 $y = f(x) = e^{3x-1}$ 以及 $y = f^{-1}(x) = \dfrac{\ln x + 1}{3}$ 的函数曲线画出来，如图 1.8 所示。观察它们之间的关系。

不难看出，两者关于直线 $y = x$ 对称。原因在于，如果有一点 (a,b) 出现于平面坐标系，则该点关于 $y = x$ 对称后的点坐标为 (b,a)，恰好完成了横、纵坐标的对调。也就是说，反函数 $y = f^{-1}(x)$ 和函数 $y = f(x)$ 两个表达式的关系就是 x 与 y 的对调。

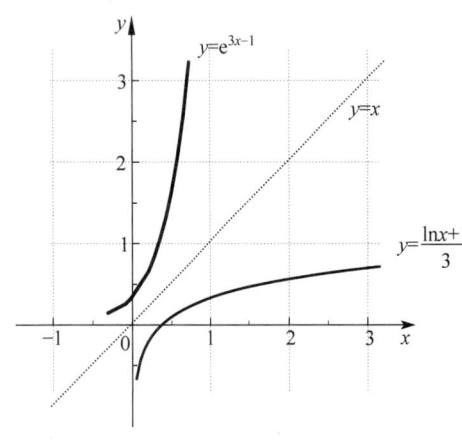

图 1.8 函数与反函数曲线

1.2 常用代数等式

等差数列通项表达式，首项为 a_1，公差为 d：

$$a_n = a_1 + (n-1)d \tag{1.2.1}$$

等差数列求和公式：

$$S_n = \frac{n(a_1 + a_n)}{2} = a_1 n + \frac{n(n-1)d}{2} \tag{1.2.2}$$

等比数列通项表达式，首项为 a_1，公差为 q：

$$a_n = a_1 q^{n-1} \tag{1.2.3}$$

等比数列求和公式：

$$S_n = \begin{cases} \dfrac{a_1(1-q^n)}{1-q}, & q \neq 1 \\ na_1, & q = 1 \end{cases} \tag{1.2.4}$$

自然数平方求和公式：

$$1 + 2^2 + 3^2 + 4^2 + \cdots + n^2 = \frac{n(n+1)(2n+1)}{6} \tag{1.2.5}$$

n 次方差公式：

$$a^n - b^n = (a-b)(a^{n-1} + a^{n-2}b + a^{n-3}b^2 + \cdots + ab^{n-2} + b^{n-1}), n \in \mathbf{N}^+ \tag{1.2.6}$$

1.3 有理分式化简

我们会经常接触有理多项式函数,比如 n 次多项式的通用表达式为
$$P_n(x) = a_0 + a_1 x + a_2 x^2 + a_3 x^3 + \cdots + a_n x^n \tag{1.3.1}$$

注意式(1.3.1)中的部分指数都是自然数,不存在 $\sqrt{x}$、$\dfrac{1}{x}$ 这些内容。如果一个分式的分子和分母都是有理多项式,则称之为"有理分式"。有理分式的通用表达式如下:
$$\frac{a_0 + a_1 x + a_2 x^2 + a_3 x^3 + \cdots + a_n x^n}{b_0 + b_1 x + b_2 x^2 + \cdots + b_m x^m} \tag{1.3.2}$$

比如下列表达式均为有理分式:
$$\frac{2x+1}{x-3} \tag{1.3.3}$$

$$\frac{2x}{x^2 + 3x - 4} \tag{1.3.4}$$

$$\frac{4x^3 + 3x - 1}{x^3 - 1} \tag{1.3.5}$$

面对有理分式,我们要学习它们常见的两种变形处理方法:假分式转换以及分母分解。有理分式通过这两种方法进行处理后,更容易计算高阶导数、原函数等微积分中的内容。我们在这里学习此方法,为后续内容做铺垫。

1.3.1 假分式转换

我们知道对于一个分数而言,如果分子小于分母则为真分数,比如 $\dfrac{2}{3}$、$-\dfrac{6}{7}$ 等;如果分子大于或等于分母则为假分数,比如 $\dfrac{8}{8}$、$\dfrac{7}{5}$ 等。对于有理分式有相似的定义:如果分子中 x 的最高指数小于分母中 x 的最高指数,则被称为真分式;如果分子中 x 的最高指数大于或等于分母中 x 的最高指数,则被称为假分式。

比如下列表达式为真分式:
$$\frac{5}{3-2x} \tag{1.3.6}$$

$$\frac{3x-1}{x^2+1} \tag{1.3.7}$$

$$\frac{4x^2 - 3x + 1}{x^3 + 4x^2} \tag{1.3.8}$$

下列表达式为假分式:
$$\frac{5x+6}{2x+1} \tag{1.3.9}$$

$$\frac{3x^2-2}{4x^2+2x+1} \tag{1.3.10}$$

$$\frac{x^3-2x^2-x+7}{x+1} \tag{1.3.11}$$

接下来学习利用"多项式除法",将假分式拆分为"整式＋真分式"的格式。先展示达成的效果,如式(1.3.11)中的假分式,它可以被处理成以下形式:

$$\frac{x^3-2x^2-x+7}{x+1} = \underbrace{x^2-3x+2}_{\text{整式}} + \underbrace{\frac{5}{x+1}}_{\text{真分式}} \tag{1.3.12}$$

式(1.3.12)的等号右侧是怎样得到的?多项式除法的过程如图1.9所示。

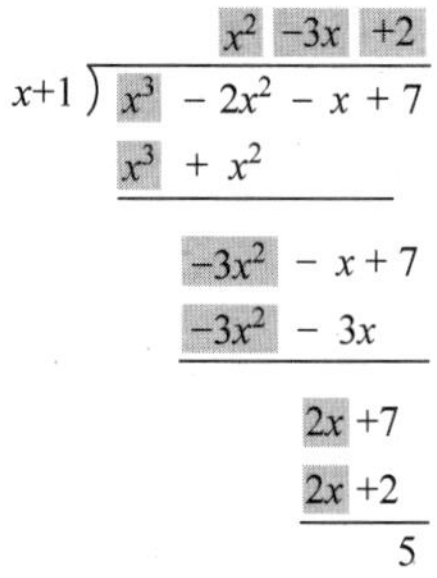

多项式除法非常类似于我们小学时候学习的算术除法,它有几个核心步骤:

(1) 不论被除式(分子)还是除式(分母),都应当按照 x 的指数从高到低排序。

(2) 计算被除式最高次项与除式最高次项之间的商,比如上面表达式中的 x^3 与 x 两者的商为 x^2,把这个结果写在横线上面。

图1.9 多项式除法的处理过程

(3) 除式整体乘以刚才得出的商,用上式减去下式。

(4) 以此类推,重复上述步骤,直到余式的最高指数低于除式为止。

我们继续展示几个假分式拆分化简的例子,具体过程请作为参考和练习:

$$\frac{x^2+4x-1}{x+1} = x+3+\frac{-4}{x+1} \tag{1.3.13}$$

$$\frac{x^3-x^2+3x-2}{x-1} = x^2+3+\frac{1}{x-1} \tag{1.3.14}$$

$$\frac{6x^2-3x+4}{2x-1} = 3x+\frac{4}{2x-1} \tag{1.3.15}$$

1.3.2 分母分解

观察下面这个有理分式:

$$\frac{4x+1}{x^2+3x-4} \tag{1.3.16}$$

显而易见,它属于真分式,然而它可以进一步进行拆分化简。对分母进行因式分解可得

$$x^2+3x-4 = (x-1)(x+4) \tag{1.3.17}$$

由此分式可以被拆分化简为

$$\frac{4x+1}{(x-1)(x+4)} = \frac{A}{x-1} + \frac{B}{x+4} \tag{1.3.18}$$

其中,A、B 皆为常数。求出这两个常数的思路也比较简单,将等号右侧的表达式重新进行通分,可得

$$\frac{A}{x-1}+\frac{B}{x+4}=\frac{(A+B)x+(4A-B)}{(x-1)(x+4)} \tag{1.3.19}$$

由于分子是"$4x+1$",需要与"$(A+B)x+(4A-B)$"形式吻合,所以应当满足下式:

$$\begin{cases} A+B=4 \\ 4A-B=1 \end{cases} \Rightarrow \begin{cases} A=1 \\ B=3 \end{cases} \tag{1.3.20}$$

由此得出化简结果为

$$\frac{4x+1}{(x-1)(x+4)}=\frac{1}{x-1}+\frac{3}{x+4} \tag{1.3.21}$$

以上便是一个对有理分式进行分解的案例。需要注意以下要点:

(1) 不是所有的有理分式都可以分解,分解的前提是它的分母可以进行因式分解。比如下面这个有理分式就不能再分解,因为分母"x^2+5x+8"不存在实数根,也就不能进行"$(x-a)(x-b)$"这种因式分解。

$$\frac{2x+1}{x^2+5x+8} \tag{1.3.22}$$

(2) 只有真分式才适合进行这样的分解。面对假分式时,首先应当考虑通过多项式除法,将其拆分为"整式＋真分式"的格式。此外,真分式分解后的各个部分也仍然是真分式,比如式(1.3.18)等号左右都是真分式。

下面继续展示几个分母分解的例子,供各位同学作为参考和练习:

$$\frac{x-7}{x^2+x-6} \xrightarrow{\text{分母分解}} \frac{x-7}{(x-2)(x+3)} \xrightarrow{\text{拆分}} \frac{A}{x-2}+\frac{B}{x+3}$$

$$\xrightarrow{\text{求出}A,B} \frac{-1}{x-2}+\frac{2}{x+3} \tag{1.3.23}$$

$$\frac{5x-1}{x^2-2x} \xrightarrow{\text{分母分解}} \frac{5x-1}{x(x-2)} \xrightarrow{\text{拆分}} \frac{A}{x}+\frac{B}{x-2} \xrightarrow{\text{求出}A,B} \frac{2}{x}+\frac{3}{x-2} \tag{1.3.24}$$

$$\frac{2x^2-3x-1}{x^3-x} \xrightarrow{\text{分母分解}} \frac{2x^2-3x-1}{x(x-1)(x+1)} \xrightarrow{\text{拆分}} \frac{A}{x}+\frac{B}{x-1}+\frac{C}{x+1}$$

$$\xrightarrow{\text{求出}A,B,C} \frac{1}{x}+\frac{-1}{x-1}+\frac{2}{x+1} \tag{1.3.25}$$

在上述过程中,我们利用通分然后列方程组的方式,求出待定系数 A、B 等。其实还有更加快捷的方法,被称为"留数法"。下面通过一个例子来学习这个方法:

$$\frac{5x-6}{(x-4)(x+3)}=\frac{A}{x-4}+\frac{B}{x+3} \tag{1.3.26}$$

比如,若需要求出式(1.3.26)等号右侧的系数 A,其分母为 $(x-4)$,则第一步是左右两侧都乘 $(x-4)$,得

$$\frac{5x-6}{x+3}=A+\frac{B}{x+3} \cdot (x-4) \tag{1.3.27}$$

再令 $x-4=0$,即将 $x=4$ 代入,得

$$\frac{14}{7}=A+0 \tag{1.3.28}$$

便轻松得出 $A=2$。

同样地，若需要求出右侧的系数 B，其分母为 $(x+3)$，则第一步是左右两侧都乘 $(x+3)$，得

$$\frac{5x-6}{x-4} = \frac{A}{x-4} \cdot (x+3) + B \qquad (1.3.29)$$

再令 $x+4=0$，即将 $x=-3$ 代入，得

$$\frac{-21}{-7} = 0 + B \qquad (1.3.30)$$

便轻松得出 $B=3$。

经过这样的操作，便可得到如下结果：

$$\frac{5x-6}{(x-4)(x+3)} = \frac{2}{x-4} + \frac{3}{x+3} \qquad (1.3.31)$$

1.4 极坐标

在二维平面中建立坐标系后，常用 x、y 这两个坐标值来描述一个点所在的位置，如图 1.10 所示。

然而我们可以通过另一种方式表达一个点的位置，某点与原点之间连线，该线段的长度记为 ρ，而该线段与 x 轴正向之间所形成的夹角记为 θ。只要知道了一个点的 ρ 和 θ，就可以在平面中精准地确定它所在的位置。ρ、θ 的作用可以取代 x、y，后者是我们熟知的"直角坐标系"，前者被称为"极坐标系"，ρ 称为"极轴"，θ 称为"极角"。极坐标系示意图如图 1.11 所示。

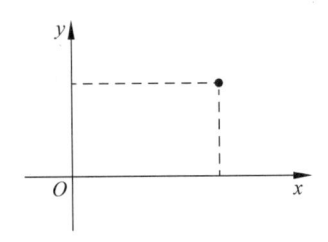

图 1.10 直角坐标系示意图

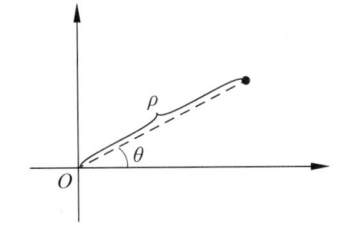

图 1.11 极坐标系示意图

另外需要注意的是，ρ 的取值范围是 $\rho \geq 0$，而 θ 的取值范围是 $0 \leq \theta < 2\pi$。比如图 1.12 中的 4 个点，已知它们的直角坐标系的值，则不难得出对应的极坐标值。

(1) $(1, \sqrt{3})$ 的极坐标为 $\rho=2, \theta=\dfrac{\pi}{3}$；

(2) $(3, 0)$ 的极坐标为 $\rho=3, \theta=0$；

(3) $(0, -2)$ 的极坐标为 $\rho=2, \theta=\dfrac{3\pi}{2}$；

(4) $(-2, 2)$ 的极坐标为 $\rho=2\sqrt{2}, \theta=\dfrac{3\pi}{4}$。

想要把 (x, y) 坐标换成 (ρ, θ)，或者把 (ρ, θ) 换成 (x, y)，我们不难利用几何知识可以得到它们的关系，如图 1.13 所示。

细心的同学不难发现，当我们已知一个点的坐标

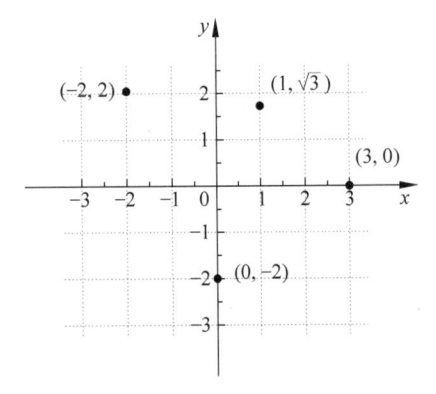

图 1.12 直角坐标系中的点位

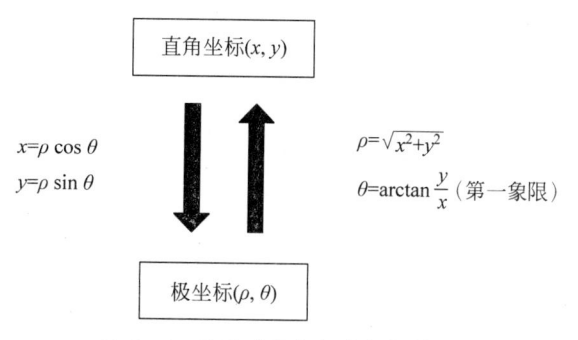

图1.13 直角坐标与极坐标换算公式

(x,y)时,要想得到它的极角 θ,利用图 1.13 给出的公式只能处理第一象限的情况,那么其他象限该作何处理呢? 我们给出如下公式:

$$\theta = \begin{cases} \arctan\dfrac{y}{x}, & \text{第一象限}(x>0,y>0) \\ \arctan\dfrac{y}{x}+\pi, & \text{第二、三象限}(x<0) \\ \arctan\dfrac{y}{x}+2\pi, & \text{第四象限}(x>0,y<0) \end{cases} \quad (1.4.1)$$

像这样分区间进行讨论,主要原因在于 $\arctan$ 这个函数的值域只能给出 $\left(-\dfrac{\pi}{2},\dfrac{\pi}{2}\right)$ 区间的角度,而极角 θ 的取值范围是 $[0,2\pi)$,所以需要在其他区间做出调整。

对于一些常见的函数曲线,可以将其改换为极坐标的形式。比如直线方程:

$$y = 2x + 1 \quad (1.4.2)$$

基于图 1.13 给出的公式进行代换,可得到

$$\rho\sin\theta = 2\rho\cos\theta + 1 \quad (1.4.3)$$

整理后即为

$$\rho = \dfrac{1}{\sin\theta - 2\cos\theta} \quad (1.4.4)$$

再比如一个圆形曲线方程:

$$x^2 + (y-2)^2 = 4 \quad (1.4.5)$$

也可以通过类似的代换获得它的极坐标方程:

$$\rho = 4\sin\theta \quad (1.4.6)$$

第 2 章　极限：数列极限和函数极限

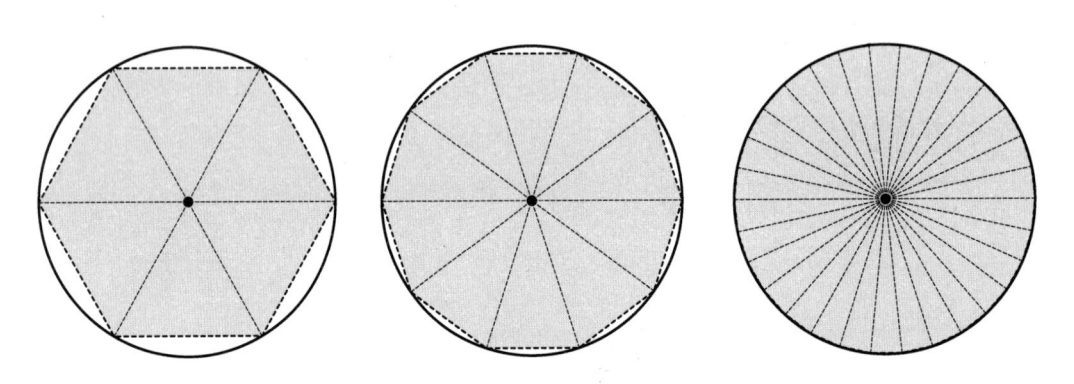

极限，作为微积分世界中核心的思想，为数学研究提供了颠覆性的新视角，为微分、积分等重要工具奠定了理论基础。在本章通过对极限的学习，我们将认识两位非常重要的朋友："无穷大"和"无穷小"。它们将带你叩开微积分世界的大门，并在后续章节中陆续展现这个学科的精妙。

学 习 目 标	重 要 性	难 度
理解数列极限以及函数极限的定义	★★★★	★★☆☆
理解无穷小、无穷大的概念，深入掌握"抓大放小"的数学思想	★★★★	★★☆☆
清楚 $\lim\limits_{x \to 0} \dfrac{\sin x}{x} = 1$ 的原理以及应用，能够计算有关极限	★★★☆	★★★☆
清楚自然常数 e 的含义，以及相关极限的计算	★★★☆	★★★☆
理解函数的连续性与间断点	★★★★	★☆☆☆

在完成本章的学习后，你将能够独立解决下列问题：

- 当 x 逐渐靠近 $0(x \to 0)$ 时，或者当 x 无限增大 $(x \to \infty)$ 时，$\dfrac{2x+3x^2}{5x+7x^2}$ 这样的比值越来越接近多少？
- 估算：$\sin(0.0001)$、$\ln(1.0002)$、$\cos(0.03)$（保留 4 位小数）。
- 利用等比数列求和公式，求得在 $x=0$ 到 $x=1$ 之间函数曲线 $y=e^x$ 下方到 x 轴之间围成区域的面积。

2.1 极限的基本概念

本节将引出两类极限的定义,分别是**数列极限**与**函数极限**。我们将窥探到"极限"这个数学概念最明显的特点:**动态**。因为是动态的,所以在这本书里,相比于"$x=0$",我们将会见到更多的"$x\to 0$"。从符号描述的长相上也能看得出来,相比于"x 在哪里"($x=0$),我们现在更关心"x 要去哪里"($x\to 0$)。

2.1.1 数列极限

数列,就是按照一定的规则排列的数字,比如,

(1) $1,2,3,4,5,6,7,\cdots,100$

(2) $0.2, 0.04, 0.008, 0.0016, \cdots$

(3) $1, \dfrac{1}{2}, \dfrac{1}{3}, \dfrac{1}{4}, \dfrac{1}{5}, \cdots$

数列分为有穷数列和无穷数列,区别在于它们包含的数字个数是有限多个还是无穷无尽的,比如在上面 3 个数列中,第一个属于有穷数列,后两个是无穷数列。注意,接下来我们探讨的对象都是**无穷数列**,比如下面这个数列:

$$0.9, 0.99, 0.999, 0.9999, \cdots$$

随着向后不断移动,数列中数字越来越接近 1。请你现在拿出纸笔,试图写下这样一个数字:它不能是 1 本身,但是要比上面这个数列中的任何一个数字都要更接近 1。是不是发现做不到?因为只要 n 足够大,则 x_n 与 1 之间**要多接近就有多接近**,换言之,$|x_n-1|$ 可以**要多小就有多小**(这里说的"大"和"小"的概念,是指一个数字的绝对值的大小)。

数列极限的概念就在眼前了,我们可以说:

对于数列"$0.9,0.99,0.999,0.9999,\cdots$",因为 $|x_n-1|$ 可以 <u>要多小就有多小</u>,所以它的极限为 1。

同样地,不难写出:

在数列"$0.1,0.01,0.001,0.0001,\cdots$"中,因为 $|x_n-0|$ 可以 **要多小就有多小**,所以该数列的极限为 0;

在数列"$-2.9,-2.99,-2.999,-2.9999,\cdots$"中,因为 $|x_n-(-3)|$ 可以 **要多小就有多小**,所以该数列的极限为 -3;

······

所以我们很自然地可以给出一个关于数列极限的定义:

如果对于一个数列 $\{x_n\}$,存在一个常数 a,随着 n 的增加,x_n 与 a 之间的距离(即 $|x_n-a|$)可以 **要多小就有多小**,则可以说数列 $\{x_n\}$ 的极限为 a。

这个定义确实很直观,但是并不够严谨,并且在处理一些更加复杂的数列时很难进行论证,比如下面两个数列:

(1) $0.9, -0.99, 0.999, -0.9999, \cdots$

(2) $\sqrt{2}-\sqrt{1}, \sqrt{3}-\sqrt{2}, \sqrt{4}-\sqrt{3}, \sqrt{5}-\sqrt{4}, \cdots$

请问这样两个数列是否存在极限?显然不太容易轻易地给出结论。

那么到底应该怎样描述"极限"这个含义？

事实上，在牛顿、莱布尼茨于17世纪末发明微积分之后接近两百年的时间里，数学家们围绕这个问题一直争论不休。直到魏尔斯特拉斯(1815—1897年)提出了一个比较明晰的说法，才得到了普遍的认可。

> **数列极限的定义**
>
> 设$\{x_n\}$为一数列，如果存在常数a，对于任意给定的正数ε（不论它多么小），总存在正整数N，使得当$n>N$时，不等式$|x_n-a|<\varepsilon$都成立，那么就称常数a是数列$\{x_n\}$的极限，或者说数列$\{x_n\}$收敛于常数a，可以记为：
>
> (1) $\lim\limits_{n\to\infty} x_n = a$
>
> (2) $n\to\infty, x_n\to a$
>
> "∞"代表了无穷大，"$n\to\infty$"表示n无限增加的这个过程。"lim"为英文单词"limit"的缩写，意为"极限"。
>
> 如果一个数列是有极限的，则称它是"收敛的"；反之，没有极限的数列就被称为"发散的"。

将上面这句话翻译一下，就是：不论提出多么严格的要求（正数ε是可以任意给定的），对于x_n而言只要n足够大（当$n>N$时），那么x_n与a之间的距离都可以缩小到要求的范围之内（$|x_n-a|<\varepsilon$）。

为了更加直观地了解上述定义，看下面的例子：

庄子有云："一尺之棰，日取其半，万世不竭。"意思就是指一根一尺长的木棍，如果每天只截取它的一半，那么永远也不会取完。木棍的长度随时间的变化列一个表格，如表2.1所示。

表2.1 木棍长度随天数变化过程

时间/天	0	1	2	3	4	…	n
长度/尺	1	$\frac{1}{2}$	$\frac{1}{4}$	$\frac{1}{8}$	$\frac{1}{16}$	…	$\frac{1}{2^n}$

请回答下面两个问题：

(1) 请判断到哪一天，木棍的长度小于0.0001尺。

(2) 设想ε是一个非常小的正数（比如1×10^{-10}），请判断在第几天之后，木棍长度小于ε。

对于问题(1)，用计算器试探几个数字就可以很快得到答案：

第12天：$\frac{1}{2^{12}} \approx 2.44141\times 10^{-4} > 1\times 10^{-4}$

第13天：$\frac{1}{2^{13}} \approx 1.2207\times 10^{-4} > 1\times 10^{-4}$

第14天：$\frac{1}{2^{14}} \approx 6.10352\times 10^{-5} < 1\times 10^{-4}$

可以看出，在14天及其之后，长度符合要求。

对于问题(2)，列出不等式：

$$\frac{1}{2^n} < \varepsilon$$

于是，对应需要的天数 n 为

$$n > \log_2\left(\frac{1}{\varepsilon}\right)$$

所以需要日期 n 大于 $\log_2\left(\frac{1}{\varepsilon}\right)$ 这个数字，即满足要求。

简单一些的解释是，木棍的长度可以随着天数的增加而变得**要多小就有多小**；魏尔斯特拉斯的解释是，不论你要这根木棍变得有多短，总能找到对应的时间节点，当日期越过了那个时间节点，木棍的长度就永远小于你给定的尺寸。所以我们此时再回头，看那个由"ε－N"来定义的数列极限，是不是容易理解多了？其中，"ε"负责提出"要多小"的那个要求，而"N"负责画定终点线，来满足"有多小"。因此，记录木棍长度的数列 $\left(x_n = \frac{1}{2^n}\right)$ 存在极限值为 0，即

$$\lim_{n \to \infty} x_n = 0$$

一个值得注意的现象是：这个**数列的极限是 0**，但是这个数列中并没有出现真正的 **0**。这是极限概念中非常让人着迷的一个特点：从未停下脚步，却始终没到达终点。庄子真的很了不起，他提前两千年看到了这一点，说这根木棍"万世不竭"，也就是木棍的长度永远不会和 0 画上等号。数列极限里的 x_n 与 a 的关系可以说是"我无限地靠近你，却也未曾真的抵达"。

这让笔者联想起美国作家塞林格曾经留下这样一句话，虽指向不同，但意境相近：

Love is a touch and yet not a touch.

爱是伸出却又未曾触碰的手。

学生：我注意到，"$\lim\limits_{n \to \infty} x_n = 0$"这个表达式里出现了等号，但是前面说过，"木棍的长度永远不会和 0 画上等号"，一个可以写等号，一个不存在相等，这两种说法岂不是相互矛盾了？

老师：很好，非常关键的一个问题。"$x_n = a$"与"$\lim\limits_{n \to \infty} x_n = a$"是两码事，"$\lim$"要做的就是**求出趋近的目标**。就好比高速公路上一辆从南京开往北京的汽车，你要是问司机"你现在在哪？"，那他可能只能告诉你"我在路上"；可是如果你要是问他"去哪？"，他可以毫不犹豫地告诉你："北京！"

学生：那我明白了，意思就是，"$\lim\limits_{n \to \infty} x_n$"要表达的意思并不是"$x_n$"会变成谁，而是表示正在靠近谁。

老师：没错！

学生：那我如果拿出一个这样的常数数列："1,1,1,1,1,…"，可以说它的极限是 1 吗？

老师：当然可以，它也符合数列极限的定义，毕竟它和 1 之间的距离已经小得不能再小了。但这种常数数列取值固定，没有太多研究价值，我们一般都是研究取值会变化的数列。

现在再回头看前面两个数列极限：

(1) $0.9, -0.99, 0.999, -0.9999, \cdots$

该数列不存在极限。虽然观察到它的偶数项逐渐向 1 靠近，奇数项逐渐向 −1 接近，但我们不能说"该数列的极限是 1 和 −1"；相反，由于整个数列并没有向某一个确切的数字靠近，所以该数列是不存在极限值的。根据极限的"ε−N"定义，一个数列如果有极限，那么只能是向唯一的一个数字靠近。毕竟如果 a,b 是两个不同的数字，我们是无法让同一批 x_n 既满足 $|x_n-a|$ 足够小的同时又让 $|x_n-b|$ 足够小的。

(2) $\sqrt{2}-\sqrt{1}, \sqrt{3}-\sqrt{2}, \sqrt{4}-\sqrt{3}, \sqrt{5}-\sqrt{4}, \cdots$

该数列存在极限为 0。证明过程各位读者仅作简单了解即可。

对于数列 $x_n=(\sqrt{n+1}-\sqrt{n})$，为证明其极限值为 0，则对于任意给定的 ε，需要给出一个相应的 N，使得当 $n>N$ 时，可以保持 $|x_n-0|<\varepsilon$。

$$|x_n-0|=\sqrt{n+1}-\sqrt{n}=\frac{1}{\sqrt{n+1}+\sqrt{n}}$$

$$|x_n-0|<\varepsilon \Rightarrow \frac{1}{\sqrt{n+1}+\sqrt{n}}<\varepsilon \Rightarrow \sqrt{n+1}+\sqrt{n}>\frac{1}{\varepsilon}$$

而 $\sqrt{n+1}+\sqrt{n}>2\sqrt{n}$，为了确保 $\sqrt{n+1}+\sqrt{n}>\frac{1}{\varepsilon}$，只需要 $2\sqrt{n}>\frac{1}{\varepsilon}$，即 $n>\frac{1}{4\varepsilon^2}$。所以只需要令 N 取一个比 $\frac{1}{4\varepsilon^2}$ 大的正整数，则一旦有 $n>N$，就会满足 $|x_n-0|<\varepsilon$。

2.1.2 函数极限

了解数列极限的概念后，再来理解函数的极限就很容易了。看图 2.1 这样一个分段函数的曲线。

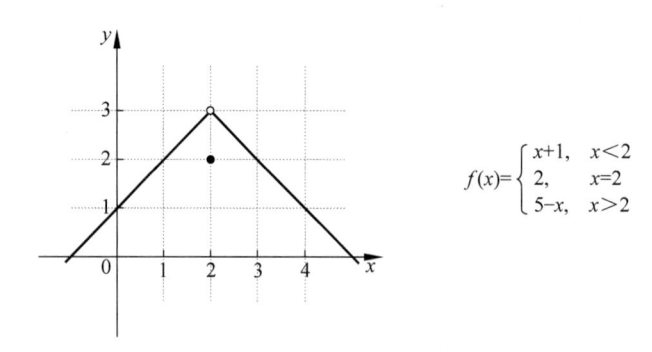

$$f(x)=\begin{cases} x+1, & x<2 \\ 2, & x=2 \\ 5-x, & x>2 \end{cases}$$

图 2.1 一个简单的分段函数

请大家看着这个函数图像，回答下面两个问题：

(1) $f(2)$ 的值是多少？

(2) 当 x 向 2 逼近时，$f(x)$ 向哪个值逼近？

显然这两个问题的答案分别是 2 和 3，我们尤其需要体会这两个问题在表述中的区别。问题(1)只考虑**结果**，也就是 $x=2$ 时黑点在哪个高度上；而在问题(2)中，我们正处于 $x=2$ **周围的直线上**，研究的是向 $x=2$ 靠近的那个**过程**。可以写下这样一个表达式：

$$\lim_{x \to 2} f(x) = 3$$

它表达的含义是：3 是函数 $f(x)$ 当 $x \to 2$ 时的极限值。

我们再来看，$\lim\limits_{x \to 4} f(x)$ 与 $f(4)$ 分别是多少？这时可以发现都是 1，两者是一致的。因为两者相等，这时候也可以说，函数在 $x=4$ 处是**连续的**。关于函数的连续性的问题，2.4 节还会具体介绍。

回想一下数列极限的概念，其前提是"$n \to \infty$"；而在函数极限中，自变量 x 就更灵活一些，它有 6 种不同的移动过程，如图 2.2 所示（图中 a 代指某个常数）。

(a) $x \to a^+$ (b) $x \to a^-$ (c) $x \to a$

(d) $x \to +\infty$ (e) $x \to -\infty$ (f) $x \to \infty$

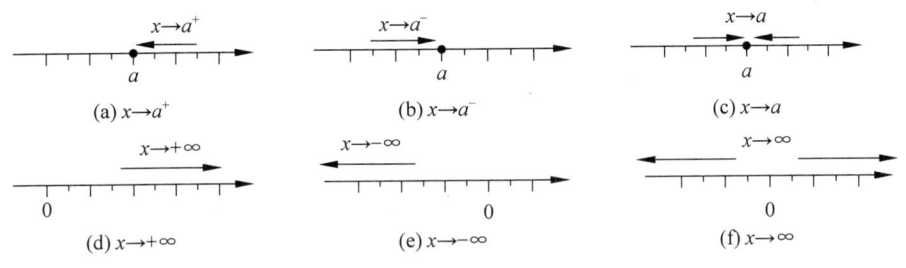

图 2.2 函数极限中 x 的不同移动过程

通过表 2.2，可以进一步归纳总结。

表 2.2 函数极限的类型总结

类型	符号	说明	举例
一	$x \to a^+$	x 从大于 a 的一侧向 a 接近	$x \to 3^+, x = 3.00\cdots 01$（0 不断增加）
	$x \to a^-$	x 从小于 a 的一侧向 a 接近	$x \to 3^-, x = 2.99\cdots 9$（9 不断增加）
	$x \to a$	囊括上面的两种情况，x 同时从左右两侧靠近 a	$x \to 3, x = 3 \pm 00\cdots 01$（0 不断增加）
二	$x \to +\infty$	x 取正值，其绝对值不断增大，沿着数轴向右移动	$x = +99\cdots 9$（9 不断增加）
	$x \to -\infty$	x 取负值，其绝对值不断增大，沿着数轴向左移动	$x = -99\cdots 9$（9 不断增加）
	$x \to \infty$	囊括上面的两种情况，x 绝对值不断增大	$x = \pm 99\cdots 9$（9 不断增加）

下面分两种类型来给出函数极限的具体定义。

1. 类型一，$x \to a$，$x \to a^+$，$x \to a^-$

如图 2.3 所示为 $y = f(x)$ 的函数图像，请给出下面各表达式的取值：

(1) $f(-1)$、$\lim\limits_{x \to -1} f(x)$

(2) $f(0)$、$\lim\limits_{x \to 0} f(x)$

(3) $f(1)$、$\lim\limits_{x \to 1} f(x)$

解：

(1) $f(-1) = 0$，$\lim\limits_{x \to -1} f(x) = 0$

(2) $f(0) = 2$，$\lim\limits_{x \to 0} f(x) = 1$

(3) $f(1) = -1$，$\lim\limits_{x \to 1} f(x)$ 不存在。因为 $x \to 1$ 需要同

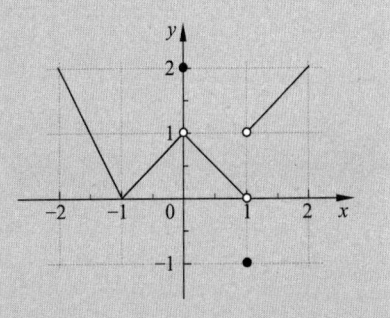

图 2.3 分段定义的函数图像

时照顾到两种情况,即 $x\to 1^+$ 与 $x\to 1^-$,由图2.3中的信息可得:
$$\lim_{x\to 1^+}f(x)=1, \lim_{x\to 1^-}f(x)=0$$
两者不一致,所以 $\lim_{x\to 1}f(x)$ 不存在。

下面给出函数极限的一个准确定义:

函数极限的定义($x\to a$):设函数 $f(x)$ 在点 a 的某一去心邻域①内有定义,如果存在常数 u,对于任意给定的正数 ε,总存在正数 δ,使得当 x 满足不等式 $0<|x-a|<\delta$ 时,总有 $|f(x)-u|<\varepsilon$,那么常数 u 就叫作函数 $f(x)$ 当 $x\to a$ 时的极限,记作
$$\lim_{x\to a}f(x)=u \text{ 或 } f(x)\to u(x\to a)$$

此定义与前面接触的数列极限定义非常相近,为了帮助大家理解,如图2.4所示,我们把函数极限和数列极限做一个比较。

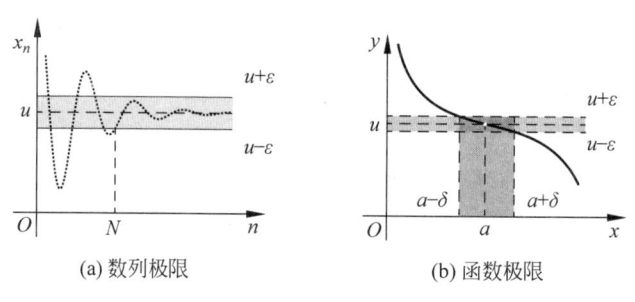

图2.4 数列极限与函数极限之间的比较

数列极限 $\lim_{n\to\infty}x_n=u$:只要 n 足够大($n>N$),那么 x_n 与 u 的距离 $|x_n-u|$ 就可以"要多小有多小"。

函数极限 $\lim_{x\to a}f(x)=u$:只要 x 与 a 足够接近($0<|x-a|<\delta$),那么 $f(x)$ 与 u 的距离 $|f(x)-u|$ 就可以"要多小有多小"。在函数极限的定义中,"ε"反映的是函数 $f(x)$ 与极限值 u 之间的距离,"δ"用于控制 x 与 a 之间的距离。

一个需要再次强调的观念是:$\lim_{x\to a}f(x)$ 与 $f(a)$ 是两码事,正如图2.3中 $f(0)$ 和 $\lim_{x\to 0}f(x)$ 分别取值为2和1。这就表明,当我们提到"$x\to a$"时,x 只是在向 a 靠近,并没有涵盖"$x=a$"这个情况。这也就不难解释为什么上述极限定义中,出现的不等式是"$0<|x-a|<\delta$",而不只是要求"$|x-a|<\delta$"。

根据图2.2(a)~(c),x 向 a 靠近的过程($x\to a$)又可以细分为从 a 的**左侧靠近**和从**右侧靠近**,分别记为"$x\to a^-$"和"$x\to a^+$",它们的具体定义如下。

---

① 去心邻域是指在点 a 的邻域中去掉点 a 本身后的集合。具体来说,对于点 a 和正数 δ,去心邻域可以表示为 $\{x|a-\delta<x<a$ 或 $a<x<a+\delta\}$。

函数极限的定义($x \to a^-$)

设函数 $f(x)$ 在点 x_0 的某一去心邻域左侧内有定义,如果存在常数 u,对于任意给定的正数 ε,总存在正数 δ,使得当 x 满足不等式 $a-\delta<x<a$ 时,总有 $|f(x)-u|<\varepsilon$,那么常数 u 就叫作函数 $f(x)$ 当 $x \to a$ 时的**左极限**,记作

$$\lim_{x \to a^-} f(x) = u \text{ 或 } f(x) \to u(x \to a^-)$$

函数极限的定义($x \to a^+$)

设函数 $f(x)$ 在点 x_0 的某一去心邻域右侧内有定义,如果存在常数 u,对于任意给定的正数 ε,总存在正数 δ,使得当 x 满足不等式 $a<x<a+\delta$ 时,总有 $|f(x)-u|<\varepsilon$,那么常数 u 就叫作函数 $f(x)$ 当 $x \to a$ 时的**右极限**,记作

$$\lim_{x \to a^+} f(x) = u \text{ 或 } f(x) \to u(x \to a^+)$$

2. 类型二:$x \to \infty, x \to +\infty, x \to -\infty$

请观察图 2.5 中 3 个不同的函数图像,可以看到它们有一些特点:

(1) $y = \arctan x$:当 x 向左侧不断移动时,其函数值逐渐逼近 $-\dfrac{\pi}{2}$;当 x 向右侧移动时,其函数值逐渐逼近 $\dfrac{\pi}{2}$;

(2) $y = e^x$:当 x 向左侧不断移动时,其函数值逐渐逼近 0;

(3) $y = \dfrac{2x^2+1}{x^2+5}$:当 x 向左侧或者右侧移动时,其函数值都是越来越接近 2。

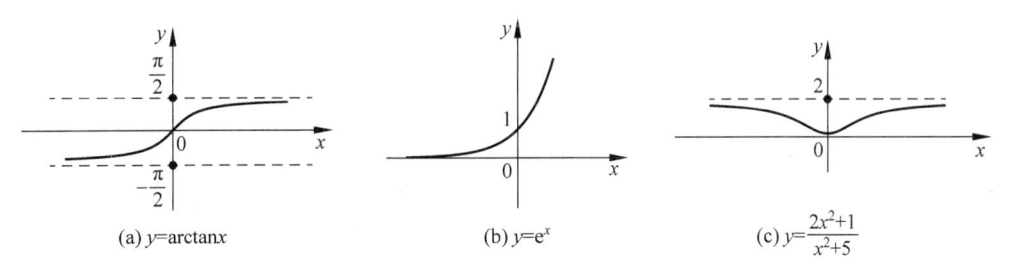

(a) $y=\arctan x$ (b) $y=e^x$ (c) $y=\dfrac{2x^2+1}{x^2+5}$

图 2.5 3 个不同类型的函数曲线

根据上面的文字表述,可以得出下列极限表达式:

(1) $\lim\limits_{x \to -\infty} \arctan x = -\dfrac{\pi}{2}$, $\lim\limits_{x \to +\infty} \arctan x = \dfrac{\pi}{2}$

(2) $\lim\limits_{x \to -\infty} e^x = 0$

(3) $\lim\limits_{x \to +\infty} \dfrac{2x^2+1}{x^2+5} = \lim\limits_{x \to -\infty} \dfrac{2x^2+1}{x^2+5} = \lim\limits_{x \to \infty} \dfrac{2x^2+1}{x^2+5} = 2$

对于这种自变量 x 趋近于无穷大情况下出现的极限,其严谨定义如下:

函数极限的定义($x \to \infty$)

设函数 $f(x)$ 在 $|x|$ 大于某个正数时有定义,如果存在常数 u,对于任意给定的正数 ε,

总存在正数 X,使得当 x 满足不等式 $|x|>X$ 时,总有 $|f(x)-u|<\varepsilon$,那么常数 u 就叫作函数 $f(x)$ 当 $x\to\infty$ 时的极限,记作

$$\lim_{x\to\infty}f(x)=u \quad \text{或} \quad f(x)\to u(x\to\infty)$$

通俗的解释就是,只要 x 沿着数轴跑得足够远($|x|>X$),那么 $f(x)$ 与 a 的距离 $|f(x)-u|$ 就可以"要多小有多小"。

x 趋近于无穷大($x\to\infty$)囊括了两种情况,即负无穷大和正无穷大,它们分别被记为"$x\to-\infty$"与"$x\to+\infty$",其详细定义如下:

函数极限的定义($x\to-\infty$)

设函数 $f(x)$ 在 x 小于某个负数时有定义,如果存在常数 u,对于任意给定的正数 ε,总存在负数 X,使得当 x 满足不等式 $x<X$ 时,总有 $|f(x)-u|<\varepsilon$,常数 u 就叫作函数 $f(x)$ 当 $x\to-\infty$ 时的极限,记作

$$\lim_{x\to-\infty}f(x)=u \text{ 或 } f(x)\to u(x\to-\infty)$$

函数极限的定义($x\to+\infty$)

设函数 $f(x)$ 在 x 大于某个正数时有定义,如果存在常数 u,对于任意给定的正数 ε,总存在正数 X,使得当 x 满足不等式 $x>X$ 时,总有 $|f(x)-u|<\varepsilon$,常数 u 就叫作函数 $f(x)$ 当 $x\to+\infty$ 时的极限,记作

$$\lim_{x\to+\infty}f(x)=u \text{ 或 } f(x)\to u(x\to+\infty)$$

2.2 无穷大与无穷小

本节我们来认识极限当中最重要的两个角色:无穷小和无穷大。

2.2.1 基本概念

设想 x 为下面的形式:

$$x=0.\underbrace{0000\cdots001}_{n\text{个"0"}} \tag{2.2.1}$$

在这个表达式中,n 是一个"要多大就有多大"的正整数,这时 x 与 0 之间是无限接近的。由此可知,

(1) 无穷小:一个量的绝对值不断向 0 接近,则该变量被称之为"无穷小",比如式(2.2.1)中的 x;

(2) 无穷大:一个量的绝对值不断增大,则该变量被称之为"无穷大",比如式(2.2.1)中的 n。

假设 x 本身是无穷小的,还可以衍生出其他相关的无穷小的量,如下:

$$2x=0.\underbrace{0000\cdots002}_{n\text{个"0"}} \tag{2.2.2}$$

$$1000x = 0.\underbrace{0000\cdots001}_{(n-3)\text{个"0"}} \tag{2.2.3}$$

$$x^2 = 0.\underbrace{00000\cdots001}_{(2n+1)\text{个"0"}} \tag{2.2.4}$$

$$-x = -0.\underbrace{00000\cdots001}_{n\text{个"0"}} \tag{2.2.5}$$

观察式(2.2.2)～式(2.2.5)，它们虽然都有一个共同的身份"无穷小"，但大小各不相同，甚至正负不同。换言之，这4个变量都在向0靠近，但是靠近的速度不同、方向不同。

无穷大也是类似的。设想 x 为下面这种形式：

$$x = 1\underbrace{0000\cdots00}_{n\text{个"0"}} \tag{2.2.6}$$

此时 x 是无穷大的，另外还有 $5x$、$0.001x$、x^3、$-x$ 等变量也会是无穷大的：

$$5x = 5\underbrace{0000\cdots00}_{n\text{个"0"}} \tag{2.2.7}$$

$$0.001x = 1\underbrace{00\cdots00}_{(n-3)\text{个"0"}} \tag{2.2.8}$$

$$x^3 = 1\underbrace{0000\cdots00}_{3n\text{个"0"}} \tag{2.2.9}$$

$$-x = -1\underbrace{0000\cdots00}_{n\text{个"0"}} \tag{2.2.10}$$

接下来讨论一下正负号的问题：注意到式(2.2.1)中的 x 是一个正数，所以称之为"正无穷小"，可以写成"$x \to 0^+$"；同样也有"负无穷小"，比如式(2.2.5)中"$-x$"就是以一个负数的身份向0趋近，可以记为"$(-x) \to 0^-$"。同样地，式(2.2.6)中的 x 是"正无穷大"，可以记为"$x \to +\infty$"；而式(2.2.10)中的 $(-x)$ 整体是一个"负无穷大"，可以记为"$(-x) \to -\infty$"。

在微积分的体系中，如果设定一个变量"$x \to 0$"，则是涵盖了"$x \to 0^+$"与"$x \to 0^-$"这两种情况；同理，如果设定一个变量"$x \to \infty$"，则是涵盖了"$x \to +\infty$"与"$x \to -\infty$"这两种情况。

当我们谈及无穷大和无穷小时，这里面的"大"与"小"的概念，是指这个量的**绝对值**的大小。设想两个变量 a 和 b，令 $a \to -\infty$，$b \to 0^+$，前者是无穷大，后者是无穷小，在代数不等式中有 $a < b$。而如果只看绝对值，那么前者远远大于后者，即 $|a| \gg |b|$。

无穷小与无穷大之间的关系也非常简单，如果一个变量是无穷大的，则它的倒数就是无穷小的：

$$x = 1\underbrace{0000\cdots00}_{n\text{个"0"}} \quad \frac{1}{x} = 0.\underbrace{0000\cdots001}_{(n-1)\text{个"0"}} \tag{2.2.11}$$

相反也一样，如果 x 是无穷小的(不为0)，则它的倒数是无穷大的。

观察式(2.2.1)～式(2.2.10)，不难总结出以下非常重要的结论：

(1) 非零常数乘以无穷小，仍是无穷小；
(2) 非零常数乘以无穷大，仍是无穷大；
(3) 无穷小加上(或者减去)另一个无穷小，仍是无穷小；
(4) 无穷大加上(或者减去)任意常数，仍是无穷大。

如果你可以轻松理解上面 4 条结论,那么本节的内容已被你基本掌握。

2.2.2　比值运算规律

> 老师:我现在体重约 90 公斤,你有多重?
> 学生:老师我 60 公斤,老师你的体重足足是我的 1.5 倍!
> 老师:是的。所以我打算减肥。如果我掉了两根头发,那你说,这能算是减肥吗?
> 学生:哈哈,当然不算!
> 老师:怎么不算呢? 我的体重在事实上确实是减少了……
> 学生:这两根头发与您的体重相比,实在是可以忽略不计的。就算少这两根头发,您的体重也还是我的 1.5 倍……
> 老师:嗯,所以我们可以探讨一个问题——什么样的量可以忽略不计呢?
> 学生:当然是非常小的值可以忽略不计咯,比如一根头发的重量,比如小数点后 5 位以后的数字。
> 老师:不一定吧? 如果你想要用一个非常精确的秤来测量一只蚂蚁的重量,这时候如果有一两根头发不小心落在盘面上,这时候还能忽略不计吗?
> 学生:恐怕不行,因为一只蚂蚁和一根头发的重量,相差没有那么悬殊……
> 老师:对! 这就是关键所在,是否能忽略不计关键在于和谁进行比较。两个量如果相差倍数非常大,它们之间相加或者相减,这时可以选择把数值比较小的那个量忽略掉。
> 学生:我想到另外一个例子——我们把上百吨的航天飞机发射到太空里去,地球的质量也没有产生明显变化,不是吗?
> 老师:是的,与地球的 5.97×10^{24} kg 相比,这几百吨重量实在不算什么。

我们试着计算下面两个表达式的值:

$$\lim_{x \to 0^+} \frac{x + 5x^2}{2x + 3x^2} \tag{2.2.12}$$

$$\lim_{x \to +\infty} \frac{x + 5x^2}{2x + 3x^2} \tag{2.2.13}$$

首先计算式(2.2.12):

$$\lim_{x \to 0^+} \frac{x + 5x^2}{2x + 3x^2} = \lim_{x \to 0^+} \frac{1 + 5x}{2 + 3x} = \frac{1}{2} \tag{2.2.14}$$

将分子、分母同时除以 x,此时分子上是向 1 靠近的,分母向 2 靠近,所以得出结果为 $\frac{1}{2}$。

再来计算式(2.2.13):

$$\lim_{x \to +\infty} \frac{x + 5x^2}{2x + 3x^2} = \lim_{x \to +\infty} \frac{\frac{1}{x} + 5}{\frac{2}{x} + 3} = \frac{5}{3} \tag{2.2.15}$$

将分子、分母同时除以 x^2,考虑到 $x \to +\infty$ 时,分子、分母中分别出现的 $\frac{1}{x}$ 与 $\frac{2}{x}$ 都属于无穷小,所以分子向 5 靠近,分母向 3 接近,得出结果 $\dfrac{5}{3}$。

上面两个极限的运算,虽然右侧都是 $\dfrac{x+5x^2}{2x+3x^2}$,但由于自变量 x 趋近的方向不同,导致了解法和结果的差异。可是,它们都蕴含了相同的思想:**抓住主要因素,忽略次要因素**。

如果 $x\to 0^+$,这时候 x 与 x^2 相比哪一个绝对值更大一些呢?显然是前者,不难发现 x 是 x^2 的 $\dfrac{1}{x}$ 倍,也是两者相差了无穷大的倍数。所以我们这时候看式(2.2.12)中的分子、分母,也就能看出分子"$x+5x^2$"中的"x"是主要影响因素,分母中"$2x+3x^2$"中的"$2x$"是主要影响因素,所以上下同时除以 x,就可以得出结果。

同样的道理,在式(2.2.13)的计算中,$x\to +\infty$,此时 x^2 与 x 相比,前者是后者的无穷大倍。于是,分子"$x+5x^2$"中的"$5x^2$"是主要影响因素,分母中"$2x+3x^2$"中的"$3x^2$"是主要影响因素,上下同时除以 x^2 得出结果。

有了这种视角,便可以很快捷地完成以下类似的极限值运算。

$$\lim_{x\to 0}\dfrac{5x+7x^2}{2x-3x^2}=\dfrac{5}{2}, \quad \lim_{x\to \infty}\dfrac{5x+7x^2}{2x-3x^2}=-\dfrac{7}{3} \qquad (2.2.16)$$

$$\lim_{x\to 0}\dfrac{x+3x^2-5x^3}{3x+x^2-4x^3}=\dfrac{1}{3}, \quad \lim_{x\to \infty}\dfrac{x+3x^2-5x^3}{3x+x^2-4x^3}=\dfrac{5}{4} \qquad (2.2.17)$$

可见,在不同的无穷小中,也是存在明显的大小差异的,比如 $x\to 0$ 时,x 比 x^2 大无穷多倍;在无穷大的世界里,也有不起眼的角色,比如当 $x\to \infty$ 时,x 又比 x^2 小无穷多倍。在无穷的世界里面,需要论资排辈,这就涉及一系列重要概念:高阶、低阶与同阶。

当 $x\to 0$ 时,我们来观察下面 3 个变量:

$$a=3x \qquad (2.2.18)$$

$$b=0.0001x \qquad (2.2.19)$$

$$c=x^2 \qquad (2.2.20)$$

比较这三者的绝对值大小,可以看出

$$|a|>|b|>|c| \qquad (2.2.21)$$

现在的问题在于,它们之间相差的倍数是多少。a 和 b 之间相差 30 000 倍,这个数字已经很大了对不对?但是再看 b 和 c 之间相差的倍数,不难发现两者相差无穷大倍(0.0001x 是 x^2 的 $\dfrac{0.0001}{x}$ 倍,当 $x\to 0$ 时,这个数是无穷大的)。如果两个无穷小的变量相差倍数为无穷大,我们就称更小的那个无穷小为"高阶无穷小",而数值比较大的是"低阶无穷小"。a 和 b 之间相差了 30 000 倍,这个倍数是可以用常数来衡量的,则这两者不存在什么"高阶""低阶"之分,它们是"同阶"无穷小。

可以看出,当 $x\to 0$ 时,x^2 是比 x 更高阶的无穷小,x^3 是比 x^2 更高阶的无穷小,x^4 是比 x^3 更高阶的无穷小,以此类推,不难发现的规律是:x 的指数越大,则越高阶。我们称 $x^n(n>0)$ 是关于 x 的 n 阶无穷小,比如 x^6 是关于 x 的六阶无穷小。给出下列 5 个例子,帮助你更快地理解相关知识点:

(1) 当 $x\to 0$ 时,$50x$ 与 $0.001x$ 属于同阶无穷小。

两者相差50 000倍,并非相差无穷大的倍数,属于同阶。

(2) $x \to 0$ 时,$100x^3$ 是关于 x 的三阶无穷小。

主要根据 x 的指数为3,所以确定起始三阶无穷小。

(3) $x \to 0$ 时,$3x+4x^2$ 是关于 x 的一阶无穷小。

这里需要注意,$3x$ 是 $4x^2$ 的无穷大倍,两者相加的量基本只受 $3x$ 的影响,各位也可以理解为$(3x+4x^2)$是约等于$3x$的,所以属于一阶无穷小。

(4) $x \to 0$ 时,$(5x^2+4x^3-x^5)$ 与 (x^2-x^4) 属于同阶无穷小。

$(5x^2+4x^3-x^5)$这个量的大小主要受制于$5x^2$,同理,(x^2-x^4)的大小也主要看x^2,所以两者都属于关于 x 的二阶无穷小,它们是同阶无穷小。

(5) $x \to \infty$ 时,$\frac{1}{x^2}$ 是比 $\frac{1}{x}$ 更高阶的无穷小。

当 x 是无穷大时,x^2 显然是更大的无穷大;相反,$\frac{1}{x^2}$ 要比 $\frac{1}{x}$ 小。通过除法我们可以知道,$\frac{1}{x}$ 是 $\frac{1}{x^2}$ 的 x 倍,也就意为无穷大倍。

更进一步,我们来了解"等价无穷小",这是一个非常重要的概念。设想 $x \to 0$ 时,$(2x-3x^2+6x^3)$ 与 $(2x+5x^3)$ 这两个量,它们属于同阶无穷小,因为它们都约等于同一个量"$2x$"。这也导致了两者的比值是趋于1的:

$$\lim_{x \to 0} \frac{2x-3x^2+6x^3}{2x+5x^3} \xrightarrow{\text{分子、分母同除以 } x} \lim_{x \to 0} \frac{2-3x+6x^2}{2+5x^2} = \frac{2-0+0}{2+0} = 1 \qquad (2.2.22)$$

在同阶无穷小中,称那些比值为1的无穷小为"等价无穷小",如果变量 a、b 是等价无穷小的,则可以记为"$a \sim b$"。接下来看一些等价无穷小的例子,这些例子可帮助你形成直观判断:

(1) 当 $x \to 0$ 时,$(x+4x^2)$ 与 $(x-3x^5)$ 属于等价无穷小,即 $(x+4x^2) \sim (x-3x^5)$。

(2) 当 $x \to 0$ 时,$(x+x^2+x^3+x^4+x^5)$ 与 x 属于等价无穷小,即 $(x+x^2+x^3+x^4+x^5) \sim x$。

(3) 当 $x \to \infty$ 时,$\left(\frac{1}{x}+\frac{1}{x^2}+\frac{1}{x^3}\right)$ 与 $\frac{1}{x}$ 属于等价无穷小,即 $\left(\frac{1}{x}+\frac{1}{x^2}+\frac{1}{x^3}\right) \sim \frac{1}{x}$。

2.3 两个特殊极限

本节主要学习两个特殊极限:一个是关于 sin$x$ 函数的,另一个则是关于自然常数 e 的。

2.3.1 关于 sin$x$ 的极限

在图2.6中观察 $y=\sin x$ 的函数图像(实线),同时画出的还有 $y=x$ 的图像(虚线)。不难看出在 $x=0$ 附近,曲线与直线贴合得比较紧密。如果需要计算 $\sin(0.0001)$,那么可得出一个估算值:

$$\sin(0.0001) \approx 0.0001 \qquad (2.3.1)$$

实际上我们用高精度计算器可以计算不同位置的 sin$x$ 的具体取值,如表2.3所示,可以观察得出一个非常有用的结论:**随着 x 越来越向 0 靠近,则 sin$x$ 与 x 的值也在越来越接近。**

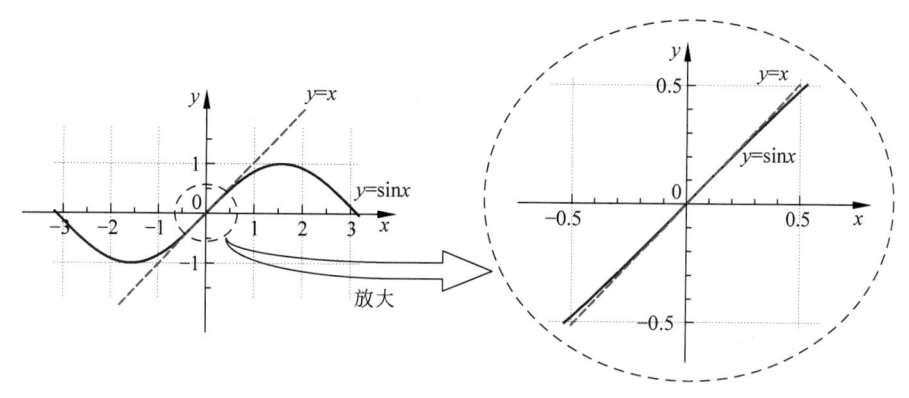

图 2.6　$y=\sin x$ 与 $y=x$ 函数曲线图像

表 2.3　$\sin x$ 在不同位置处的取值情况

x	$\sin x$
1×10^{-1}	$0.998\ 334\ 166\ 5\times 10^{-1}$
1×10^{-2}	$0.999\ 983\ 333\ 4\times 10^{-2}$
1×10^{-3}	$0.999\ 999\ 833\ 3\times 10^{-3}$
1×10^{-4}	$0.999\ 999\ 998\ 3\times 10^{-4}$
...	...

这就是本节要给出的一个重要极限：

$$\lim_{x\to 0}\frac{\sin x}{x}=1 \qquad (2.3.2)$$

仅仅通过观察图 2.6 和表 2.3 就给出式(2.3.2)，不具备充足的说服力，接下来给出一个更加严谨的证明过程。

如图 2.7 所示，在研究某一个角 θ 的三角函数 $\sin\theta$、$\cos\theta$ 以及 $\tan\theta$ 时，可以借助单位圆来直接观察。点 A 和点 B 分别是角 θ 射线与 $x=1$ 和单位圆的交点，于是两者的横纵坐标分别为

$$A(1,\tan\theta) \qquad (2.3.3)$$
$$B(\cos\theta,\sin\theta) \qquad (2.3.4)$$

图 2.7　基于单位圆观察三角函数示意图

记$(1,0)$为 C，对于同一个锐角 θ，研究图 2.7 中 3 个不同区域的面积，分别是三角形 OBC、扇形 OBC 和三角形 OAC：

如图 2.8 所示，观察图片可以看出 3 个区域面积的大小关系：

$$S_{\triangle OBC}<S_{\text{扇形}OBC}<S_{\triangle OAC} \qquad (2.3.5)$$

分别求出它们的面积值，可得

$$\frac{\sin\theta}{2}<\frac{\theta}{2}<\frac{\tan\theta}{2} \qquad (2.3.6)$$

上式左右两侧分别乘以 2，再分别取倒数，再乘以 $\sin\theta$，可得到下列不等式：

$$\cos\theta<\frac{\sin\theta}{\theta}<1 \qquad (2.3.7)$$

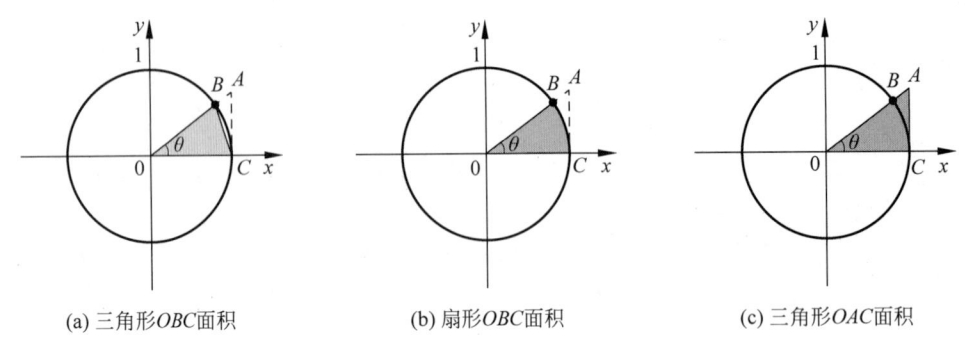

(a) 三角形OBC面积　　　　(b) 扇形OBC面积　　　　(c) 三角形OAC面积

图 2.8　相同角度下对应的不同图形区域

不难看出,从式(2.3.5)到式(2.3.7),这样的大小关系对于任意一个锐角 θ 都是保持成立的。而这时让 θ 趋近于 0($\theta \to 0$),也就是让这个锐角小得不能再小,根据三角函数常识,这时候 $\cos\theta$ 是趋近于 1 的。$\dfrac{\sin\theta}{\theta}$ 夹在 $\cos\theta$ 与 1 之间,所以该比值也只能不断向 1 靠近。

一个量 f 介于两个不相同的变量 g、h 之间,倘若 g、h 刚好向同一个数值无限逼近,则 f 也必然向该数值无限地靠近。这是一个非常重要而浅显的定理:夹逼准则(见图 2.9)。

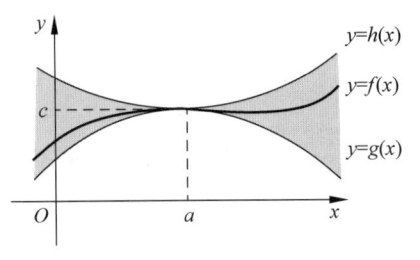

图 2.9　夹逼准则示意图

> 夹逼准则:在 a 的某去心邻域内,存在 $g(x) \leqslant f(x) \leqslant h(x)$,且满足 $\lim\limits_{x \to a} g(x) = \lim\limits_{x \to a} h(x) = c$,则有 $\lim\limits_{x \to a} f(x) = c$。

基于 $\lim\limits_{x \to 0} \dfrac{\sin x}{x} = 1$ 这个极限,再回顾 2.2.2 节中关于无穷小的定义,我们可以称:**当 $x \to 0$ 时,$\sin x$ 与 x 属于等价无穷小**。更重要的是,在此过程中,"x" 还可以换成其他无穷小,比如当 $x \to 0$ 时,$2x$、$100x$、x^2 等也属于无穷小量,所以 $\sin(2x)$ 与 $2x$ 属于等价无穷小,$\sin(100x)$ 与 $100x$ 属于等价无穷小,$\sin(x^2)$ 与 x^2 属于等价无穷小。

求下列表达式的极限值格外简单,请大家尝试亲自动手完成:

> 求出下列函数的极限值:
>
> (1) $\lim\limits_{x \to 0} \dfrac{\sin x}{9x}$
>
> (2) $\lim\limits_{x \to 0} \dfrac{\sin 5x}{\sin 3x}$
>
> (3) $\lim\limits_{x \to 0} \dfrac{\sin^2 x}{4x^2}$
>
> (4) $\lim\limits_{x \to 0} \dfrac{\sin(x^3)}{7x^2 \sin x}$

解：

(1) $\lim\limits_{x\to 0}\dfrac{\sin x}{9x}\xlongequal{\sin x\sim x}\lim\limits_{x\to 0}\dfrac{x}{9x}=\dfrac{1}{9}$

(2) $\lim\limits_{x\to 0}\dfrac{\sin 5x}{\sin 3x}\xlongequal{\sin 5x\sim 5x,\sin 3x\sim 3x}\lim\limits_{x\to 0}\dfrac{5x}{3x}=\dfrac{5}{3}$

(3) $\lim\limits_{x\to 0}\dfrac{\sin^2 x}{4x^2}\xlongequal{\sin^2 x=(\sin x)^2\sim x^2}\lim\limits_{x\to 0}\dfrac{x^2}{4x^2}=\dfrac{1}{4}$

(4) $\lim\limits_{x\to 0}\dfrac{\sin(x^3)}{7x^2\sin x}\xlongequal{\sin(x^3)\sim x^3,\sin x\sim x}\lim\limits_{x\to 0}\dfrac{x^3}{7x^3}=\dfrac{1}{7}$

此外，利用"$x\to 0$，$\sin x$ 与 x 为等价无穷小"，还可以继续推出另外 4 个比较重要的等价无穷小，分别是：

(1) 当 $x\to 0$ 时，$\tan x$ 与 x 为等价无穷小；

(2) 当 $x\to 0$ 时，$(1-\cos x)$ 与 $\dfrac{x^2}{2}$ 为等价无穷小；

(3) 当 $x\to 0$ 时，$\arcsin x$ 与 x 为等价无穷小；

(4) 当 $x\to 0$ 时，$\arctan x$ 与 x 为等价无穷小。

接下来简单说明上面这 4 个说法成立的理由。

(1) 拆分 $\tan x$ 函数为 $\dfrac{\sin x}{\cos x}$，进而得到结果

$$\lim\limits_{x\to 0}\dfrac{\tan x}{x}\xlongequal{\tan x=\frac{\sin x}{\cos x}}\lim\limits_{x\to 0}\dfrac{\sin x}{x\cdot\cos x}=\lim\limits_{x\to 0}\dfrac{\sin x}{x}\cdot\dfrac{1}{\cos x}=1\times 1=1 \qquad (2.3.8)$$

所以得到下列比值极限：

$$\lim\limits_{x\to 0}\dfrac{\tan x}{x}=1 \qquad (2.3.9)$$

(2) 利用三角函数公式进行代换，已知：

$$\sin^2 x=\dfrac{1-\cos(2x)}{2} \qquad (2.3.10)$$

将式(2.3.10)中的 x 替换为 $\dfrac{x}{2}$，于是有

$$1-\cos x=2\sin^2\dfrac{x}{2} \qquad (2.3.11)$$

当 $x\to 0$ 时，$\sin\dfrac{x}{2}\sim\dfrac{x}{2}$，进而 $2\sin^2\dfrac{x}{2}\sim 2\left(\dfrac{x}{2}\right)^2=\dfrac{x^2}{2}$，所以 $(1-\cos x)\sim\dfrac{x^2}{2}$。

(3) 在求极限过程中，可以尝试使用变量的代换，可以规定 $\arcsin x=t$，则对应有 $\sin t=x$，不难得出，当 $x\to 0$ 时有 $t\to 0$，具体过程如下：

$$\lim\limits_{x\to 0}\dfrac{\arcsin x}{x}\xlongequal{\arcsin x=t,x=\sin t}\lim\limits_{t\to 0}\dfrac{t}{\sin t}=1 \qquad (2.3.12)$$

由此便可验证等价无穷小的极限：

$$\lim_{x \to 0} \frac{\arcsin x}{x} = 1 \tag{2.3.13}$$

(4) 与上述步骤类似，规定 $\arctan x = t$，则对应有 $\tan t = x$，再结合式(2.3.9)即可求得极限：

$$\lim_{x \to 0} \frac{\arctan x}{x} = \lim_{t \to 0} \frac{t}{\tan t} = 1 \tag{2.3.14}$$

三角函数有关的等价无穷小总结如表 2.4 所示。

表 2.4 有关三角函数的等价无穷小

$x \to 0$	
函数表达式	等价对象
$\sin x$	x
$\tan x$	
$\arcsin x$	
$\arctan x$	
$1 - \cos x$	$\dfrac{x^2}{2}$

求出下列函数的极限值：

(1) $\lim\limits_{x \to 0} \dfrac{\tan x}{\arcsin x}$

(2) $\lim\limits_{x \to 0} \dfrac{1 - \cos x}{\arctan^2 x}$

(3) $\lim\limits_{x \to 0} \dfrac{\sin x^2}{1 - \cos(3x)}$

解：

(1) $\lim\limits_{x \to 0} \dfrac{\tan x}{\arcsin x} \xrightarrow{\tan x \sim x, \arcsin x \sim x} \lim\limits_{x \to 0} \dfrac{x}{x} = 1$

(2) $\lim\limits_{x \to 0} \dfrac{1 - \cos x}{\arctan^2 x} \xrightarrow{(1-\cos x) \sim \frac{x^2}{2}, \arctan^2 x \sim x^2} \lim\limits_{x \to 0} \dfrac{\frac{x^2}{2}}{x^2} = \dfrac{1}{2}$

(3) $\lim\limits_{x \to 0} \dfrac{\sin x^2}{1 - \cos 3x} \xrightarrow{\sin x^2 \sim x^2, [1-\cos(3x)] \sim \frac{(3x)^2}{2}} \lim\limits_{x \to 0} \dfrac{x^2}{\frac{(3x)^2}{2}} = \dfrac{2}{9}$

2.3.2 关于自然常数 e 的极限

设想有一家银行，它的年利率为 100%，1 元钱存放 1 年的时间，加 1 元利息共计可以取出 2 元。看似没有什么问题，但实际上我们还可以用同样的时间和本金来赚得更多。如果存 1 元半年后就取出，则本息共计 1.5 元(本金 1 元，半年利息 0.5 元)，将这 1.5 元再存进银行，半年后再取出,则本息共计 2.25 元(本金 1.5 元,半年利息 0.75 元),相比之前可以多拿到 0.25 元。

> 学生:这也太神奇了,跟变戏法一样,我之前怎么没想到呢?
> 老师:嗯,但是这里面的原理你能说说看吗?
> 学生:我还是不太明白,明明同样是 1 元本金、1 年的时间和 100% 的年利率,但是中间只需要存取一次,就好像凭空可以变钱出来一样!
> 老师:原理很简单,本金越多利息就越多,对不对?
> 学生:当然,毕竟利率是固定的。
> 老师:那么当你中间取出来再存入,就相当于让过去半年生成的利息变成了"本金",然后参与后半年的增值。
> 学生:这样说我明白了!这就是经济学中的"**复利**"的概念,俗称的"利滚利"。
> 老师:那你想过如果不是隔半年,而是每个季度存取一次,或者每天、每小时存取一次,那是不是能得到更多钱呢?
> 学生:等等,那我可得算算!

按照这个想法,我们继续计算,同样是 1 元本金、年利率 100% 的情况下:

◆ 每年存取 2 次,最终本息共计 $\left(1+\frac{1}{2}\right)^2 = 2.25$;

◆ 每年存取 4 次,最终本息共计 $\left(1+\frac{1}{4}\right)^4 = 2.44141$;

◆ 每年存取 12 次,最终本息共计 $\left(1+\frac{1}{12}\right)^{12} = 2.61304$;

◆ 每年存取 365 次,最终本息共计 $\left(1+\frac{1}{365}\right)^{365} = 2.71457$;

◆ 每年存取 10 000 次,最终本息共计 $\left(1+\frac{1}{10\,000}\right)^{10\,000} = 2.71815$;

……

总结上述规律,在 1 年内存取(计息)n 次,则最终本息共计金额为

$$S_n = \left(1+\frac{1}{n}\right)^n \tag{2.3.15}$$

不难发现,随着 n 增加,可以获得的金额 S_n 就越大,如表 2.5 所示。这时有人提出一个大胆的想法:如果让 n 无限制地增加,那么我们有没有可能得到无数金钱?这着实让银行家们捏了一把冷汗。

表 2.5 计息次数 n 与年终所得金额 S_n 对照表($n \geqslant 1\times 10^4$,保留 10 位有效数字)

n	1×10^4	1×10^5	1×10^6	1×10^7	1×10^8
S_n	2.718 145 927	2.718 268 237	2.718 280 469	2.718 281 693	2.718 281 815

根据图 2.10 显示的内容,S_n 随着 n 的增加而增加,但当 n 越来越大,S_n 增长的幅度也在明显衰减,增长曲线逐渐趋于水平;从表 2.5 也可以看出,n 从 1×10^4 增长到 1×10^8,小数点后 3 位甚至没有发生变化。这就意味着 S_n 的增长过程存在一个隐形的"天花板",于是将这

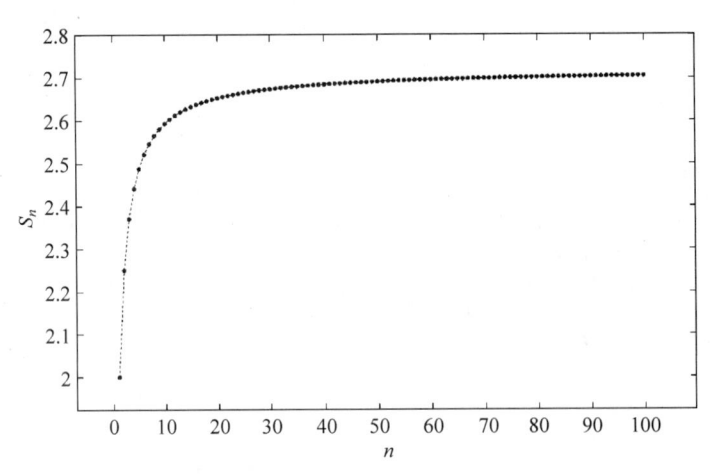

图 2.10 计息次数 n 与年终所得金额 S_n 对应的关系图($1 \leqslant n \leqslant 100$)

个 S_n 不断靠近的目标记为自然常数 e：

$$\lim_{n \to \infty} \left(1 + \frac{1}{n}\right)^n = e(e \approx 2.71828) \tag{2.3.16}$$

自然常数 e 和圆周率 π 都是非常常见的无理数，我们永远无法达到它们小数点后的尽头，只能是精确到有限的位数[①]。

> 学生：银行家可以松一口气了！1 元本金、100% 的利率，而 e 精确到小数点后 4 位是 2.7183，不论你怎么折腾也不会比这个数更多了！
>
> 老师：是这样的，很多同学从中学阶段就了解过自然常数 e 了，却没有想过它有这样的用处。其实自然常数 e 在数学世界的地位一点都不输给 π，在许多重要公示中都少不了它的身影，比如大名鼎鼎的欧拉公式：$e^{i\pi} + 1 = 0$。
>
> 学生：可是除了银行计息这种问题，e 还会出现在什么场景下呢？
>
> 老师：问得好！再给出一个问题供你思考：设一根生长中的竹子长为 1m，假定它在 1 年的时间内可以伸长自身的 1 倍，那么请问一年后这根竹子会变多长呢？
>
> 学生：那肯定是 2m 呗！
>
> 老师：你再想想看呢？前半年这根竹子直接增长出 0.5m，那么这 0.5m 的竹子自身也会在下半年继续变长的呀！
>
> 学生：对哦！也就是说，不仅要考虑最原始那 1m 的竹子**直接**生长出来的，还要考虑新竹子发生的**间接**生长。一年 365 天，第 1 天长出来的新竹子在接下来的 364 天也会变长！
>
> 老师：所以你知道最后是多长了吗？
>
> 学生：约等于 2.71828 米！
>
> 老师：没错，这就是大自然中的"复利"带来的结果。只要涉及过程的累积，总少不了 e 的身影，所以我们经常会在物种繁殖、人口增长、控制理论等问题中看到 e 出现在公式中。

[①] 关于自然常数 e 的极限，需要利用"单调有界法则"进行较为严格的论证说明。由于相关理论及其技巧并不在本书想要探讨的主题范围内，所以此处不做过多说明。感兴趣的读者请查阅其他资料。

有了式(2.3.16)的基础,可以得到下面两个重要的等价无穷小:

(1) $x \to 0$ 时,$\ln(1+x)$ 与 x 为等价无穷小;
(2) $x \to 0$ 时,(e^x-1) 与 x 为等价无穷小。

这两个结论很容易被证明,各位读者稍作了解即可:

(1) $\lim\limits_{x \to 0} \dfrac{\ln(1+x)}{x} = \lim\limits_{x \to 0} \dfrac{1}{x}\ln(1+x) = \lim\limits_{x \to 0}\ln(1+x)^{\frac{1}{x}} \xrightarrow{\diamondsuit \frac{1}{x}=n} \lim\limits_{n \to \infty}\ln\left(1+\dfrac{1}{n}\right)^n$

$\xrightarrow{n \to \infty \text{时},\left(1+\frac{1}{n}\right)^n \to e} \ln e = 1$

所以 $\lim\limits_{x \to 0} \dfrac{\ln(1+x)}{x} = 1$,分子分母属于等价无穷小。

(2) $\lim\limits_{x \to 0} \dfrac{e^x-1}{x} \xrightarrow{\diamondsuit (e^x-1)=t,\text{则} x=\ln(1+t)} \lim\limits_{t \to 0} \dfrac{t}{\ln(1+t)} = 1$

所以 $\lim\limits_{x \to 0} \dfrac{e^x-1}{x} = 1$,分子分母属于等价无穷小。

这意味着当 x 足够接近 0 时,$\ln(1+x)$、(e^x-1) 与 x 都是非常接近的数值。通过表2.6可以验证,x 越接近 0,这三者的逼近程度越高。

表 2.6 有关 x,$\ln(1+x)$ 与 (e^x-1) 的取值对应关系(函数值保留 5 位有效数字)

x	0.01	0.001	0.0002	0.0001
$\ln(1+x)$	0.099 503	0.000 999 50	0.000 199 98	0.000 099 995
e^x-1	0.010 050	0.001 000 5	0.000 200 02	0.000 100 01

求出下列函数的极限值:

(1) $\lim\limits_{x \to 0} \dfrac{\ln(1+3x)}{e^{2x}-1}$

(2) $\lim\limits_{x \to 0} \dfrac{\ln(1+x^2)}{x(e^{5x}-1)}$

(3) $\lim\limits_{x \to 0} \dfrac{3^x-1}{x}$

解:

(1) $\lim\limits_{x \to 0} \dfrac{\ln(1+3x)}{e^{2x}-1} \xrightarrow{\ln(1+3x)\sim 3x,(e^{2x}-1)\sim 2x} \lim\limits_{x \to 0} \dfrac{3x}{2x} = \dfrac{3}{2}$

(2) $\lim\limits_{x \to 0} \dfrac{\ln(1+x^2)}{x(e^{5x}-1)} \xrightarrow{\ln(1+x^2)\sim x^2,(e^{5x}-1)\sim 5x} \lim\limits_{x \to 0} \dfrac{x^2}{5x^2} = \dfrac{1}{5}$

(3) $\lim\limits_{x \to 0} \dfrac{3^x-1}{x} \xrightarrow{3^x=(e^{\ln 3})^x=e^{x\ln 3}} \lim\limits_{x \to 0} \dfrac{e^{x\ln 3}-1}{x} \xrightarrow{(e^{x\ln 3}-1)\sim x\ln 3} \lim\limits_{x \to 0} \dfrac{x\ln 3}{x} = \ln 3$

学会了上述极限求解过程,接下来解决一个更加具体的问题。

如图 2.11 所示,画出了 $y = e^x$ 的函数图像,阴影区域是由曲线在 $0 \leqslant x \leqslant 1$ 区间内与 x 轴

所围成的,现在我们尝试求出该阴影区域的面积 S。

按照基本的几何知识,我们只能直接求三角形、矩形、梯形、圆等面积,面临这种函数曲线围成面积时,则需要采用微积分的核心理念:分割、分析与重组。如图 2.12 所示,我们将该区域的面积转换成许多长方形面积之和。

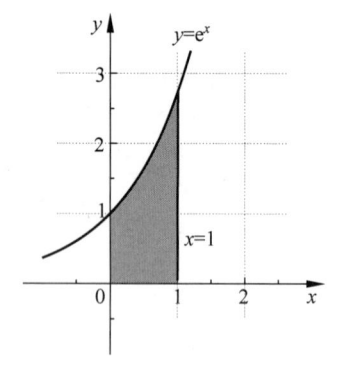

图 2.11 函数曲线下的阴影面积示意图

图 2.12 图形面积分解分析示意图

- 分割:将阴影区域用竖线进行切割,切成 n 份条形区域。
- 分析:如图 2.12 右侧放大图所示,长条都较为细长,可以近似看作长方形,其底部宽度均为 $\dfrac{1}{n}$,而高度对应的是曲线上点的纵坐标。比如从左到右第 10 条长方形,它所处的横坐标位置为 $x=\dfrac{10}{n}$,所以它对应的高度为 $e^x=e^{\frac{10}{n}}$。第 i 条长方形的高就是 $e^{\frac{i}{n}}$,第 i 条长方形的面积为 $\dfrac{1}{n}e^{\frac{i}{n}}$。
- 重组:整个阴影区域的面积,就是这 n 条长方形面积之和,可以得出公式:

$$S = \frac{1}{n}e^{\frac{1}{n}} + \frac{1}{n}e^{\frac{2}{n}} + \frac{1}{n}e^{\frac{3}{n}} + \cdots + \frac{1}{n}e^{\frac{n}{n}} \tag{2.3.17}$$

还有一个问题需要重视:n 应该是多少?不论把阴影区域切割成 100 份还是 10 000 份,用一堆长方形来近似都会存在一定的误差,而为了能够尽量缩小这个误差,n 应该尽量越大越好,所以本章所学知识可以派上用场了:让 n 成为无穷大! 式(2.3.17)还需进一步改进为式(2.3.18)。

$$S = \lim_{n \to +\infty}\left(\frac{1}{n}e^{\frac{1}{n}} + \frac{1}{n}e^{\frac{2}{n}} + \frac{1}{n}e^{\frac{3}{n}} + \cdots + \frac{1}{n}e^{\frac{n}{n}}\right) \tag{2.3.18}$$

通过观察可以发现,这是一个等比数列的求和过程,表达式中共有 n 项相加,相邻的两项刚好相差 $e^{\frac{1}{n}}$ 倍。基于等比数列求和公式,可以得出如下过程:

$$\begin{aligned}
S &= \lim_{n \to +\infty}\left(\frac{1}{n}e^{\frac{1}{n}} + \frac{1}{n}e^{\frac{2}{n}} + \frac{1}{n}e^{\frac{3}{n}} + \cdots + \frac{1}{n}e^{\frac{n}{n}}\right) \\
&= \lim_{n \to +\infty}\frac{e^{\frac{1}{n}}}{n} \cdot \frac{1-(e^{\frac{1}{n}})^n}{1-e^{\frac{1}{n}}} = \lim_{n \to +\infty}\frac{e^{\frac{1}{n}}}{n} \cdot \frac{1-e}{1-e^{\frac{1}{n}}} \\
&= \lim_{n \to +\infty}\frac{e^{\frac{1}{n}}}{n} \cdot \frac{e-1}{e^{\frac{1}{n}}-1}
\end{aligned} \tag{2.3.19}$$

借用有关e的等价无穷小,当x是无穷小时,我们知道(e^x-1)等价于x;同样,当n是无穷大时,$\frac{1}{n}$则是无穷小的,$(e^{\frac{1}{n}}-1)$就等价于$\frac{1}{n}$。基于此,可进一步计算:

$$S=\lim_{n\to+\infty}\frac{e^{\frac{1}{n}}}{n}\cdot\frac{e-1}{e^{\frac{1}{n}}-1}\xlongequal{(e^{\frac{1}{n}}-1)\sim\frac{1}{n}}\lim_{n\to+\infty}\frac{e^{\frac{1}{n}}}{n}\cdot\frac{e-1}{\frac{1}{n}}$$

$$=\lim_{n\to+\infty}e^{\frac{1}{n}}(e-1)=e-1 \tag{2.3.20}$$

最终得到了阴影区域面积为$(e-1)$。我们将在后续章节中学习牛顿-莱布尼茨公式,届时可以将这个问题用另一种角度(定积分)进行更为便捷的运算。但是这不意味着我们刚才解决问题的过程是低效、没有意义的,它充分体现了微积分处理问题的核心环节,掌握"分割-分析-重组"的流程,可以帮助你在处理其他实际问题时更快捷地构建思维模型。

2.4 函数的连续性与间断点

本节学习什么是函数的连续性,什么是函数的间断点。

函数的连续性

设函数$y=f(x)$在点x_0的某一邻域内有定义,并且以下等式成立:

$$\lim_{x\to x_0}f(x)=f(x_0)$$

那么就称函数$f(x)$在点$x=x_0$处连续。

函数在开区间连续

如果存在一个区间(a,b),有任意的$\xi\in(a,b)$,函数在点$x=\xi$处都会连续,则称**函数$f(x)$在开区间(a,b)上连续**。

函数在闭区间连续:如果函数$f(x)$已经在开区间(a,b)上连续,还有以下两个等式成立:

$$\lim_{x\to a^+}f(x)=f(a)$$
$$\lim_{x\to b^-}f(x)=f(b)$$

则称**函数$f(x)$在闭区间$[a,b]$上连续**。

我们所学的基本初等函数(幂函数、指数函数、对数函数、三角函数、反三角函数)在它们各自定义域内都是连续的。

函数的间断点

设函数$y=f(x)$在点x_0的某一邻域内有定义,而以下等式<u>不</u>成立:

$$\lim_{x\to x_0}f(x)=f(x_0)$$

那么就称函数$f(x)$在点x_0间断。函数的间断点分为4种情况:可去间断点、跳跃间断点、无穷间断点、振荡间断点。其中前两种(可去间断点和跳跃间断点)统称为"第一类间断点",后两种(无穷间断点和振荡间断点)统称为"第二类间断点"。

4种不同情况的间断点,可以通过表2.7具体了解。

表2.7　不同情况的间断点

类　　型	具体情况	举例说明
第一类间断点	可去间断点：左右极限相等,但不等于函数在该点取值 $$\lim_{x \to x_0^+} f(x) = \lim_{x \to x_0^-} f(x) \neq f(x_0)$$	$y = \dfrac{\sin x}{x}\,(x \neq 0)$ 在 $x=0$ 处为可去间断点
	跳跃间断点：左右极限存在不相等的极限值 $$\lim_{x \to x_0^+} f(x) = a,\ \lim_{x \to x_0^-} f(x) = b$$ $$a \neq b$$	$y = \begin{cases} -1, & x<0 \\ 1, & x \geqslant 0 \end{cases}$ 在 $x=0$ 处为跳跃间断点
第二类间断点	无穷间断点：左极限或右极限为无穷大 $$\lim_{x \to x_0^+} f(x) = \infty \text{ 或 } \lim_{x \to x_0^-} f(x) = \infty$$	$y = \dfrac{1}{|x-x_0|}$ 在 $x=x_0$ 处为无穷间断点
	振荡间断点：$\lim\limits_{x \to x_0^+} f(x)$ 或 $\lim\limits_{x \to x_0^-} f(x)$ 即不存在极限值,也非无穷大	$y = \sin \dfrac{1}{x}$ 在 $x=0$ 处为振荡间断点

求函数 $f(x) = \dfrac{x^2-1}{x^2-3x+2}$ 的间断点,并判断其间断点类型。

解：已知 $f(x) = \dfrac{x^2-1}{x^2-3x+2} = \dfrac{x^2-1}{(x-1)(x-2)}$,则它的定义域为 $x \neq 1, x \neq 2$,这意味着在 $x=1$ 和 $x=2$ 两处会存在函数的间断点。接下来分别判断它们的间断点类型,**即求间断点处的左、右函数极限。**

$x=1$ 处：

$$\lim_{x\to 1^-}f(x)=\lim_{x\to 1^+}f(x)=\lim_{x\to 1}\frac{x^2-1}{(x-1)(x-2)}=\lim_{x\to 1}\frac{(x+1)}{(x-2)}=-2$$

$x=2$ 处：

$$\lim_{x\to 2}f(x)=\lim_{x\to 2}\frac{x^2-1}{(x-1)(x-2)}=\pm\infty$$

因此，$x=1$ 处为可去间断点，$x=2$ 处为无穷间断点。

2.5 结语

关于极限部分的学习，使我们认识了"无穷大"与"无穷小"的概念，更是让我们学会用动态的思维来看待问题。尽管本章的内容到此就结束了，但对于各位读者而言，关于"极限"的认知才刚刚开始。在后续的章节中，你会发现"无穷大"、"无穷小"、lim……它们的身影无处不在，并且在概念定义、定理证明过程中扮演相当重要的角色。

不用担心自己还没做好充分的准备，学习过程是循序渐进的，你会在后续发现更多惊喜，让我们继续出发！

第 3 章 微分与导数

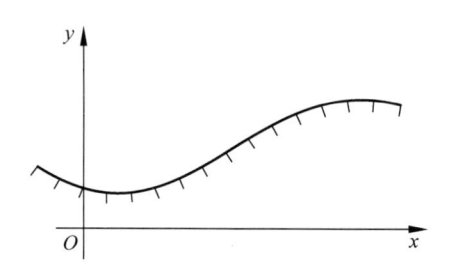

万物皆处于变化之中,而不同事物的变化又会相互产生影响:气候专家估算,全球平均气温如果上升 1℃,海平面会上升 0.6m。经济学研究表明,一个国家的国民平均受教育年数每增加 1 年,该国的长期经济增长率可以增加 0.6%;通过统计数据,全球粮食收成每减少 1 个百分点,粮食产品价格将上涨 8.5%……对这种关联的研究,可以帮助我们进一步了解自然与社会的基本规律。而在数学世界里,我们关心两个变量是怎样相互影响的:因变量 y 随着自变量 x 的变化会呈现怎样的趋势?这就是本章所介绍的主题:导数。

学 习 目 标	重 要 性	难 度
明确导数的基本概念,熟练掌握基本函数的导数运算	★★★★	★★☆☆
了解隐函数、参数方程、反函数等特殊类型函数的求导过程	★★☆☆	★★★☆
学会用洛必达法则进行函数极限运算	★★☆☆	★★☆☆
掌握二阶导数以及高阶导数的运算	★★★☆	★★★☆
能够利用导数判断函数的单调性、凹凸性、极值点与拐点	★★★★	★☆☆☆
掌握微分的运算法则,求解相关变化率问题	★★★☆	★★★☆
利用导数实现超越方程数值求解	★☆☆☆	★★★★

在完成本章的学习后,你将能够独立解决下列问题:

◆ 函数 $y=\dfrac{x^3}{3}-2x^2+3x-5$ 的图像曲线分别在哪些位置是递增的、在哪些位置是递减的?

◆ 函数 $y=\ln x+\dfrac{e}{x}(x>0)$ 的最小值是多少?

◆ 能否利用简单的加减乘除,近似计算 $\sqrt{15.99}$ 与 $\sqrt[3]{8.01}$(精确到小数点后 2 位)?

◆ 利用计算器获得方程的解:$\cos x-x=0$(精确到小数点后 3 位)。

3.1 导数的基础概念与运算

在函数关系 $y=f(x)$ 中,导数被记为 $\dfrac{\mathrm{d}y}{\mathrm{d}x}$ 或 $f'(x)$,它可以反映出 y 随着 x 变化而呈现的变化趋势。如果导数为正,则 y 随着 x 增大而增大;如果导数为负,则 y 随着 x 增大而减小。导数的绝对值越大,则变化得越快。在直线函数"$y=kx+b$"中,斜率 k 就扮演着导数的角色,x 每增长 1 个单位,y 就变化 k 个单位。现在我们将目光转移到曲线中,去描述曲线的变化情况。

3.1.1 变化率与导数

设函数 $y=f(x)(0\leqslant x\leqslant 10)$,其函数图像由 4 段折线构成,如图 3.1 所示,其依次经过 $(0,0)$、$(2,1)$、$(4,3.5)$、$(7,4)$ 和 $(10,2.5)$。

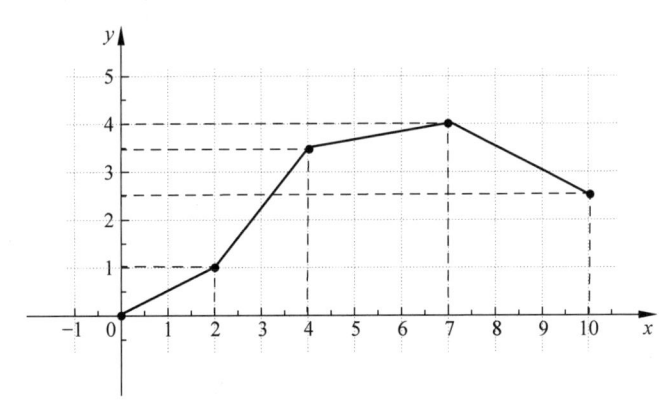

图 3.1 y 与 x 的折线关系图

用"Δx"代表 x 的变化量,用"Δy"代表 y 的变化量,两者的比值 $\dfrac{\Delta y}{\Delta x}$ 就是 y 随着 x 的变化率,在这里需要分区间讨论这个值的情况:

◆ 在点 $(0,0)$ 到点 $(2,1)$ 之间,$\Delta x=2$,$\Delta y=1$,此处 y 随 x 的变化率为 $\dfrac{\Delta y}{\Delta x}=\dfrac{1}{2}$;

◆ 在点 $(2,1)$ 到点 $(4,3.5)$ 之间,$\Delta x=2$,$\Delta y=2.5$,此处 y 随 x 的变化率为 $\dfrac{\Delta y}{\Delta x}=\dfrac{5}{4}$;

◆ 在点 $(4,3.5)$ 到点 $(7,4)$ 之间,$\Delta x=3$,$\Delta y=0.5$,此处 y 随 x 的变化率为 $\dfrac{\Delta y}{\Delta x}=\dfrac{1}{6}$;

◆ 在点 $(7,4)$ 到点 $(10,2.5)$ 之间,$\Delta x=3$,$\Delta y=-1.5$,此处 y 随 x 的变化率为 $\dfrac{\Delta y}{\Delta x}=-\dfrac{1}{2}$。

……

基于这种分析模式,我们将目光转向曲线的函数变化率。比如,图 3.2 中绘制了一条抛物线:$y=\dfrac{x^2}{10}$。以点 $A(6,3.6)$ 为例,我们描述函数在该点附近的变化率。

从 A 点出发,在函数曲线上找到与其相邻的点 A',两者的横坐标相差 Δx,点 A' 的横坐标为 $(6+\Delta x)$,根据抛物线方程得出点 A' 纵坐标为 $\dfrac{(6+\Delta x)^2}{10}$。综上所述,$A$ 与 A' 的坐标如下:

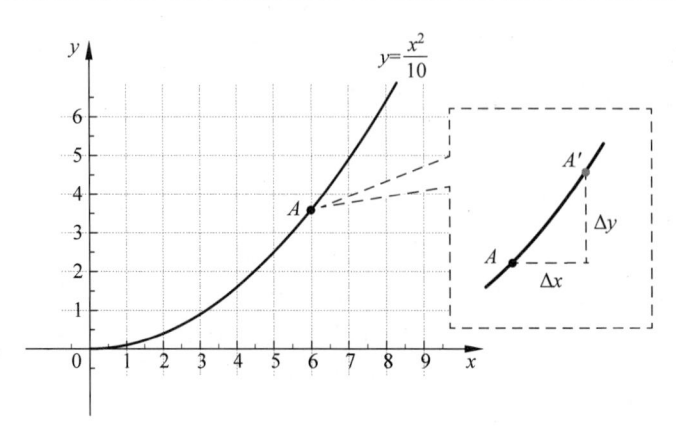

图 3.2 抛物线中的变化率

$$A(6,3.6) \tag{3.1.1}$$

$$A'\left(6+\Delta x, \frac{(6+\Delta x)^2}{10}\right) \tag{3.1.2}$$

两者的纵坐标之差 Δy 为

$$\Delta y = \frac{(6+\Delta x)^2}{10} - 3.6 = \frac{6\Delta x}{5} + \frac{(\Delta x)^2}{10} \tag{3.1.3}$$

在 A 到 A' 这一段上,变化率为 Δy 与 Δx 的比值:

$$\frac{\Delta y}{\Delta x} = \frac{6}{5} + \frac{\Delta x}{10} \tag{3.1.4}$$

我们的最终目的是精确描述 A 点处的变化率,所以需要让 A' 与 A 尽量接近,最理想的状态下就是无限接近,由此设定"$\Delta x \to 0$",进一步计算式(3.1.4):

$$\lim_{\Delta x \to 0} \frac{\Delta y}{\Delta x} = \lim_{\Delta x \to 0} \left(\frac{6}{5} + \frac{\Delta x}{10}\right) = \frac{6}{5} \tag{3.1.5}$$

由此我们可以说,该段抛物线在 A 点处的变化率为 $\frac{6}{5}$。如果以该值作为斜率,并且通过 $A(6,3.6)$,则得到一个直线方程:

$$y = \frac{6}{5}x - \frac{18}{5} \tag{3.1.6}$$

该直线称为函数曲线在 A 点处的**切线**,A 点被称为切点。由此可以看出,邻点 A' 无限向 A 靠近,这个过程中直线 AA' 所趋近的最终状态就是式(3.1.6)所表示的切线。

同样地,对于抛物线上任意一点 $\left(x_0, \frac{x_0^2}{10}\right)$,其邻点坐标为 $\left(x_0+\Delta x, \frac{(x_0+\Delta x)^2}{10}\right)$,仿照式(3.1.5)可以求出该点处的变化率,也是该点处的切线斜率:

$$\lim_{\Delta x \to 0} \frac{\Delta y}{\Delta x} = \lim_{\Delta x \to 0} \frac{\frac{(x_0+\Delta x)^2}{10} - \frac{x_0^2}{10}}{\Delta x} = \lim_{\Delta x \to 0} \left(\frac{x_0}{5} + \frac{\Delta x}{10}\right) = \frac{x_0}{5} \tag{3.1.7}$$

通过上述分析过程,对于一个函数曲线 $y = f(x)$,为了求得曲线上一点 $(x, f(x))$ 处的变化率,需要找到相近的一个邻点 $(x+\Delta x, f(x+\Delta x))$,在两者无限接近的情况下,求得纵坐标变化量 Δy 与横坐标变化量 Δx 的比值即可。为了能够让两者无限接近,需要指定 $\Delta x \to 0$。

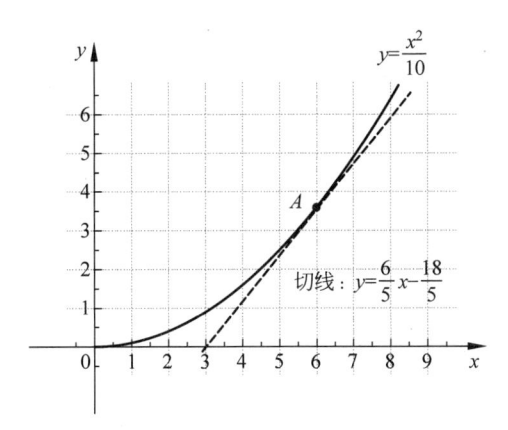

图 3.3 函数曲线的切线

为了简化符号,我们将"无限趋于 0 的 Δx"简记为"$\mathrm{d}x$",同样有"无限趋于 0 的 Δy"简记为"$\mathrm{d}y$",于是导数可以写为如下形式:

$$f'(x) = \lim_{\Delta x \to 0} \frac{\Delta y}{\Delta x} = \frac{\mathrm{d}y}{\mathrm{d}x} = \lim_{\Delta x \to 0} \frac{f(x+\Delta x)-f(x)}{\Delta x}$$

> **导数定义**
>
> 对于一个函数 $y=f(x)$,其导数 $f'(x)$ 可以反映出因变量 y 随自变量 x 的变化趋势,$f'(x)$ 也可以记为 y' 或 $\frac{\mathrm{d}y}{\mathrm{d}x}$。导数的本质是一个极限比值,其表达式为
>
> $$f'(x) = \lim_{\Delta x \to 0} \frac{f(x+\Delta x)-f(x)}{\Delta x} \tag{3.1.8}$$

对于某个函数 $f(x)$,式(3.1.8)存在相应的极限值,就称它是有导数的,也叫作"可导的"。在一些特殊情景下,可能无法求得导数,我们将在 3.1.4 节中给出案例和分析。基于式(3.1.8),接下来尝试求出几个基本函数的导数 $f'(x)$。

1. $y=x^3$ 的导数为 $y'=3x^2$

曲线上的点为 (x,x^3),其相应的邻点即为 $(x+\Delta x,(x+\Delta x)^3)$,根据导数定义表达式(3.1.8),则导数为

$$f'(x) = \lim_{\Delta x \to 0} \frac{(x+\Delta x)^3 - x^3}{\Delta x} = \lim_{\Delta x \to 0}[3x^2 + 3x\Delta x + \Delta x^2] = 3x^2 \tag{3.1.9}$$

2. $y=\sin x$ 的导数为 $y'=\cos x$

曲线上的点为 $(x,\sin x)$,其相应的邻点即为 $(x+\Delta x,\sin(x+\Delta x))$,根据导数定义表达式(3.1.8),则导数的计算过程如下:

$$\begin{aligned} f'(x) &= \lim_{\Delta x \to 0} \frac{\sin(x+\Delta x)-\sin x}{\Delta x} \\ &= \lim_{\Delta x \to 0} \frac{\sin x \cdot \cos \Delta x + \cos x \cdot \sin \Delta x - \sin x}{\Delta x} \\ &= \lim_{\Delta x \to 0} \frac{\sin x \cdot (\cos \Delta x - 1) + \cos x \cdot \sin \Delta x}{\Delta x} \end{aligned}$$

$$= \lim_{\Delta x \to 0} \frac{\sin x \cdot (\cos \Delta x - 1)}{\Delta x} + \lim_{\Delta x \to 0} \frac{\cos x \cdot \sin \Delta x}{\Delta x}$$

(由于 Δx 为无穷小,因此可以进行等价代换,$(1-\cos \Delta x) \sim \frac{\Delta x^2}{2}$,$\sin \Delta x \sim \Delta x$)

$$= \lim_{\Delta x \to 0} \frac{\sin x \cdot \left(-\frac{\Delta x^2}{2}\right)}{\Delta x} + \lim_{\Delta x \to 0} \frac{\cos x \cdot \Delta x}{\Delta x} = \cos x \tag{3.1.10}$$

3. $y = e^x$ 的导数为 $y' = e^x$

曲线上的点为 (x, e^x),其相应的邻点即为 $(x+\Delta x, e^{x+\Delta x})$,根据导数定义表达式(3.1.8),则导数的计算过程如下:

$$f'(x) = \lim_{\Delta x \to 0} \frac{e^{x+\Delta x} - e^x}{\Delta x} = \lim_{\Delta x \to 0} \frac{e^x(e^{\Delta x} - 1)}{\Delta x}$$

(由于 Δx 为无穷小,因此可以进行等价代换,$(e^{\Delta x} - 1) \sim \Delta x$) (3.1.11)

$$= \lim_{\Delta x \to 0} \frac{e^x \Delta x}{\Delta x} = e^x$$

以上 3 个函数作为举例,可以帮助我们更清楚地看到导数的计算过程。3.1.2 节将给出更高效的导数运算方法。

3.1.2 导数基本运算

3.1.1 节的式(3.1.8)~式(3.1.11)给出了导数的基本定义以及 3 种常见函数的导数。表 3.1 则给出了更多基本函数的导数情况,需要各位同学能够熟记,从而方便后续计算。

表 3.1 常见函数的导函数(表中的 n,k,a 均属于常数)

$f(x)$	$f'(x)$	$f(x)$	$f'(x)$
$x^n (n \neq 0)$	nx^{n-1}	$\log_a x (a>0, a \neq 1)$	$\frac{1}{x \ln a}$
$k (k \in \mathbf{R})$	0	e^x	e^x
$\sin x$	$\cos x$	a^x	$a^x \ln a$
$\cos x$	$-\sin x$	$\arcsin x$	$\frac{1}{\sqrt{1-x^2}}$
$\tan x$	$\sec^2 x$	$\arccos x$	$\frac{-1}{\sqrt{1-x^2}}$
$\ln x$	$\frac{1}{x}$	$\arctan x$	$\frac{1}{1+x^2}$

导数的四则运算公式

如果函数 u 与 v 各自存在导数 u' 与 v',则有下列运算规则:

(1) $(u \pm v)' = u' \pm v'$

(2) $(u \cdot v)' = u' \cdot v + u \cdot v'$

(3) $\left(\frac{u}{v}\right)' = \frac{u' \cdot v - u \cdot v'}{v^2}$

计算下列函数的导数：

(1) $y = \ln x \cdot \sin x$

(2) $y = \dfrac{e^x}{x}$

(3) $y = (3x+4)^2$

(4) $y = \dfrac{1}{\sqrt[3]{5x^2}}$

解：

(1) $y' = (\ln x)' \sin x + \ln x (\sin x)' = \dfrac{\sin x}{x} + \ln x \cos x$

(2) $y' = \dfrac{x(e^x)' - e^x(x)'}{x^2} = \dfrac{xe^x - e^x}{x^2}$

(3) $y' = (9x^2 + 24x + 16)' = 18x + 24$

(4) $y = \dfrac{1}{\sqrt[3]{5}} \cdot x^{-\frac{2}{3}}$，$y' = \dfrac{1}{\sqrt[3]{5}} \cdot \left(-\dfrac{2}{3}\right) \cdot x^{-\frac{5}{3}} = -\dfrac{2}{3\sqrt[3]{5x^5}}$

设函数 $y = \ln(3x^2 + 4 + \sin x)$，试求出导数 $\dfrac{dy}{dx}$。等号右侧的表达式，可以看作 $f(x) = \ln x$ 与 $g(x) = 3x^2 + 4 + \sin x$ 的组合，这时称 $\ln(3x^2 + 4 + \sin x)$ 是 $f(x)$ 与 $g(x)$ 的复合函数，记为 $f(g(x))$。为了求出复合函数的导数，可以采用以下两种思维模型。

1. 变量传递

对于函数 $y = \ln(3x^2 + 4 + \sin x)$，将其中的 $(3x^2 + 4 + \sin x)$ 看作一个整体，记为 t。于是得到了两个方程：

$$y = \ln t \tag{3.1.12}$$

$$t = 3x^2 + 4 + \sin x \tag{3.1.13}$$

我们可以求出 y 对 t 的导数，以及 t 对 x 的导数，将两者相乘就成为了 y 对 x 的导数，如下式所示：

$$\dfrac{dy}{dx} = \dfrac{dy}{dt} \cdot \dfrac{dt}{dx} \tag{3.1.14}$$

这就是求导的链式法则：y 受到 t 的控制，而 t 受到 x 的控制，因而 y 关于 x 的变化率 $\left(\dfrac{dy}{dx}\right)$ 就是两层变化率 $\left(\dfrac{dy}{dt} 与 \dfrac{dt}{dx}\right)$ 的乘积。该过程可参考图3.4。

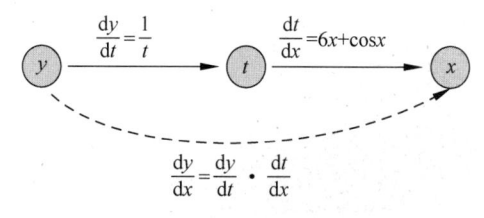

图3.4　导数计算链式法则示意图

计算式(3.1.14)可得到最终结果：

$$\frac{dy}{dx} = \frac{1}{t} \cdot (6x + \cos x) = \frac{6x + \cos x}{3x^2 + 4 + \sin x} \tag{3.1.15}$$

> 学生：为什么链式法则是变化率层层相乘，而不是层层相加或者其他运算呢？
>
> 老师：举个例子你就明白了。以石油与农业举例，石油产业与我们的生活密切相关：如果一桶石油价格上涨 1 元，那么一吨化肥的价格就要平均上涨 12 元；如果一吨化肥价格上涨 1 元，则一吨蔬菜的价格就会平均上涨 14 元。那么请问，如果一桶石油的价格上涨 1 元，则一吨蔬菜价格会受到多少影响？
>
> 学生：应该是 12×14，也就是 168 元。
>
> 老师：所以你看，化肥价格随石油的变化率为 12，而蔬菜价格随化肥的变化率为 14，所以最后不难得出蔬菜随着石油的变化率为中间过程变化率的乘积。

2．逐层求导

对于 $y = \ln(3x^2 + 4 + \sin x)$，可以将其看作两层函数，将两层函数的导数依次求出再相乘即可：最外层的函数是 ln 函数，自变量为 $(3x^2 + 4 + \sin x)$，则该层的导数为 $\frac{1}{3x^2 + 4 + \sin x}$；内层是另外一个函数 $(3x^2 + 4 + \sin x)$，其导数为 $(6x + \cos x)$。如图 3.5 所示，每次求导的函数部分用灰色区域标注，整个过程由两步构成。

$$y' = [\ln(3x^2 + 4 + \sin x)]'$$

$$\downarrow$$

$$y' = \frac{1}{3x^2 + 4 + \sin x} \cdot (3x^2 + 4 + \sin x)'$$

$$\downarrow$$

$$y' = \frac{1}{3x^2 + 4 + \sin x} \cdot (6x + \cos x)$$

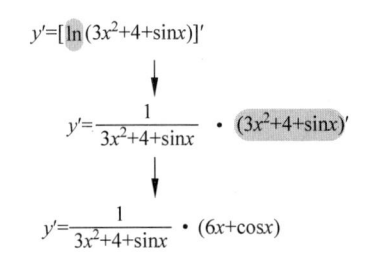

图 3.5 复合函数逐层导数计算示意图

> **复合函数及其导数的计算**
>
> 设有两个一元函数 $u(x)$ 与 $v(x)$，倘若将 $v(x)$ 的函数值作为 $u(x)$ 的自变量，组合成为新的函数 $f(x) = u(v(x))$，则称 $f(x)$ 这个函数是函数 u 与 v 的复合函数。如果函数 u 与 v 各自存在导数 u' 与 v'，则 $f(x)$ 的导数如下：
>
> $$f'(x) = u'(v(x)) \cdot v'(x)$$

计算下列函数的导数：

(1) $y = e^{3x^2}$

(2) $y = \sin^6 x$

(3) $y = \ln[3 + \sin(9x^2)]$

(4) $y = (10 + \sin x)^{\cos x}$

解：

(1) $y' = e^{3x^2} \cdot 6x$

(2) $y' = 6\sin^5 x \cdot \cos x$

(3) $y' = \dfrac{\cos(9x^2) \cdot 18x}{3 + \sin(9x^2)}$

(4) 首先需要将等号右侧的形式进行改写，根据公式 $a^b = e^{b\ln a}$ $(a > 0)$，可得 $(10 + \sin x)^{\cos x} = e^{\cos x \ln(10 + \sin x)}$，因此导数计算过程如下：

$$y' = e^{\cos x \ln(10+\sin x)} [\cos x \ln(10+\sin x)]' = e^{\cos x \ln(10+\sin x)} \left[\dfrac{\cos x \cdot \cos x}{10 + \sin x} - \sin x \ln(10 + \sin x) \right]$$

3.1.3 其他形式函数的导数计算

本节讨论 3 个特殊类型的导数计算，分别是隐函数的导数、反函数的导数和参数方程组中的导数。

1. 隐函数的导数

如果变量 y 与 x 有下列关系：

$$x^2 - 4xy + 9y^2 = 1 \tag{3.1.16}$$

那么该方程在二维平面中的图像是一个倾斜的椭圆，如图 3.6 所示。该椭圆曲线经过点 $(1,0)$，现在倘若我们需要求得该点处椭圆的切线，如何获得对应的切线斜率呢？此问题实际上是需要获得 y 对 x 的导数。观察式(3.1.16)，并不能很方便地转换为"$y = f(x)$"的形式，变量 y 与 x 之间的关系隐藏在一个方程中，这样的关系我们一般称之为"隐函数"。

隐函数求导的过程也相对简单，只需要做一件事情：方程左右两侧依次对 x 求导数。我们对方程(3.1.16)进行操作，具体细节如下：

(1) x^2 对 x 求导，结果为 $2x$。

(2) $4xy$ 对 x 求导，可以看作两个函数相乘求导的过程，$4xy = (4x) \cdot (y)$，根据导数四则运算法则，即为 $(4xy)' = (4x)' \cdot (y) + (4x) \cdot (y)' = 4y + 4xy'$。

(3) $9y^2$ 对 x 求导，根据求导的链式法则，该过程分为两步，先求得 $9y^2$ 对 y 的导数，乘上 y 对 x 的导数，就完成了对 x 的导数计算，即为 $\dfrac{d(9y^2)}{dx} = \dfrac{d(9y^2)}{dy} \cdot \dfrac{dy}{dx} = 18y \cdot y'$。

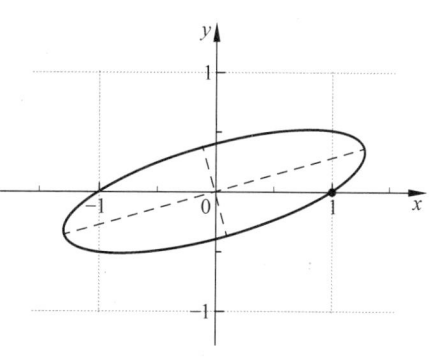

图 3.6 倾斜的椭圆示意图

(4) 1 对 x 求导，常数的导数为 0。

经过这样的操作，从方程(3.1.16)得到了一个关于 y' 的方程：

$$2x - (4xy' + 4y) + 18y \cdot y' = 0 \tag{3.1.17}$$

通过移项，得到了 y'：

$$y' = \dfrac{x - 2y}{2x - 9y} \tag{3.1.18}$$

这就是隐函数求导的过程,可参考图 3.7。

$$x^2 - 4xy + 9y^2 = 1$$

$$2x - (4xy' + 4y) + 18y \cdot y' = 0$$

$$y' = \frac{x - 2y}{2x - 9y}$$

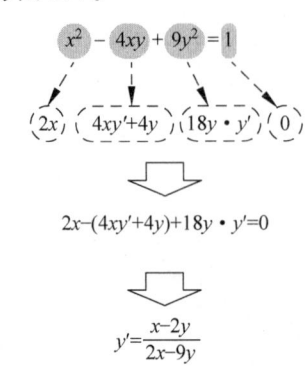

图 3.7　隐函数导数计算过程示意图

根据式(3.1.18),在点(1,0)处,$x=1$,$y=0$,代入可得 y' 的取值为 $\frac{1}{2}$,即为该点处切线斜率,切线方程为

$$y = \frac{1}{2}x - \frac{1}{2} \tag{3.1.19}$$

求出下列方程中的 y':

(1) $y^3 + 5y - x - x^4 = 100$

(2) $\sin(xy) + e^{3x+4y} = 7x^2 + \sqrt{x^2 + y^2}$

(3) $y = \sqrt{(2x+3)(4x+5)(6x+7)}$

解:

(1) 左右两侧对 x 求导数,可得

$$3y^2 \cdot y' + 5y' - 1 - 4x^3 = 0$$

$$y' = \frac{1 + 4x^3}{3y^2 + 5}$$

(2) 左右两侧对 x 求导数,在此过程中要灵活使用链式法则,比如 $\sin(xy)$ 的导数计算,可以暂且将"xy"当作一个整体,对 sin 函数计算导数后需要乘以"xy"的导数。可得

$$\cos(xy) \cdot (xy)' + e^{3x+4y} \cdot (3x+4y)' = 14x + \frac{1}{2\sqrt{x^2+y^2}} \cdot (x^2+y^2)'$$

$$\cos(xy) \cdot (y + x \cdot y') + e^{3x+4y} \cdot (3 + 4y') = 14x + \frac{1}{2\sqrt{x^2+y^2}} \cdot (2x + 2y \cdot y')$$

$$y' = \frac{14x + \dfrac{x}{\sqrt{x^2+y^2}} - y\cos(xy) - 3e^{3x+4y}}{x\cos(xy) + 4e^{3x+4y} - \dfrac{y}{\sqrt{x^2+y^2}}}$$

(3) 该函数并非隐函数,但是直接求导的计算量比较大,可以考虑左右两侧取 ln 函数,可以起到意想不到的简化效果:

$$\ln y = \ln\sqrt{(2x+3)(4x+5)(6x+7)}$$

根据对数计算的规律 $\ln a \cdot b = \ln a + \ln b$, $\ln a^b = b\ln a$, 可以将等式右侧进行拆分化简:

$$\ln y = \frac{1}{2}[\ln(2x+3) + \ln(4x+5) + \ln(6x+7)]$$

左右两侧对 x 求导数, 可得

$$\frac{y'}{y} = \frac{1}{2}\left(\frac{2}{2x+3} + \frac{4}{4x+5} + \frac{6}{6x+7}\right)$$

$$y' = \frac{y}{2}\left(\frac{2}{2x+3} + \frac{4}{4x+5} + \frac{6}{6x+7}\right)$$

2. 反函数的导数

表 3.1 中给出的有关反三角函数的导数分别为

$$(\arctan x)' = \frac{1}{1+x^2} \tag{3.1.20}$$

$$(\arcsin x)' = \frac{1}{\sqrt{1-x^2}} \tag{3.1.21}$$

$$(\arccos x)' = -\frac{1}{\sqrt{1-x^2}} \tag{3.1.22}$$

我们以式(3.1.21)为例,论证该导数是如何得到的。设 $y = \arcsin x\left(-1<x<1, -\frac{\pi}{2}<y<\frac{\pi}{2}\right)$,则对应有:

$$x = \sin y \left(-1<x<1, -\frac{\pi}{2}<y<\frac{\pi}{2}\right) \tag{3.1.23}$$

此时不妨将 x 当作因变量,而 y 当作自变量,令 x 对 y 求导数,可得:

$$\frac{\mathrm{d}x}{\mathrm{d}y} = \cos y \tag{3.1.24}$$

观察发现,$\frac{\mathrm{d}y}{\mathrm{d}x}$ 与 $\frac{\mathrm{d}x}{\mathrm{d}y}$ 属于倒数关系,于是有

$$\frac{\mathrm{d}y}{\mathrm{d}x} = \frac{1}{\frac{\mathrm{d}x}{\mathrm{d}y}} = \frac{1}{\cos y} \tag{3.1.25}$$

这样就获得了 y 对 x 的导数为 $\frac{1}{\cos y}$,这个结果也可以用 x 来表示,根据式(3.1.23)可得

$$\frac{\mathrm{d}y}{\mathrm{d}x} = \frac{1}{\cos y} = \frac{1}{\sqrt{1-\sin^2 y}} = \frac{1}{\sqrt{1-x^2}} \tag{3.1.26}$$

利用反函数求导的规则,求得下列函数中的导数:
(1) $y = \arctan x$
(2) $y = \ln x$

解：

(1) $y=\arctan x$，于是有 $x=\tan y$，$\dfrac{dx}{dy}=\sec^2 y$，进而 $\dfrac{dy}{dx}=\dfrac{1}{\sec^2 y}=\dfrac{1}{1+\tan^2 y}=\dfrac{1}{1+x^2}$。

(2) $y=\ln x$，于是有 $x=e^y$，$\dfrac{dx}{dy}=e^y$，进而 $\dfrac{dy}{dx}=\dfrac{1}{e^y}=\dfrac{1}{x}$。

已知 $u=v^3+5v$，尝试求得 $\dfrac{dv}{du}$ 的表达式。

解：将 u 当作因变量，而 v 当作自变量，可以容易地求得 u 对 v 的导数：

$$\frac{du}{dv}=3v^2+5$$

利用反函数求导的理念，可得

$$\frac{dv}{du}=\frac{1}{\dfrac{du}{dv}}=\frac{1}{3v^2+5}$$

3. 参数方程组中的导数

假设现在有一物体在平面内运动，水平向右的初速度为 $v_{x0}=2\text{m/s}$，水平方向加速度为 $a_x=0.2\text{m/s}^2$，竖直方向初速度为 $v_{y0}=3\text{m/s}$（向上为正向），竖直方向加速度为 $a_y=-2\text{m/s}^2$。设物体的水平位移为 x，竖直位移为 y，时间为 t，则可列出方程组：

$$\begin{cases} y=3t-t^2 \\ x=2t+\dfrac{t^2}{10} \end{cases} \tag{3.1.27}$$

物体的运动轨迹如图 3.8 所示，在 xOy 平面内形成一条曲线。此时，y 与 x 皆是关于 t 的函数，这说明 y 与 x 之间也存在某种联系，这时候称**变量 y 与 x 之间是由参数方程组 (3.1.27) 确立的函数关系**。

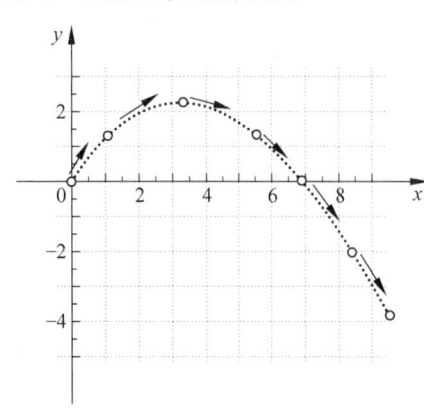

图 3.8 物体的平面运动轨迹

现在需要解决的问题是：如何求得这条运动轨迹的切线斜率？换言之，如何求得 y 对 x 的导数 $\dfrac{dy}{dx}$？

通过式 (3.1.27)，可以分别获得 y 对 t 的导数 $\dfrac{dy}{dt}$ 以及 x 对 t 的导数 $\dfrac{dx}{dt}$：

$$\begin{cases} \dfrac{dy}{dt}=3-2t \\ \dfrac{dx}{dt}=2+\dfrac{t}{5} \end{cases} \tag{3.1.28}$$

这时让两个导数相除，微分变量 dt 可以被约分，便得到 $\dfrac{dy}{dx}$：

$$\frac{\mathrm{d}y}{\mathrm{d}t} \div \frac{\mathrm{d}x}{\mathrm{d}t} = \frac{\mathrm{d}y}{\mathrm{d}x} = \frac{3-2t}{2+\dfrac{t}{5}} = \frac{15-10t}{10+t} \tag{3.1.29}$$

比如在 $t=1$ 时,由方程组(3.1.27)可以得知此时物体的位置处于(2.1,2),通过式(3.1.29)可以算出此时运动曲线的切线斜率为 $\dfrac{\mathrm{d}y}{\mathrm{d}x}\Big|_{t=1} = \dfrac{15-10t}{10+t}\Big|_{t=1} = \dfrac{5}{11}$;当 $t=3$ 时,通过方程组(3.1.27)可以得知此时物体的位置处于(6.9,0),通过式(3.1.29)可以算出此时切线的斜率为 $\dfrac{\mathrm{d}y}{\mathrm{d}x}\Big|_{t=3} = \dfrac{15-10t}{10+t}\Big|_{t=3} = -\dfrac{15}{13}$。

参数方程组中的函数及其导数运算

如果变量 y 与 x 都是关于变量 t 的函数,即

$$\begin{cases} y = f(t) \\ x = g(t) \end{cases}$$

这时则称 y 与 x 之间是由参数方程组建立的函数关系,并且此时 y 对 x 的导数是 y 和 x 分别对 t 导数的比值:

$$\frac{\mathrm{d}y}{\mathrm{d}x} = \frac{f'(t)}{g'(t)}$$

继续来看一个利用参数方程组求导数的案例。在数学的世界里有这样一个浪漫的曲线方程:

$$r = 1 - \sin\theta \tag{3.1.30}$$

该方程是由极坐标的方式给出的,其中,r 代表了一个点 (x,y) 到原点的距离,θ 则是该点所处的方位角。该方程的图像如图 3.9 所示,所以该曲线名为"心形线",据说笛卡儿曾在信中用这个方程向瑞典公主克里斯汀隐晦而巧妙地传达自己的爱意。

取 $\theta = \dfrac{7}{4}\pi$,通过式(3.1.30)可得对应的 $r = 1 + \dfrac{\sqrt{2}}{2}$,根据极坐标的转换方程:

$$\begin{cases} x = r\cos\theta \\ y = r\sin\theta \end{cases} \tag{3.1.31}$$

可得到心形曲线上一点的坐标 $\left(\dfrac{1+\sqrt{2}}{2}, -\dfrac{1+\sqrt{2}}{2}\right)$。更进一步地,如何求得该点处切线的斜率?答案就隐藏在转换方程组(3.1.31)中,将式(3.1.30)代入,可得:

$$\begin{cases} x = (1-\sin\theta)\cos\theta \\ y = (1-\sin\theta)\sin\theta \end{cases} \tag{3.1.32}$$

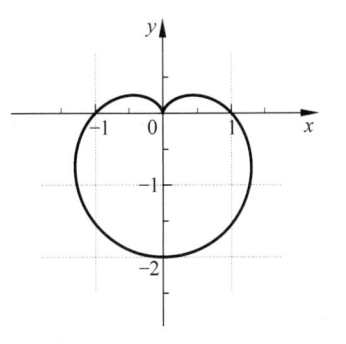

图 3.9 心形线曲线图

观察式(3.1.32),可以看到 x 和 y 都受到同一个变量 θ 的控制,y 和 x 的关系是由变量 θ 来联系的,这就是典型的参数方程组求导数问题。需要首先求得 x 和 y 分别对变量 θ 的导数:

$$\begin{cases} \dfrac{\mathrm{d}x}{\mathrm{d}\theta} = -\cos\theta\cos\theta - (1-\sin\theta)\sin\theta \\ \dfrac{\mathrm{d}y}{\mathrm{d}\theta} = -\cos\theta\sin\theta + (1-\sin\theta)\cos\theta \end{cases} \tag{3.1.33}$$

根据之前所讲述的理论，y 对 x 的导数，即为式(3.1.33)中两者的比值：

$$\frac{\mathrm{d}y}{\mathrm{d}x} = \frac{\dfrac{\mathrm{d}y}{\mathrm{d}\theta}}{\dfrac{\mathrm{d}x}{\mathrm{d}\theta}} = \frac{-\cos\theta\sin\theta + (1-\sin\theta)\cos\theta}{-\cos\theta\cos\theta - (1-\sin\theta)\sin\theta} = \frac{(1-2\sin\theta)\cos\theta}{\sin^2\theta - \cos^2\theta - \sin\theta} \tag{3.1.34}$$

将 $\theta = \dfrac{7}{4}\pi$ 代入式(3.1.34)，可得在该点处的切线斜率为 $(1+\sqrt{2})$。

针对以下方程组，求出 y 对 x 的导数：

$$\begin{cases} y = 3t + 4t^2 \\ x = 6\sin t + 7\cos t \end{cases}$$

解：

$$\frac{\mathrm{d}y}{\mathrm{d}x} = \frac{\dfrac{\mathrm{d}y}{\mathrm{d}t}}{\dfrac{\mathrm{d}x}{\mathrm{d}t}} = \frac{3+8t}{6\cos t - 7\sin t}$$

3.1.4 特殊情形的导数

并不是所有的函数都有合理的导数存在。我们需要给出一些相关的例子，以便更准确地了解导数的性质。

1. $y=|x|$ 在 $x=0$ 处的导数

该函数曲线图像如图 3.10 所示。

按照式(3.1.8)中对导数的定义，$y=|x|$ 在 $x=0$ 处的导数应该等同于下面的极限值：

$$\lim_{\Delta x \to 0} \frac{f(0+\Delta x) - f(0)}{\Delta x} = \lim_{\Delta x \to 0} \frac{|\Delta x|}{\Delta x} \tag{3.1.35}$$

该极限不存在，因为左右极限的值不相同：

$$\lim_{\Delta x \to 0^+} \frac{|\Delta x|}{\Delta x} = \lim_{\Delta x \to 0^+} \frac{\Delta x}{\Delta x} = 1 \tag{3.1.36}$$

$$\lim_{\Delta x \to 0^-} \frac{|\Delta x|}{\Delta x} = \lim_{\Delta x \to 0^-} \frac{-\Delta x}{\Delta x} = -1 \tag{3.1.37}$$

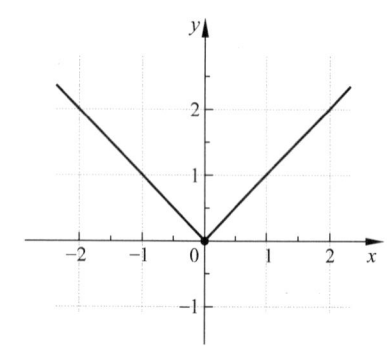

图 3.10 绝对值函数曲线图像

一个点处如果存在导数，那么导数只能是一个固定的值，不能说 $y=|x|$ 在 $x=0$ 处的导数是 1 或者 -1，在这种情况下只能说该点处不存在导数。分为左右两种情况，依据式(3.1.36)和式(3.1.37)，可以说 $y=|x|$ 在 $x=0$ 处的右导数是 1，左导数是 -1。

2. $y = \sqrt[3]{x}$ 在 $x = 0$ 处的导数

该函数曲线图像如图 3.11 所示。

同样按照式(3.1.8)，$y = \sqrt[3]{x}$ 在 $x = 0$ 处的导数对应如下极限：

$$\lim_{\Delta x \to 0} \frac{f(0 + \Delta x) - f(0)}{\Delta x}$$

$$= \lim_{\Delta x \to 0} \frac{\sqrt[3]{\Delta x}}{\Delta x} = \lim_{\Delta x \to 0} \frac{1}{\sqrt[3]{(\Delta x)^2}}$$

$$= +\infty \qquad (3.1.38)$$

该极限为无穷大，属于不存在极限值的情况，导数也就不存在。从图 3.11 可以看出，该函数曲线在 $x = 0$ 处的切线应该是竖直的状态。

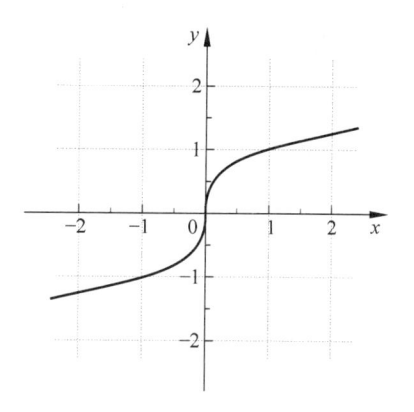

图 3.11　立方根函数曲线图像

3. $y = \sqrt[3]{x} \sin x$ 在 $x = 0$ 处的导数

许多同学想到利用导数四则运算法则，计算该函数的导函数：

$$y' = (\sqrt[3]{x} \sin x)' = (\sqrt[3]{x})' \cdot \sin x + \sqrt[3]{x} \cdot (\sin x)' = \frac{\sin x}{3\sqrt[3]{x^2}} + \sqrt[3]{x} \cdot \cos x \qquad (3.1.39)$$

这时发现 $x = 0$ 不可以代入式(3.1.39)右侧，这是否意味着这个函数在 $x = 0$ 处不存在导数呢？并非如此，我们仍然采用极限运算的方式来计算：

$$\lim_{\Delta x \to 0} \frac{f(0 + \Delta x) - f(0)}{\Delta x} = \lim_{\Delta x \to 0} \frac{\sqrt[3]{\Delta x} \sin \Delta x}{\Delta x}$$

$$\xrightarrow{\text{等价无穷小代换}, \sin \Delta x \sim \Delta x} \lim_{\Delta x \to 0} \sqrt[3]{\Delta x} = 0 \qquad (3.1.40)$$

可见该导数值是存在的，取值为 0。那为何式(3.1.39)失效了呢？原因很简单，我们在计算导数时使用了乘法求导公式：

$$(uv)' = u' \cdot v + u \cdot v' \qquad (3.1.41)$$

该公式使用是有前提条件的：函数 u 和 v 各自独立地存在导数。在本例中，$\sqrt[3]{x}$ 自身在 $x = 0$ 处不存在导数，所以不可以用式(3.1.39)直接运算，而是从导数本质的极限定义出发加以判定。

3.2　导数基本应用

导数，在函数曲线的图像中对应为切线的斜率，也可以用来分析一个函数的基本性质，比如单调性、凹凸性等。

3.2.1　函数的单调性与极值点

给出如下函数：

$$y = -\frac{x^3}{3} + \frac{x^2}{2} + 2x - 1 \qquad (3.2.1)$$

如何描绘出该函数曲线的变化特点呢？通过导数可以找到答案：
$$y' = -x^2 + x + 2 \qquad (3.2.2)$$

导函数 y' 为抛物线方程，不难得到其图像，如图 3.12 所示，开口向下，并与 x 轴相交于 $(-1,0)$ 和 $(2,0)$ 这两个点。

(1) 当 $x < -1$ 时，$y' < 0$，说明 y 随着 x 的增长而减小；

(2) 当 $-1 < x < 2$ 时，$y' > 0$，说明 y 随着 x 的增长而增长；

(3) 当 $x > 2$ 时，$y' < 0$，说明 y 随着 x 的增长而减小。

并且，在函数 $y = -\dfrac{x^3}{3} + \dfrac{x^2}{2} + 2x - 1$ 中，当 x 分别取 -1 和 2 时，y 的值分别为 $-\dfrac{13}{6}$ 和 $\dfrac{7}{3}$，由此可以勾勒出函数曲线的走势，如图 3.13 所示。从图 3.13 可以看出，$A\left(-1, -\dfrac{13}{6}\right)$ 和 $B\left(2, \dfrac{7}{3}\right)$ 是曲线的两个转折点，A 点的函数值比其周围的函数值都要小，B 点的函数值比其周围的函数值都要大，这样的点统称为"极值点"，A 是极小值点，B 是极大值点。

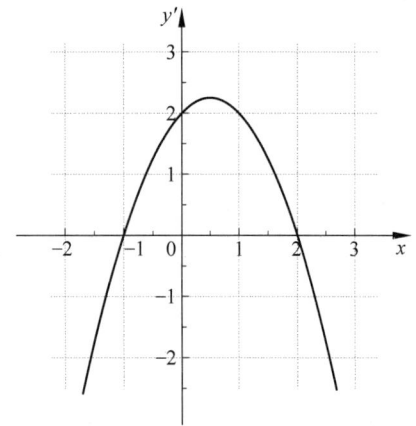

图 3.12　导函数曲线图（二次曲线） 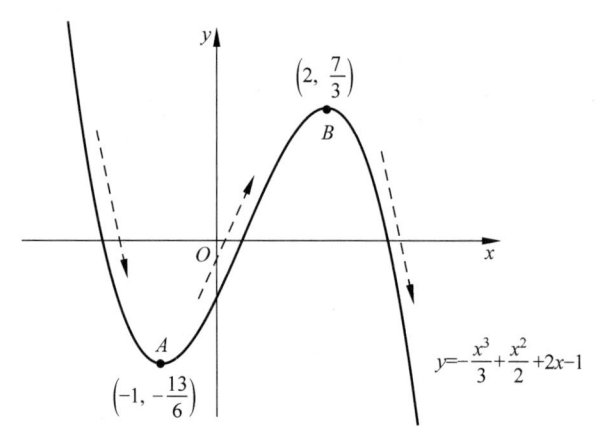　　图 3.13　函数曲线图（三次曲线）

基于这个过程，我们给出下述定义：

函数的单调性

- 对于函数 $y = f(x)$，在某个区间 D 内，如果 $f(x)$ 随着 x 的增加而增加，则称该函数在这个区间内为单调递增的。换言之，在区间 D 内选取任意的两个不同的值 a、b，单调递增的函数满足下列不等式：

$$(a-b)(f(a)-f(b)) \geqslant 0$$

- 如果 $f(x)$ 随着 x 的增加而减小，则称该函数在这个区间内为单调递减的。在区间 D 内选取任意的两个不同的值 a、b，单调递减的函数满足下列不等式：

$$(a-b)(f(a)-f(b)) \leqslant 0$$

利用导数判断单调性

函数 $y = f(x)$ 在某个区间 D 内可导并且 $f'(x) \geqslant 0$，则说明在此区域该函数是**单调递增**的；反之，如果导数 $f'(x) \leqslant 0$，则说明在此区域该函数是**单调递减**的。

> **函数的极值点**
>
> 对于函数 $y=f(x)$,其在某段区间 (a,b) 内有定义,如果在 (a,b) 内有一点 x_0,存在一个正数 δ,使得当 $x\in(x_0-\delta,x_0+\delta)$ 时,都有 $f(x_0)\geqslant f(x)$,则称 $x=x_0$ 处为函数 $f(x)$ 的极大值点;反之,当 $x\in(x_0-\delta,x_0+\delta)$ 时,都有 $f(x_0)\leqslant f(x)$,则称 $x=x_0$ 处为函数 $f(x)$ 的极小值点。

根据本节给出的问题分析过程,可以总结出求得函数极值点的流程,对于一个各处存在导数的函数 $y=f(x)$：

- 第一步,求得对应的导函数 $f'(x)$,并解方程 $f'(x)=0$；
- 第二步,根据导函数的根($f'(x)=0$),将函数 $f(x)$ 划分为不同区间,分别判断 $f'(x)$ 的符号,进而明确 $y=f(x)$ 在不同位置的单调性；
- 第三步,根据单调性的分布情况,给出极值点的判定。

求函数 $y=\ln x-\dfrac{x}{e}+2(x>0)$ 的单调区间与极值点。

解：$y'=\dfrac{1}{x}-\dfrac{1}{e}$,令导数等于 0,即

$$\frac{1}{x}-\frac{1}{e}=0,\quad x=e$$

在函数的定义域内分为两部分,分别是 $x\in(0,e)$ 以及 $x\in(e,+\infty)$。

当 $x\in(0,e)$ 时,$y'>0$,函数曲线递增；当 $x\in(e,+\infty)$ 时,$y'<0$,函数曲线递减。

函数曲线大概情况如图 3.14 所示。

所以当 $x=e$ 时,对应函数曲线的极大值点,对应的极大值为 $y=2$。

在如图 3.15 所示的简单电路中,电源稳定地提供 5V 的电压,内电阻的阻值为 3Ω,负载电阻为 R(单位：Ω)。请问负载电阻的 R 取多大时,其输出的功率最大？

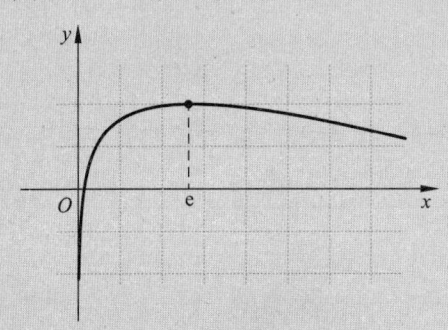

图 3.14 极值问题中的函数曲线

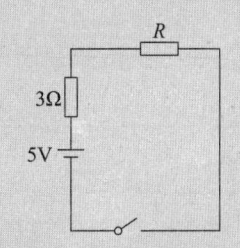

图 3.15 电路示意图

解：已知负载电阻的输出功率 $P=I^2 R$,其中电流 I 受到电阻影响,可以表示为

$$I=\frac{5}{3+R}$$

所以负载电阻的功率 P 可以写为一个关于电阻 R 的函数：

$$P=\frac{25R}{(3+R)^2}$$

现在欲使 P 取得最大值，借助于 P 对 R 的导数：

$$\frac{dP}{dR} = \frac{25(3+R)^2 - 25R \cdot 2(3+R)}{(3+R)^4} = \frac{25(3-R)}{(3+R)^3}$$

使该导数为 0，可以得到 R=3。

当 $0 < R < 3$ 时，$\frac{dP}{dR} > 0$，功率 P 随着电阻 R 增大而增大；

当 $R > 3$ 时，$\frac{dP}{dR} < 0$，功率 P 随着电阻 R 增大而减小。

由此可以得出，$R=3(\Omega)$ 时，负载电阻可以实现最大的功率，此时其功率为 $\frac{25 \times 3}{(3+3)^2} = \frac{25}{12}(W)$。

3.2.2 函数的凹凸性与拐点

在一阶导数的基础上继续运算导数，就来到了更高阶的导数，它们可以帮助我们揭示更多有关函数的奥秘，比如二阶导数的正负情况对应了函数的凹凸性，高阶导数的取值可以在泰勒公式中大显身手。

以函数 $y = x^3 - 2x^2 + 5x - 3$ 为例，其导函数 $y' = 3x^2 - 4x + 5$，如果对导函数再求导数，就到了二阶导数，记为 y'' 或 $\frac{d^2 y}{dx^2}$：

$$y'' = 6x - 4 \tag{3.2.3}$$

同样还有三阶导数 $y^{(3)}$ 或 $\frac{d^3 y}{dx^3}$：

$$y^{(3)} = 6 \tag{3.2.4}$$

以此类推，对于二阶以上的导数，第 n 阶导数被记为 $y^{(n)}$ 或 $\frac{d^n y}{dx^n}$。

对于一些特定类型的函数，不难发现其高阶导数是有规律的，如表 3.2 所示。

表 3.2 常见的高阶导数

$f(x)$	$f^{(n)}(x)$
e^{ax}	$a^n e^{ax}$
$\sin x$	$\sin\left(x + n \cdot \frac{\pi}{2}\right)$
$\cos x$	$\cos\left(x + n \cdot \frac{\pi}{2}\right)$
$\frac{1}{ax+b} (a \neq 0)$	$\frac{(-1)^n n! a^n}{(ax+b)^{n+1}}$

利用二阶导数，我们可以判断一个函数曲线的凹凸性。如图 3.16 所示，观察两个不同的函数曲线，它们同样经过两个点 M 和 N。

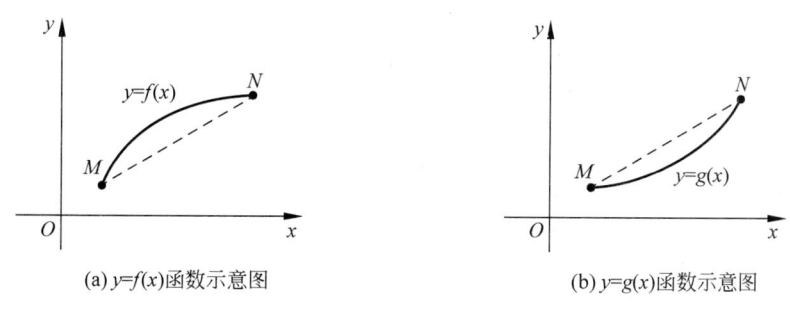

(a) $y=f(x)$ 函数示意图　　　　　　　(b) $y=g(x)$ 函数示意图

图 3.16　凸、凹函数曲线图像区别示意图

将曲线上的两点 M、N 用线段连接起来,此线段被称为函数曲线的一段**割线**。在图 3.16(a) 中,对于 $y=f(x)$,可以看出它在割线 MN 的上方,仿佛整个曲线向上凸起。对于一段函数曲线,在某个区间内任意取其中的两点形成割线,如果函数曲线是在割线的上方经过的,称该函数在这个区间内为凸函数,并且这个区间称为凸区间;反之,如果曲线是在割线的下方经过的,则称其为凹函数,这个区间为凹区间。在图 3.16(b) 中,$y=g(x)$ 从 M 到 N 这一段,就是凹函数的形态。

函数的凹凸性与单调性无关,凹函数既可以递增也可以递减,凸函数亦然。图 3.16 为我们展示了单调递增状态下的凸函数与凹函数,图 3.17 就展示了单调递减状态下的凸函数与凹函数,图 3.17(a) 中的 $y=u(x)$ 从割线的上方经过,是凸函数;图 3.17(b) 中的 $y=v(x)$ 从割线的下方经过,是凹函数。

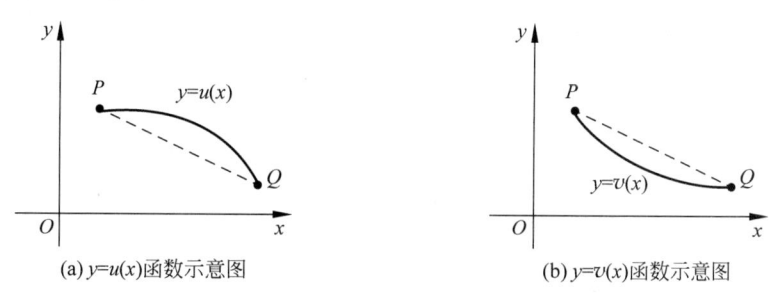

(a) $y=u(x)$ 函数示意图　　　　　　　(b) $y=v(x)$ 函数示意图

图 3.17　单调递减状态下的凸函数、凹函数图像

需要补充的是,函数曲线上取两个不同的点,其坐标分别为 $(x_1,f(x_1))$、$(x_2,f(x_2))$,则两点确定的直线方程为

$$y = \frac{f(x_2)-f(x_1)}{x_2-x_1}(x-x_1)+f(x_1) \tag{3.2.5}$$

凸函数、凹函数的定义

- 对于函数 $y=f(x)$,如果它在 $a \leqslant x \leqslant b$ 时具有一条连续的函数曲线,且在 $[a,b]$ 内任意取两不相同的值 x_1 与 x_2(设定 $x_2 > x_1$),当 $x \in [x_1,x_2]$ 时,成立下列不等式:

$$f(x) \geqslant \frac{f(x_2)-f(x_1)}{x_2-x_1}(x-x_1)+f(x_1)$$

则可以说,$y=f(x)$ 在 $x \in [a,b]$ 时是凸函数。

• 如果下列不等式成立：
$$f(x) \leqslant \frac{f(x_2) - f(x_1)}{x_2 - x_1}(x - x_1) + f(x_1)$$
则 $y = f(x)$ 在 $x \in [a, b]$ 时是凹函数。

利用二阶导数判断函数的凹凸性：如果函数 $y = f(x)$，如果它在 $a < x < b$ 时始终有 $f''(x) < 0$，则函数在 (a, b) 区间内属于凸函数；反之亦然，在 $a < x < b$ 时始终有 $f''(x) > 0$，则函数在 (a, b) 区间内属于凹函数。

一条函数曲线有可能一部分是凸函数，一部分是凹函数。如图 3.18 所示，函数 $y = f(x)$ 在 A 点左边是凹函数，在 A 点右侧是凸函数，函数曲线的凹凸性发生转折的点就称为拐点。

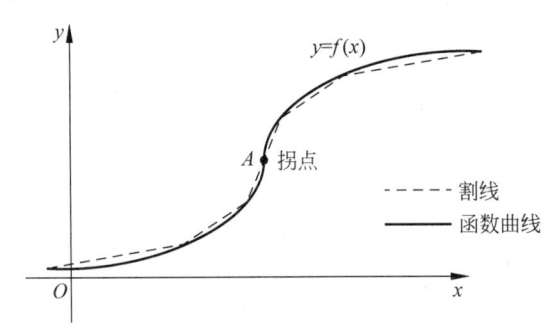

图 3.18 函数曲线的拐点示意图

分析函数 $y = \ln(1 + x^2)$ 在不同位置的凹凸性，并求得它的拐点。

解：$y' = \dfrac{2x}{1 + x^2}$，$y'' = \dfrac{2(1 - x)(1 + x)}{(1 + x^2)^2}$。所以，当 $x = 1$ 和 $x = -1$ 时，函数的二阶导数为 0。

(1) 当 $x < -1$ 和 $x > 1$ 时，$y'' < 0$，函数曲线为凸曲线；

(2) 当 $-1 < x < 1$ 时，$y'' > 0$，函数曲线为凹曲线。

在 $x = -1$ 和 $x = 1$ 处分别出现了拐点，拐点坐标为 $(-1, \ln 2)$ 和 $(1, \ln 2)$。

为直观展示曲线特点，画出 $y = \ln(1 + x^2)$ 的函数曲线，如图 3.19 所示，可见其凹凸特性在不同位置的区别。

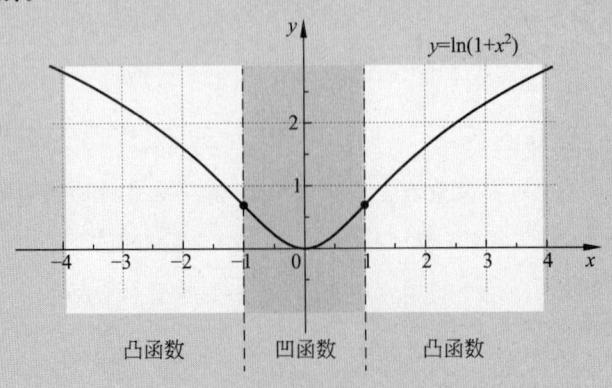

图 3.19 $y = \ln(1 + x^2)$ 函数曲线图像

函数 $f(x) = \cos x - \sin x$，已知函数曲线经过 $A(0,1)$ 与 $B\left(\dfrac{\pi}{4}, 0\right)$，请从下面两个图像中选择正确图像，可以表示 $y = f(x)$ 在 A、B 两点之间的函数曲线：

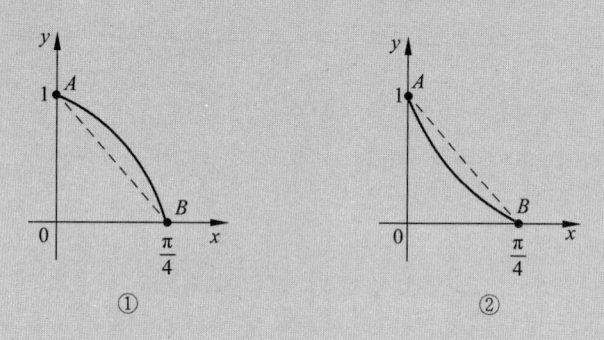

① ②

解：$f''(x) = -\cos x + \sin x$，当 $0 < x < \dfrac{\pi}{4}$ 时，$f''(x) < 0$，所以 $y = f(x)$ 在这个区间属于凸函数，这意味着它应当在割线 AB 的上方通过 A、B 两点，图像①就反映了这种情况。

3.2.3 洛必达法则

在第 2 章中我们学习了函数极限的运算过程，而现在可以利用导数来参与极限的运算，这便是洛必达法则。

洛必达法则

在计算函数极限 $\lim\limits_{x \to a} \dfrac{f(x)}{g(x)}$ 时，如果同时满足下列 3 个条件：

(1) 当 $x \to a$ 时，函数 $f(x)$ 以及 $g(x)$ 都趋于 0 或者都趋于 ∞；
(2) 在点 a 的某**去心邻域**内，函数 $f'(x)$ 以及 $g'(x)$ 都存在且 $g(x) \neq 0$；
(3) $\lim\limits_{x \to a} \dfrac{f'(x)}{g'(x)}$ 为常数或无穷大。

则有：

$$\lim_{x \to a} \dfrac{f(x)}{g(x)} = \lim_{x \to a} \dfrac{f'(x)}{g'(x)}$$

通过洛必达法则，可以对分子、分母分别求导数，从而算得极限值。下面通过几个例题来详细说明。

1. $\lim\limits_{x \to 0} \dfrac{3x^2 + 5x}{2x^2 + 7x}$

不难发现，此函数极限分子、分母都属于无穷小，且都在实数域上可导，符合洛必达法则的前两个使用条件，于是：

$$\lim_{x \to 0} \dfrac{3x^2 + 5x}{2x^2 + 7x} \xrightarrow[\text{(分子、分母各自求导)}]{\text{洛必达法则}} \lim_{x \to 0} \dfrac{6x + 5}{4x + 7} = \dfrac{5}{7}$$

得出的结果为常数 $\dfrac{5}{7}$，这符合洛必达法则的第三条要求，所以用洛必达法则计算此极限是可行的。

2. $\lim\limits_{x\to\infty}\dfrac{3x^2+5x}{2x^2+7x}$

此函数极限分子、分母都属于无穷大，使用洛必达法则求解：

$$\lim_{x\to\infty}\dfrac{3x^2+5x}{2x^2+7x} \xrightarrow{\text{洛必达法则}} \lim_{x\to\infty}\dfrac{6x+5}{4x+7} \xrightarrow{\text{再次使用洛必达法则}} \dfrac{6}{4}=\dfrac{3}{2}$$

在此过程中，洛必达法则使用一次后，极限表达式的分子、分母仍然是无穷大，所以可以再次使用洛必达法则。

3. $\lim\limits_{x\to\infty}\dfrac{5x+\sin x}{2x+7\cos x}$

此极限的分子、分母都趋于无穷大，尝试使用洛必达法则求解：

$$\lim_{x\to\infty}\dfrac{5x+\sin x}{2x+7\cos x} \xrightarrow{\text{洛必达法则}} \lim_{x\to\infty}\dfrac{5+\cos x}{2-7\sin x} \text{ 不存在极限}$$

当 $x\to\infty$ 时，我们知道 $\cos x$ 和 $\sin x$ 在 $[-1,1]$ 区间来回振荡，并不存在极限值，所以洛必达法则处理后的表达式不存在极限值，这违反了洛必达法则的第三个使用条件。所以此题不可以用洛必达法则来处理。正确做法应该是分子、分母上下同时除以 x：

$$\lim_{x\to\infty}\dfrac{5x+\sin x}{2x+7\cos x} \xrightarrow{\text{上下同时除以 }x} \lim_{x\to\infty}\dfrac{5+\dfrac{\sin x}{x}}{2+\dfrac{7\cos x}{x}} = \dfrac{5+0}{2+0}=\dfrac{5}{2}$$

这也提醒我们，洛必达法则虽然用法简单、方便高效，但在使用时务必牢记它的使用条件。

4. $\lim\limits_{x\to 0}\dfrac{x-\sin x}{x^3}$

很多同学看到 $\sin x$ 就想到第 2 章中的等价无穷小的概念，想尝试将其代换为 x。需要留意的是，**当不同部分加减时，请不要将其中任何一方使用等价无穷小的代换，否则将可能导致错误结果**。比如本题的分子中是两个无穷小进行减法，这时把 $\sin x$ 换成 x 是不正确的。在这种情况下，推荐使用洛必达法则来处理它们。

$$\lim_{x\to 0}\dfrac{x-\sin x}{x^3} \xrightarrow{\text{洛必达法则}} \lim_{x\to 0}\dfrac{1-\cos x}{3x^2} \xrightarrow{\text{等价代换}(1-\cos x)\sim\tfrac{x^2}{2}} \lim_{x\to 0}\dfrac{\tfrac{x^2}{2}}{3x^2}=\dfrac{1}{6}$$

5. $\lim\limits_{x\to\infty}\left[x-x^2\ln\left(1+\dfrac{1}{x}\right)\right]$

为了能够套用洛必达法则来处理，首先采用换元的方式，使其呈现出 "$\dfrac{\text{无穷小}}{\text{无穷小}}$" 的状态：

$$\lim_{x\to\infty}\left[x-x^2\ln\left(1+\dfrac{1}{x}\right)\right] \xrightarrow{\text{令 }t=\tfrac{1}{x}} \lim_{t\to 0}\left[\dfrac{1}{t}-\dfrac{\ln(1+t)}{t^2}\right]=\lim_{t\to 0}\dfrac{t-\ln(1+t)}{t^2}$$

这时,分子上是两部分相减,仍然不可以应用等价无穷小代换规则将 $\ln(1+t)$ 直接替换为 t,而应利用洛必达法则处理:

$$\lim_{t \to 0} \frac{t - \ln(1+t)}{t^2} \xrightarrow{洛必达法则} \lim_{t \to 0} \frac{1 - \frac{1}{1+t}}{2t} = \lim_{t \to 0} \frac{t}{2t(1+t)} = \lim_{t \to 0} \frac{1}{2(1+t)} = \frac{1}{2}$$

3.3 微分运算及其应用

借助于导数运算的逻辑,我们可以了解微分运算,进而从微分的视角解决一些实用问题。

3.3.1 微分基本运算规则

首先需要了解微分符号"d",我们最早在式(3.1.8)中见过了"dx"与"dy",它们分别代表了变量 x 与 y 的无穷小变化。我们需要熟悉以下微分的基本公式:

$$\mathrm{d}f(x) = f'(x)\mathrm{d}x \tag{3.3.1}$$

$$\mathrm{d}(ax+b) = a\mathrm{d}x \tag{3.3.2}$$

$$\mathrm{d}(u+v) = \mathrm{d}u + \mathrm{d}v \tag{3.3.3}$$

$$\mathrm{d}(uv) = u\mathrm{d}v + v\mathrm{d}u \tag{3.3.4}$$

以上4个公式都是来自导数运算的逻辑,比如式(3.3.1),它是根据式(3.1.8)得到的,也是这4个微分法则中最为常用和重要的一个。表3.3列出了微分运算规则及相应的原理。

表 3.3　微分运算法则与导数运算对照

微 分 运 算	对应导数运算	举　　例
$\mathrm{d}y = y'\mathrm{d}x$	$\frac{\mathrm{d}y}{\mathrm{d}x} = y'$	$\mathrm{d}(x^3) = 3x^2\mathrm{d}x$
$\mathrm{d}(ax+b) = a\mathrm{d}x$,$a$,$b$ 是任意常数	$\frac{\mathrm{d}(ax+b)}{\mathrm{d}x} = a$	$\mathrm{d}(-3x+2) = -3\mathrm{d}x$
$\mathrm{d}(u+v) = \mathrm{d}u + \mathrm{d}v$	$\frac{\mathrm{d}(u+v)}{\mathrm{d}x} = \frac{\mathrm{d}u}{\mathrm{d}x} + \frac{\mathrm{d}v}{\mathrm{d}x}$	$\mathrm{d}(x+y) = \mathrm{d}x + \mathrm{d}y$
$\mathrm{d}(u \cdot v) = u\mathrm{d}v + v\mathrm{d}u$	$\frac{\mathrm{d}(u \cdot v)}{\mathrm{d}x} = u\frac{\mathrm{d}v}{\mathrm{d}x} + v\frac{\mathrm{d}u}{\mathrm{d}x}$	$\mathrm{d}(xy) = x\mathrm{d}y + y\mathrm{d}x$

化简下列微分表达式:

(1) $\mathrm{d}(\sin x)$

(2) $\mathrm{d}(\arctan x)$

(3) $\mathrm{d}(3x^2 + 5x + 7)$

(4) $\mathrm{d}(3x^2 + 5x)$

(5) $\mathrm{d}(\ln y)$

(6) $\mathrm{d}(\sqrt{1+u^2})$

(7) $\mathrm{d}(x^2 + y^4)$

(8) $d(x^2 y^4)$

解:

(1) $d(\sin x) = \cos x \, dx$

(2) $d(\arctan x) = \dfrac{1}{1+x^2} dx$

(3) $d(3x^2 + 5x + 7) = (6x+5) dx$

(4) $d(3x^2 + 5x) = (6x+5) dx$

(5) $d(\ln y) = \dfrac{1}{y} dy$

(6) $d(\sqrt{1+u^2}) = \dfrac{u}{\sqrt{1+u^2}} du$

(7) $d(x^2 + y^4) = d(x^2) + d(y^4) = 2x \, dx + 4y^3 \, dy$

(8) $d(x^2 y^4) = x^2 d(y^4) + y^4 d(x^2) = x^2 \cdot 4y^3 dy + y^4 \cdot 2x \, dx = 4x^2 y^3 \, dy + 2xy^4 \, dx$

相比于导数计算,在许多场景下使用微分运算可以更快地获得所需信息,比如接下来登场的相关变化率问题。

3.3.2 相关变化率

本节将通过3个具体场景,带大家了解相关变化率问题。

1. 圆锥形容器水位上涨速度

如图3.20所示,一个圆锥形容器,其底部半径R为3m,高度H为4m。现在向这个容器中注水,每秒注入$0.8 m^3$的水,其水位高度也随之升高。现在我们需要解决的问题是:水位升高的速度是多少?

由于容器形状,所以注入的水体也是圆锥形。如图3.21所示,设水位高度为h,对应的水面半径为r,通过相似三角形关系不难得出:

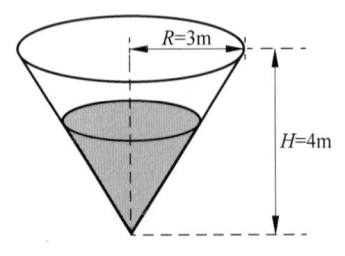

$$\frac{r}{h} = \frac{R}{H} = \frac{3}{4} \Rightarrow r = \frac{3}{4} h \tag{3.3.5}$$

图 3.20 圆锥形容器示意图   图 3.21 注水过程示意图

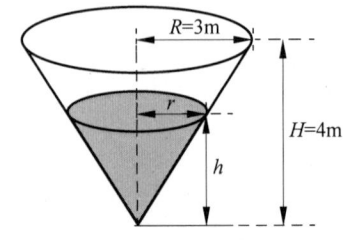

因此水的体积v为

$$v = \frac{\pi r^2 h}{3} = \frac{3\pi}{16} h^3 \tag{3.3.6}$$

将式(3.3.6)左右进行微分处理,也就是等号左右两端各加上"d"这个微分符号:

$$dv = d\left(\frac{3\pi}{16}h^3\right) \tag{3.3.7}$$

根据微分运算法则式(3.3.1),可以进一步处理式(3.3.7):

$$dv = \frac{3\pi}{8}h^2 dh \tag{3.3.8}$$

根据已知信息,由于每秒注水 0.8m^3,这也就意味着水的体积 v 随时间的变化率为 0.8,设时间为 t,则有:

$$\frac{dv}{dt} = 0.8 \tag{3.3.9}$$

我们的目标是获得"$\frac{dh}{dt}$",就是水位高度 h 随时间的变化率。为此,将式(3.3.8)左右同时除以 dt:

$$\frac{dv}{dt} = \frac{3\pi}{8}h^2 \frac{dh}{dt} \tag{3.3.10}$$

所以,最终获得了下式:

$$\frac{dh}{dt} = \frac{8}{3\pi h^2} \cdot \frac{dv}{dt} = \frac{8}{3\pi h^2} \times 0.8 = \frac{32}{15\pi h^2} \tag{3.3.11}$$

通过式(3.3.11),可以得出结论,水位上升的速度并非是恒定的,它会随着水位高度 h 的增加而逐渐降低。比如,

◆ 在水位高度为 1m 的时刻,水位上升的速度为 $\frac{32}{15\pi \times 1^2} \approx 0.679\,061\text{m/s}$;

◆ 在水位高度为 2m 的时刻,水位上升的速度为 $\frac{32}{15\pi \times 2^2} \approx 0.169\,765\text{m/s}$;

◆ 在水位高度为 3m 的时刻,水位上升的速度为 $\frac{32}{15\pi \times 3^2} \approx 0.075\,451\,2\text{m/s}$。

在解决此问题的过程中,利用 v(水的体积)随时间的变化率,借助 v 与 h 之间的关系,求得了 h(水的高度)随时间的变化率,这便是相关变化率问题,如图 3.22 所示。

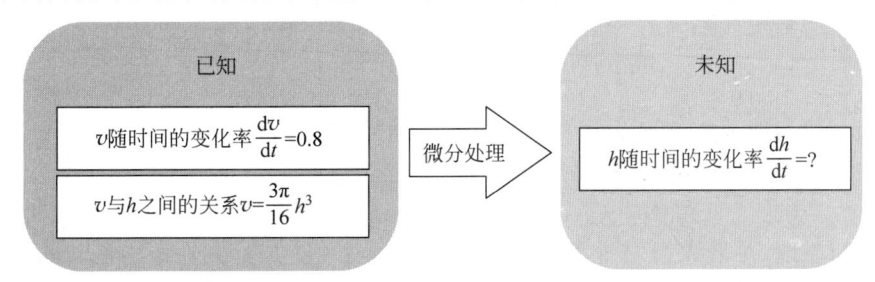

图 3.22 相关变化率问题求解过程示意图

2. 气球升空的观察仰角

如图 3.23 所示,有一枚火箭正在以 9km/s 的速度竖直升空,现在有一个观察员站在距离火箭发射点 10km 外的位置注视火箭。随着火箭升空,观察员视线的仰角 θ 逐渐抬高,请计算出仰角 θ 随时间的变化率。

相较于人眼所处的水平位置,设火箭的高度为 h(单位:km),则根据已知信息可得:

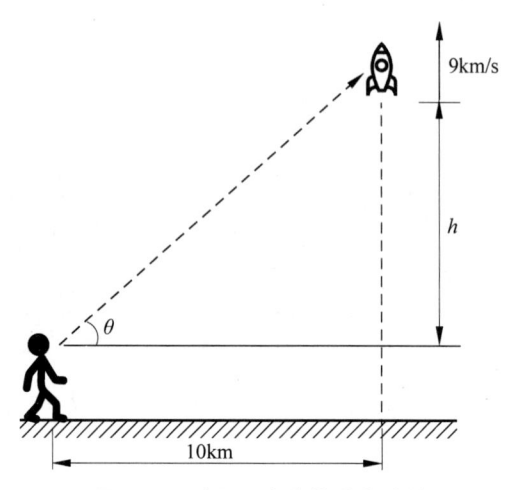

图 3.23 地面观察火箭升空过程

$$\frac{dh}{dt}=9 \tag{3.3.12}$$

通过简单的三角知识，可以得出 h 与 θ 在运动过程中保持的关系式为

$$\tan\theta=\frac{h}{10} \tag{3.3.13}$$

将式(3.3.13)的左右两侧进行微分处理，便可以得到：

$$d(\tan\theta)=d\left(\frac{h}{10}\right) \tag{3.3.14}$$

$$\sec^2\theta d\theta=\frac{1}{10}dh \tag{3.3.15}$$

左右同时除以 dt，并代入式(3.3.12)，就得到了我们需要的 $\frac{d\theta}{dt}$：

$$\frac{d\theta}{dt}=\frac{9}{10}\cos^2\theta \tag{3.3.16}$$

而式(3.3.16)也可以换个方式表达，因为

$$\cos\theta=\frac{10}{\sqrt{h^2+10^2}} \tag{3.3.17}$$

所以式(3.3.16)可改成由 h 来表示：

$$\frac{d\theta}{dt}=\frac{9}{10}\cdot\frac{10}{h^2+100}=\frac{9}{h^2+100} \tag{3.3.18}$$

由此可以发现，尽管火箭匀速上升，但是人站在远处观察的仰角 θ 并不是以恒定的速度抬高的，而是随着 h 的升高而逐渐变缓。比如，

◆ 当火箭上升至 1km 高度时，$\frac{d\theta}{dt}=\frac{9}{1^2+100}=0.089\,11(\text{rad/s})$；

◆ 当火箭上升至 3km 高度时，$\frac{d\theta}{dt}=\frac{9}{3^2+100}=0.082\,57(\text{rad/s})$；

◆ 当火箭上升至 10km 高度时，$\frac{d\theta}{dt}=\frac{9}{10^2+100}=0.045\,00(\text{rad/s})$；

♦ 当火箭上升至 20km 高度时，$\dfrac{\mathrm{d}\theta}{\mathrm{d}t}=\dfrac{9}{20^2+100}=0.01800(\mathrm{rad/s})$；

……

3. 发动机转子转动的角速度

汽车发动机通过汽油燃烧，释放高温高压气体，从而推动机械运转。如图 3.24 左端所示，汽油在燃烧室内燃烧，推动活塞向下运动，活塞上固定了一个可以转动的连杆（连杆 1），连杆另一端又与一个连杆（连杆 2）相连，连杆 2 绕着固定的轴心转动。伴随着活塞上下运动，连杆 2 不断转动。图 3.24 展示了在一个周期内，4 个不同时刻各部件所处的位置。

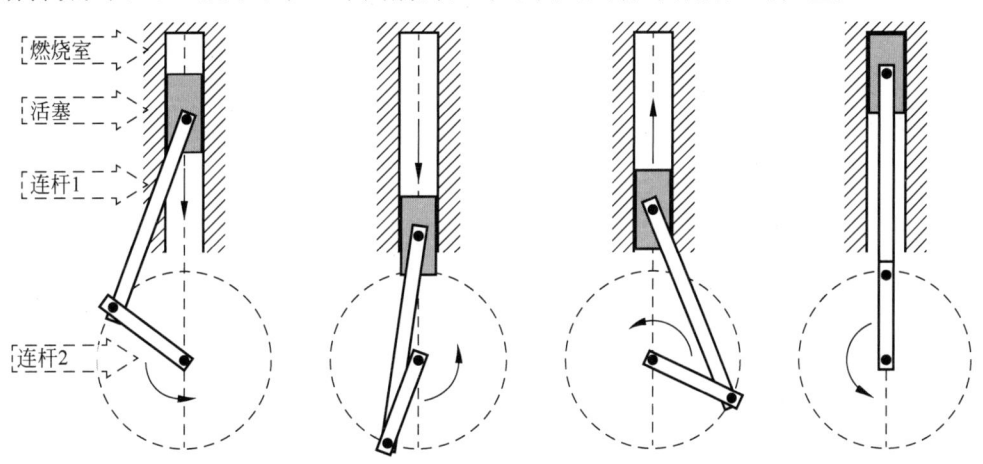

图 3.24 发动机活塞与转子连杆传动系统

本节讨论的主要问题是：如果知道连杆 2 转动的角速度，那么相应的活塞下落的速度是多快呢？（角速度即是每秒转角的大小，这里用弧度来描述一个角的大小，则角速度的单位是"rad/s"。）

如图 3.25 所示，连杆 2 转动的角度记为 θ，活塞到下方圆心之间的距离记为 h，而两根连

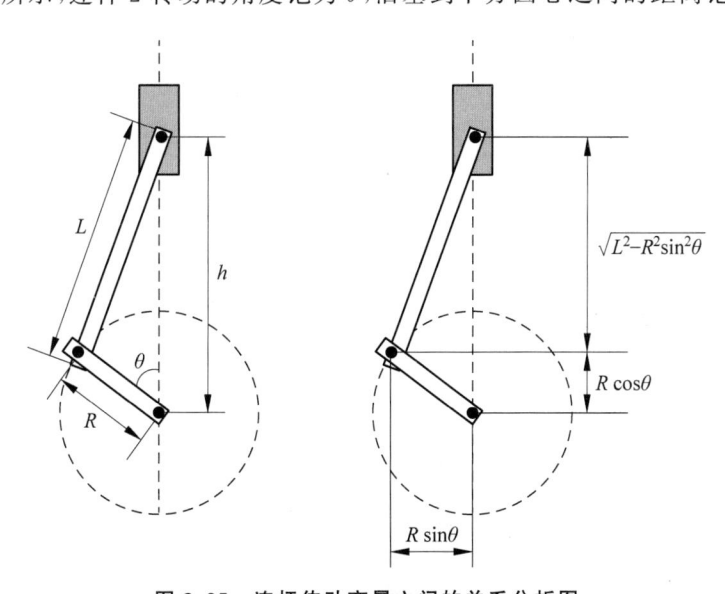

图 3.25 连杆传动变量之间的关系分析图

杆的长度是固定的,分别为 L 与 R。注意,θ 与 h 是随着运动过程发生改变的,而 L 与 R 是固定不变的常数。

根据图 3.25,可知各个位置的几何信息,比如,

$$h = \sqrt{L^2 - R^2 \sin^2 \theta} + R\cos\theta \tag{3.3.19}$$

由此可以构建起变量 h 与 θ 之间的关联,而 h 的变化量就是活塞的位移量,θ 的变化量就是连杆 2 的转动量。此时可以像之前容器注水问题一样将式(3.3.19)两侧进行微分处理,然而在这里提供另外一条路径。先计算 h 对 θ 的导数,即 $\dfrac{dh}{d\theta}$。

$$\frac{dh}{d\theta} = \frac{-R^2 \sin\theta \cos\theta}{\sqrt{L^2 - R^2 \sin^2\theta}} - R\sin\theta \tag{3.3.20}$$

已知连杆 2 的转动角速度,即 θ 随着时间 t 的变化率 $\dfrac{d\theta}{dt}$;我们需要了解的是活塞运动的速度,即为 h 随着时间 t 的变化率 $\dfrac{dh}{dt}$,通过简单的乘法运算,可以获得:

$$\frac{dh}{dt} = \frac{dh}{d\theta} \cdot \frac{d\theta}{dt} \tag{3.3.21}$$

将式(3.3.20)代入式(3.3.21)的右侧,便最终得到了问题的答案:

$$\frac{dh}{dt} = \left(\frac{-R^2 \sin\theta \cos\theta}{\sqrt{L^2 - R^2 \sin^2\theta}} - R\sin\theta \right) \cdot \frac{d\theta}{dt} \tag{3.3.22}$$

利用式(3.3.22),当我们知道连杆 2 所处的位置以及它的转动速度时,就可以求得活塞向上或向下移动的速度。

比如,如图 3.26 所示,已知 $L=7$,$R=3$,而且连杆 2 的转动角速度为 4rad/s,当其转动至 $\theta = \dfrac{2\pi}{3}$ 时,求活塞滑动的速度。

图 3.26 求活塞速度举例示意图

将已知参数代入式(3.3.22),可得:

$$\frac{dh}{dt} = \left(\frac{-3^2 \sin\dfrac{2\pi}{3} \cos\dfrac{2\pi}{3}}{\sqrt{7^2 - 3^2 \sin^2\dfrac{2\pi}{3}}} - 3\sin\dfrac{2\pi}{3} \right) \cdot 4 \approx -7.99(\text{m/s}) \tag{3.3.23}$$

$\dfrac{dh}{dt}$ 为负值,说明 h 正在随时间而减小,可以判断出活塞是在向下运动,并且速度大小为 7.99m/s。

3.4 超越方程与牛顿迭代法

请根据已知的函数知识,求解以下方程:
(1) $2^{3x-1} = 7$;
(2) $e^x = -x$;

(3) $x = \cos x$。

对于方程(1),左右两侧利用"$\log_2$"函数进行处理,可以方便地求得 $x = \dfrac{\log_2 7 + 1}{3}$,只需要借助科学计算器便可得到具体数值,约为 1.27。而方程(2)和方程(3)就遇到了麻烦,我们无法化简得到 x 的代数表达式,这种方程称为"超越方程"。一般情况下,超越方程中的 x 是无理数。接下来介绍牛顿迭代法,就是利用导数来寻求 x 的近似取值。

1. 解方程 $e^x = -x$,并精确到小数点后 5 位

将方程移项到左侧,设为函数 $f(x)$:
$$f(x) = e^x + x \tag{3.4.1}$$
原方程的解就意味着"$f(x) = 0$"的解,即函数 $f(x)$ 的根。画出 $y = f(x)$ 的函数图像:

从图 3.27 可看出,该函数的根出现在 $x = -0.5$ 附近。曲线在 $x = 0.5$ 处的切线方程为
$$y = f'(-0.5)[x - (-0.5)] + f(-0.5) \tag{3.4.2}$$

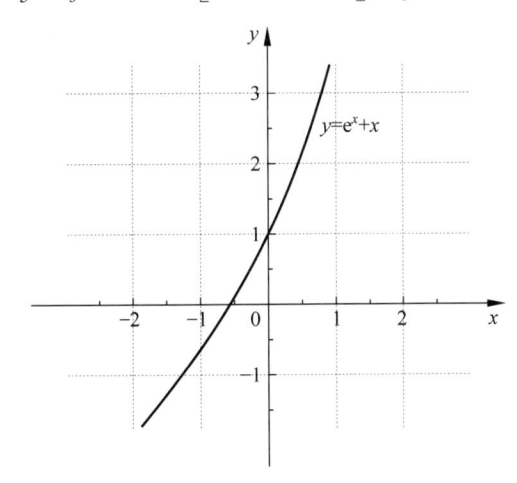

图 3.27　$y = e^x + x$ 函数曲线图

牛顿迭代法的核心思想在于:**利用切线近似代替函数曲线,切线的根就更加靠近函数曲线的根**。用图 3.28(a)加以说明:曲线 $y = f(x)$ 的根为 a,在 a 附近选一点 x_0,则函数曲线在此处的切线方程为
$$y = f'(x_0)(x - x_0) + f(x_0) \tag{3.4.3}$$
让式(3.4.3)中的 $y = 0$,解得切线的根为 x_1:
$$x_1 = x_0 - \dfrac{f(x_0)}{f'(x_0)} \tag{3.4.4}$$

从图 3.28(a)可以观察到 x_1 比 x_0 更加接近 a。重复上述步骤:
- 利用 x_1 处的切线,求得该切线的根为 x_2,x_2 比 x_1 更加接近 a;
- 利用 x_2 处的切线,求得该切线的根为 x_3,x_3 比 x_2 更加接近 a;

……

如图 3.28(b)所示,不断求得新的点,随着 n 的增加,x_n 就可以一步一步地更加靠近 a。这个过程称为"牛顿迭代法"运算过程,它可以用一个表达式概括:
$$x_{n+1} = x_n - \dfrac{f(x_n)}{f'(x_n)}, \quad n \in \mathbf{N} \tag{3.4.5}$$

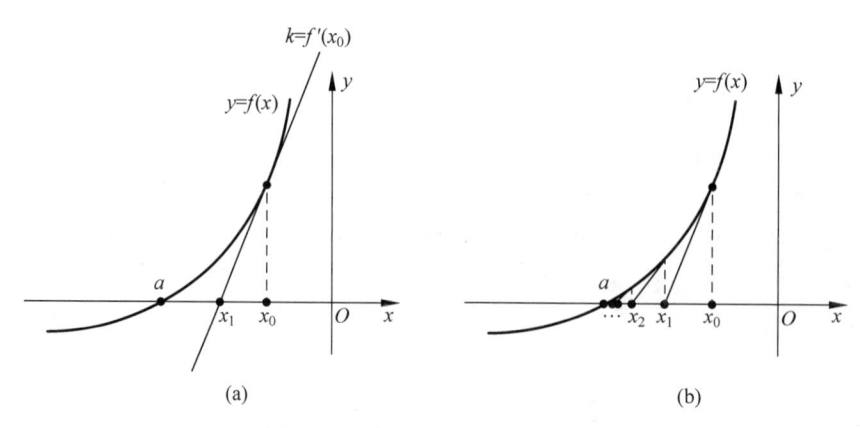

图 3.28　牛顿迭代法过程示意图

代入式(3.4.1)中给定的 $f(x)$：

$$x_{n+1} = x_n - \frac{e^{x_n} + x_n}{e^{x_n} + 1}, \quad n \in \mathbf{N} \tag{3.4.6}$$

取 $x_0 = -0.5$，利用计算器计算便可得到(保留 10 位有效数字)：

$$x_1 = x_0 - \frac{f(x_0)}{f'(x_0)} = -0.566\,311\,003\,2 \tag{3.4.7}$$

$$x_2 = x_1 - \frac{f(x_1)}{f'(x_1)} = -0.567\,143\,165\,0 \tag{3.4.8}$$

$$x_3 = x_2 - \frac{f(x_2)}{f'(x_2)} = -0.567\,143\,290\,4 \tag{3.4.9}$$

$$x_4 = x_3 - \frac{f(x_3)}{f'(x_3)} = -0.567\,143\,290\,4 \tag{3.4.10}$$

$$x_5 = x_4 - \frac{f(x_4)}{f'(x_4)} = -0.567\,143\,290\,4 \tag{3.4.11}$$

经过上述计算，发现从 x_3 到 x_5 小数点后 10 位没有区别，再继续计算下去也只会改变 10 位小数以后的数字。并且计算该处的函数值：

$$f(-0.567\,143\,290\,4) = 1.5332 \times 10^{-11} \tag{3.4.12}$$

说明已经非常接近 $f(x) = 0$ 的位置。可以得出结论：方程 $e^x = -x$ 的解精确到小数点后 5 位是 $-0.567\,14$。

总结上述流程，使用牛顿迭代法求解超越方程，只需以下 3 步：

(1) 将需要求解的方程改写为"$f(x) = 0$"的格式；

(2) 找到 $f(x)$ 的根比较接近的一个数值，记为 x_0；

(3) 利用迭代公式"$x_{n+1} = x_n - \frac{f(x_n)}{f'(x_n)}$"，依次计算出 x_1、x_2、x_3……直到实现满意的精度。

2. 解方程：$x = \cos x$，并精确到小数点后 5 位

根据方程，设函数为

$$f(x) = x - \cos x \tag{3.4.13}$$

画出该函数的图像,如图 3.29 所示。

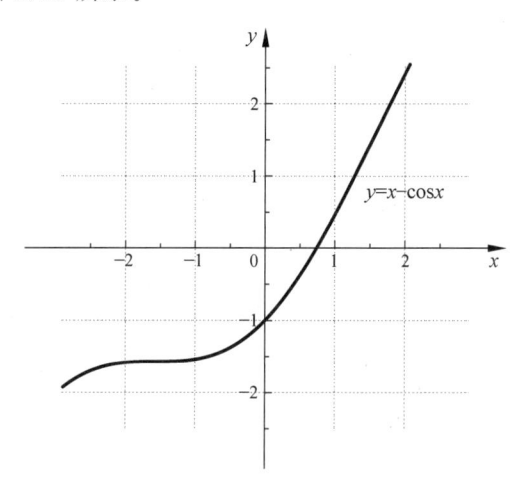

图 3.29 $y = x - \cos x$ 函数曲线图

从图 3.29 中可以大概看出 $f(x)=0$ 的根在 $x=1$ 附近,于是取 $x_0=1$。根据牛顿迭代法公式,可以得出:

$$x_1 = x_0 - \frac{f(x_0)}{f'(x_0)} = 0.750\,363\,867\,8 \tag{3.4.14}$$

$$x_2 = x_1 - \frac{f(x_1)}{f'(x_1)} = 0.737\,151\,911\,0 \tag{3.4.15}$$

$$x_3 = x_2 - \frac{f(x_2)}{f'(x_2)} = 0.739\,446\,670\,3 \tag{3.4.16}$$

$$x_4 = x_3 - \frac{f(x_3)}{f'(x_3)} = 0.739\,018\,516\,3 \tag{3.4.17}$$

$$x_5 = x_4 - \frac{f(x_4)}{f'(x_4)} = 0.739\,097\,442\,1 \tag{3.4.18}$$

$$x_6 = x_5 - \frac{f(x_5)}{f'(x_5)} = 0.739\,082\,860\,0 \tag{3.4.19}$$

$$x_7 = x_6 - \frac{f(x_6)}{f'(x_6)} = 0.739\,085\,553\,0 \tag{3.4.20}$$

……

当计算到 x_6 和 x_7,小数点后 5 位稳定在 0.739 08 时,可将此数作为方程精确到小数点后 5 位的解。利用设定好的计算流程来获得一个近似解,该过程称为"数值方法"运算过程,相应获得的近似解也被称为"数值解",数值解的对立面为"解析解"。比如解下面这个方程:

$$e^{2x+3} = 6 \tag{3.4.21}$$

它的解析解是通过方程变形得到的:

$$x = \frac{\ln 6 - 3}{2} \text{(解析解)} \tag{3.4.22}$$

而数值解是通过牛顿迭代法得到的一个近似小数：
$$x \approx -0.60412（数值解） \tag{3.4.23}$$

解析解与数值解其实各有优劣，解析解的好处是能够精准地表达结果，而数值解只能得到一个近似的小数；然而并不是对所有的方程都能轻易获得它的解析解，这时利用数值解来求解就非常有必要了。在实际工程问题中经常会用到数值解，数值方法更是无处不在。为了提高操作效率，可以使用计算机编程来自动完成迭代求解，比如基于 Python、C++ 以及 MATLAB 编写相应的程序代码并自动迭代。在代码中需要设置迭代的终止条件，比如迭代 20 次就结束，当然更好的方案是基于精度来停止迭代：当计算机发现 x_{n+1} 与 x_n 之间的差距小于一定的数值（如 1×10^{-6}）时退出迭代过程并给出结果。

以下便是牛顿迭代法求解方程 $x=\cos x$ 的程序代码，供各位同学参考。

代码 1：基于 Python 语言实现牛顿迭代法求解方程

```python
import math

def f(x):
    return x - math.cos(x)

def f_prime(x):
    return 1 + math.sin(x)

def newton_method(initial_guess, tolerance = 0.000001):
    x0 = initial_guess
    while True:
        x1 = x0 - f(x0) / f_prime(x0)
        if abs(x1 - x0) < tolerance:
            break
        x0 = x1
    return x1

result = newton_method(1)
print("Solution: x = ", result)
```

代码 2：基于 C++ 语言实现牛顿迭代法求解方程

```cpp
#include <iostream>
#include <cmath>

double f(double x) {
    return x - cos(x);
}

double f_prime(double x) {
    return 1 + sin(x);
}

double newton_method(double initial_guess, double tolerance = 0.000001) {
    double x0 = initial_guess;
    double x1;
    while (true) {
        x1 = x0 - f(x0) / f_prime(x0);
        if (fabs(x1 - x0) < tolerance) {
```

```
            break;
        }
        x0 = x1;
    }
    return x1;
}

int main() {
    double result = newton_method(1);
    std::cout << "Solution: x = " << result << std::endl;
    return 0;
}
```

代码 3：基于 MATLAB 语言实现牛顿迭代法求解方程

```
result = newton_method(1,0.000001);
disp(['Solution: x = ', num2str(result)]);

function result = newton_method(initial_guess, tolerance)
    x0 = initial_guess;
    while true
        x1 = x0 - f(x0) / f_prime(x0);
        if abs(x1 - x0) < tolerance
            break;
        end
        x0 = x1;
    end
    result = x1;
end

function y = f(x)
    y = x - cos(x);
end

function y = f_prime(x)
    y = 1 + sin(x);
end
```

3.5 结语

  导数为我们揭示了函数变化的趋势，使我们可以更加清晰地了解变量之间是如何相互影响的。

  本章在介绍导数具体的应用时，引入了发动机连杆转子系统的例子，探索了转子角速度与活塞运动速度之间的关系。如果各位同学对于此类物理问题感兴趣，可以在后续参考和学习"理论力学"课程，其中有关"广义坐标"的内容非常有启发意义。此外，我们还了解到什么是"超越方程"，并利用牛顿迭代法获得了其精确到小数点后 5 位的解。同学们还可学习"数值计算方法"课程，尝试仅使用一些常规计算（加、减、乘、除以及常用函数计算）来解决诸多复杂的数学问题，比如解超越方程、曲线拟合、定积分、常微分方程等问题。

第 4 章　积分：不定积分与定积分

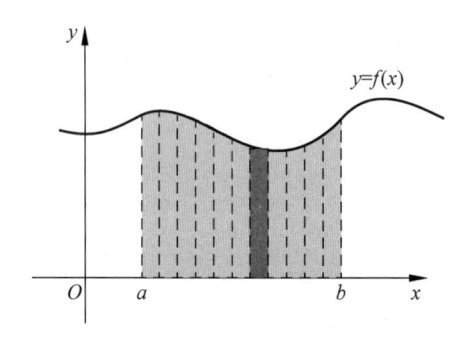

本章将学习微积分世界里最为重要的公式——牛顿-莱布尼茨公式，它也被叫作"微积分基本定理"。在 17 世纪，牛顿和莱布尼茨这两位分别来自英国和德国的数学家，各自独立地发现了该定理，该公式就以他们的名字命名。牛顿-莱布尼茨公式的出现，仿佛一道曙光刺破黑暗，对于物理、几何、机械等各领域中悬而未解的数学问题带来了转机。

学习目标	重 要 性	难　　度
掌握基本的原函数公式和原函数计算法则	★★★★	★★☆☆
掌握计算原函数的常见技巧：凑常数法、凑微分法、换元积分法以及分部积分法	★★★★	★★☆☆
掌握莱布尼茨公式的基本含义以及定积分的运算	★★★☆	★★★☆
能够利用微积分的思想和运算方法，解决几何与物理相关问题	★★★☆	★★★☆
掌握定积分的数值求解思路	★★☆☆	★☆☆☆

在完成本章的学习后，你将能够独立解决下列问题：

◆ 如下图所示，函数曲线 $y=1+\sqrt{x}$，与 x 轴、y 轴、$x=3$ 所围成的阴影图形为 D，请分别求出：D 的面积、周长，以及 D 绕 x 轴旋转一周所形成的体积。

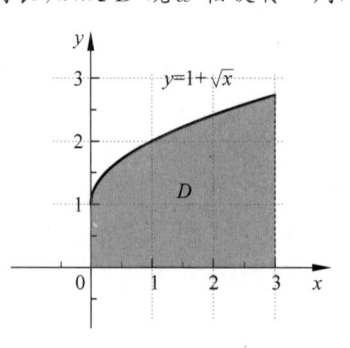

- 如下图所示,一个质量为3kg的物块起初静止地放在光滑水平面上,对其向右施加一个水平拉力 F,并且拉力 F 随时间发生变化: $F=5-t$,请给出物块位移 x 随时间的表达式 $x(t)$。

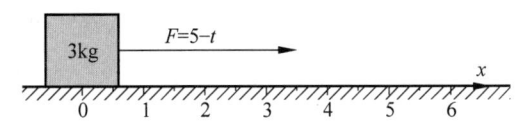

- 计算 $\int_2^5 \dfrac{1}{1+\sin x + \ln x} dx$ 的近似值(保留3位小数)。

4.1 不定积分(原函数)

在第3章中我们学习了导数运算,现在来了解**与导数相反**的角色:**原函数**。如果 $F(x)$ 的导数为 $f(x)$,则称 $F(x)$ 是 $f(x)$ 的原函数。

$$F(x) \xrightleftharpoons[\text{原函数}]{\text{导数}} f(x)$$

由此可记为

$$F(x) = \int f(x) dx \tag{4.1.1}$$

原函数 $\int f(x) dx$ 也被称为 $f(x)$ 的"**不定积分**",式(4.1.1)中的 $f(x)$ 叫作**被积函数**。在后面讲解定积分时,我们将更加详细地解释积分符号"$\int$"符号的由来。需要注意的是,一个函数的原函数并不唯一,比如设:

$$f(x) = 2x \tag{4.1.2}$$

它的原函数可能是 $F(x)=x^2$,也可能是 $F(x)=x^2+5$、$F(x)=x^2-0.1$……因为它们都满足导数为 $2x$。观察它们的规律,可以统一写为

$$F(x) = x^2 + C \tag{4.1.3}$$

其中,C 可以是任意的常数。**一个函数的原函数有无数多个**,它们之间可以相差任意的常数。

求得一个函数的原函数具有非常实用的价值。如下面的例题。

如图4.1所示,一个质量为2kg的物块在光滑平面上沿直线运动。最初时刻,它相对地面处于静止状态,受到一个向右的拉力 F,其大小会随时间变化:$F=6-2t$(单位:N)。求出该物块在0~3s内,其速度 v 以及位移 x 随时间 t 的表达式。

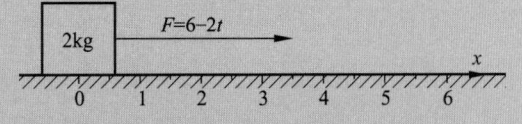

图4.1 变加速度物体运动过程示意图

解：根据牛顿第二定律，可以得到物块加速度 a：

$$a = \frac{F}{m} = \frac{6-2t}{2} = 3-t \,(\text{m/s}^2)$$

我们知道，加速度 a 是速度 v 关于 t 的导数 $\dfrac{\mathrm{d}v}{\mathrm{d}t}$，此时求得 a 对应的原函数就是 v 的表达式：

$$v = \int (3-t)\,\mathrm{d}t = 3t - \frac{t^2}{2} + C_1$$

而根据已知信息，物块初始时刻静止，即 $t=0$ 对应有 $v=0$，所以常数 C_1 应当取 0，由此确定：

$$v = 3t - \frac{t^2}{2}$$

更进一步可知，速度 v 是位移 x 关于 t 的导数 $\dfrac{\mathrm{d}x}{\mathrm{d}t}$，求得 v 对应的原函数就是 x 的表达式：

$$x = \int \left(3t - \frac{t^2}{2}\right)\mathrm{d}t = \frac{3t^2}{2} - \frac{t^3}{6} + C_2$$

根据已知信息，$t=0$ 对应有 $x=0$，常数 C_2 应当取 0，由此确定：

$$x = \frac{3t^2}{2} - \frac{t^3}{6}$$

由此可得，在拉力大小变化的情况下，物块的速度与位移关于时间的函数表达：

$$v = 3t - \frac{t^2}{2}$$

$$x = \frac{3t^2}{2} - \frac{t^3}{6}$$

4.1.1 基础原函数公式

原函数的运算与导数运算是背道而驰的，如果我们掌握了常见的导数计算，则可以倒推得到基础的原函数计算公式，具体如下：

$$\int x^n \,\mathrm{d}x = \frac{x^{n+1}}{n+1} + C \quad (n \neq -1), \quad \int 0\,\mathrm{d}x = C$$

$$\int \frac{1}{x}\,\mathrm{d}x = \ln|x| + C, \quad \int k\,\mathrm{d}x = kx + C$$

$$\int \frac{1}{1+x^2}\,\mathrm{d}x = \arctan x + C, \quad \int \sin x\,\mathrm{d}x = -\cos x + C$$

$$\int \frac{1}{\sqrt{1-x^2}}\,\mathrm{d}x = \arcsin x + C, \quad \int \cos x\,\mathrm{d}x = \sin x + C$$

$$\int \sec^2 x\,\mathrm{d}x = \tan x + C, \quad \int \csc^2 x\,\mathrm{d}x = -\cot x + C$$

$$\int \mathrm{e}^x\,\mathrm{d}x = \mathrm{e}^x + C, \quad \int a^x\,\mathrm{d}x = \frac{a^x}{\ln a} + C \quad (a>0, a \neq 1)$$

> 学生：原函数公式中我有一处疑惑，为什么"$\frac{1}{x}$"的原函数不是"$\ln x + C$"，而是"$\ln|x| + C$"呢？
>
> 老师：真是一个细致的问题！请你思考一下，"$\ln x$"与"$\ln|x|$"有什么区别呢？
>
> 学生：$f(x)=\ln x$ 这个函数中，x 的取值需要是一个正数；而 $f(x)=\ln|x|$ 函数中，x 可以取任意不为 0 的数字。
>
> 老师：我们是否也可以这样理解，当 $x>0$ 时，"$\ln x$"与"$\ln|x|$"没有任何区别；而当 $x<0$ 时，只有后者才能进行计算，后者这个函数的定义域更广泛。
>
> 学生：对的，可以把它写成这样的分段函数：
> $$f(x)=\ln|x|=\begin{cases}\ln x, & x>0 \\ \ln(-x), & x<0\end{cases}$$
>
> 老师：那么这个分段函数在不同位置的导数如何呢？
>
> 学生：$x>0$ 时，$\ln x$ 的导数是 $\frac{1}{x}$；$x<0$ 时，$\ln(-x)$ 的导数也同样是 $\frac{1}{x}$。
>
> 老师：那么当我们想要表示 $\frac{1}{x}$ 的原函数，是写"$\ln x + C$"还是"$\ln|x| + C$"更好？
>
> 学生：后者更好，适用范围更广。

原函数的计算遵循如下基本规律。

◆ 常系数分离：$\int kf(x)\mathrm{d}x = k\int f(x)\mathrm{d}x$，其中 k 为常数。

◆ 加减运算法则：$\int f(x) \pm g(x)\mathrm{d}x = \int f(x)\mathrm{d}x \pm \int g(x)\mathrm{d}x$。

计算下列不定积分：

(1) $\int \sqrt{5x}\,\mathrm{d}x$

(2) $\int \mathrm{e}^x(3+\sqrt[3]{x^2}\cdot\mathrm{e}^{-x})\mathrm{d}x$

解：

(1) $\int \sqrt{5x}\,\mathrm{d}x = \sqrt{5}\int x^{\frac{1}{2}}\mathrm{d}x = \frac{2\sqrt{5}}{3}x^{\frac{3}{2}}+C$

(2) $\int \mathrm{e}^x(3+\sqrt[3]{x^2}\cdot\mathrm{e}^{-x})\mathrm{d}x = \int(3\mathrm{e}^x+\sqrt[3]{x^2})\mathrm{d}x = 3\int\mathrm{e}^x\mathrm{d}x+\int x^{\frac{2}{3}}\mathrm{d}x = 3\mathrm{e}^x+\frac{3}{5}x^{\frac{5}{3}}+C$

仅依靠前面给出的基础原函数计算公式，能解决的问题非常有限，由此我们还需要掌握更多灵活处理的手段，接下来的 4.1.2 节～4.1.6 节，就为大家展示 5 种常用的方法。

4.1.2 凑常数积分法：$(ax+b)$ 当作整体

要计算 $\int(4x+3)^5\mathrm{d}x$，可以将 $(4x+3)$ 看作一个整体。由于

$$\int x^5\mathrm{d}x = \frac{x^6}{6}+C \tag{4.1.4}$$

从而有：
$$\int (4x+3)^5 \mathrm{d}x = \frac{(4x+3)^6}{6} \times \frac{1}{4} + C = \frac{(4x+3)^6}{24} + C \qquad (4.1.5)$$

> **方法点拨**
>
> 如果计算原函数的表达式中 x 是以 $(ax+b)$ 的形式出现的，其中，a 和 b 均为常数 $(a \neq 0)$，则可以将 $(ax+b)$ 当作一个整体变量来运算，最后的计算结果需要除以常数 a 即可：
> $$\int f(ax+b) \mathrm{d}x = \frac{F(ax+b)}{a} + C$$

通过下列例题巩固该方法。

(1) $\int \sin(8x+1) \mathrm{d}x$。

解：将 $(8x+1)$ 看作一个整体，$\sin x$ 的原函数是 $-\cos x + C$，于是有：
$$\int \sin(8x+1) \mathrm{d}x = -\frac{\cos(8x+1)}{8} + C$$

为了求证计算结果的准确，可以求得 $\left[-\dfrac{\cos(8x+1)}{8} + C\right]$ 的导数，正是 $\sin(8x+1)$。而通过求导的流程，我们也能够更加确切地知道为何在积分的答案中出现了一个 $\dfrac{1}{8}$：因为我们求导时将 $(8x+1)$ 看作一个整体来运算，结果需要乘以 8，而此处的 $\dfrac{1}{8}$ 刚好能与之抵消。

(2) $\int \dfrac{1}{3x-4} \mathrm{d}x$。

解：将 $(3x-4)$ 看作一个整体，$\dfrac{1}{x}$ 的原函数是 $\ln|x|+C$，于是有
$$\int \frac{1}{3x-4} \mathrm{d}x = \frac{1}{3} \ln|3x-4| + C$$

(3) $\int \dfrac{1}{9+x^2} \mathrm{d}x$。

解：此被积函数的类型类似于 $\int \dfrac{1}{1+x^2} \mathrm{d}x$，所以可以考虑系数的改造：
$$\int \frac{1}{9+x^2} \mathrm{d}x = \frac{1}{9} \int \frac{1}{1+\frac{x^2}{9}} \mathrm{d}x = \frac{1}{9} \int \frac{1}{1+\left(\frac{x}{3}\right)^2} \mathrm{d}x$$

此时，面对 $\int \dfrac{1}{1+\left(\frac{x}{3}\right)^2} \mathrm{d}x$，可以将 $\left(\dfrac{x}{3}\right)$ 当作一个整体，从而得到结果：
$$\frac{1}{9} \int \frac{1}{1+\left(\frac{x}{3}\right)^2} \mathrm{d}x = \frac{1}{9} \cdot \frac{\arctan\left(\frac{x}{3}\right)}{\frac{1}{3}} + C = \frac{1}{3} \arctan\left(\frac{x}{3}\right) + C$$

并且通过此题,可以推导得到一个常用的积分公式:

$$\int \frac{1}{a^2+x^2}dx = \frac{1}{a}\arctan\left(\frac{x}{a}\right)+C \quad (a>0)$$

(4) $\int \frac{1}{\sqrt{16-x^2}}dx$。

解:与上一个小题类似,可以将系数进行改动:

$$\int \frac{1}{\sqrt{16-x^2}}dx = \frac{1}{4}\int \frac{1}{\sqrt{1-\frac{x^2}{16}}}dx = \frac{1}{4}\int \frac{1}{\sqrt{1-\left(\frac{x}{4}\right)^2}}dx$$

$$= \frac{1}{4} \cdot \frac{\arcsin\left(\frac{x}{4}\right)}{\frac{1}{4}}+C = \arcsin\left(\frac{x}{4}\right)+C$$

通过此题,可以推导得到另一个常用的积分公式:

$$\int \frac{1}{\sqrt{a^2-x^2}}dx = \arcsin\left(\frac{x}{a}\right)+C \quad (a>0)$$

(5) $\int \frac{1}{e^{5x}}dx$。

解:$\frac{1}{e^{5x}}$ 也可写作 e^{-5x},可以将 $(-5x)$ 看作一个整体,于是有:

$$\int \frac{1}{e^{5x}}dx = \int e^{-5x}dx = \frac{e^{-5x}}{-5}+C = \frac{1}{-5e^{5x}}+C$$

4.1.3 凑导数积分法:"函数+导数"组合

在第 3 章有关导数和微分的内容中,我们掌握了这样的一个公式:
$$dy = y'dx \tag{4.1.6}$$

比如,
$$d(x^2) = 2xdx \tag{4.1.7}$$

$$d(\ln x + 5) = \frac{1}{x}dx \tag{4.1.8}$$

可见,将微分符号"d"右侧的内容可以经过求导数形成左侧内容;自然也有逆向操作,即将微分符号"d"左侧的内容可以经过求原函数来到右侧,比如,

$$\cos x\,dx = d(\sin x) \tag{4.1.9}$$

$$x^2 dx = d\left(\frac{x^3}{3}\right) \tag{4.1.10}$$

这样的方法可以帮助计算原函数。比如,计算 $\int \frac{(\arctan x)^2}{1+x^2}dx$,可以观察到式中的 $\frac{1}{1+x^2}$ 恰好是 $\arctan x$ 的导数,于是:

$$\frac{1}{1+x^2}\mathrm{d}x = \mathrm{d}(\arctan x) \tag{4.1.11}$$

$$\int \frac{(\arctan x)^2}{1+x^2}\mathrm{d}x = \int (\arctan x)^2 \mathrm{d}(\arctan x) \tag{4.1.12}$$

此时可将 arctan$x$ 看作一个整体，整个积分结构完全类似于 $\int x^2 \mathrm{d}x$ 的计算，便可得到结果：

$$\int (\arctan x)^2 \mathrm{d}(\arctan x) = \frac{(\arctan x)^3}{3} + C \tag{4.1.13}$$

> **方法点拨**
>
> 如果某个函数表达式是有两个不同的函数构成的，其中一个函数刚好是另一个函数的导数，则可以利用导数去修改积分自变量"dx"，从而实现更简易的计算：
> $$\int f(u) \cdot u'(x) \mathrm{d}x = \int f(u) \mathrm{d}u$$

通过下列例题巩固该方法。

(1) 计算 $\int \frac{1}{x(\ln x)^3}\mathrm{d}x$。

解：式中同时出现了 $\ln x$ 与它的导数 $\frac{1}{x}$，则应使用凑导数方法进行解决：

$$\int \frac{1}{x(\ln x)^3}\mathrm{d}x = \int \frac{1}{(\ln x)^3} \cdot \frac{1}{x}\mathrm{d}x = \int (\ln x)^{-3} \mathrm{d}(\ln x) = -\frac{1}{2}(\ln x)^{-2} + C$$

(2) 计算 $\int x\sqrt{1+x^2}\mathrm{d}x$。

解：我们知道 $(1+x^2)$ 的导数为 $2x$，此时在根号外已有一个 x，可以考虑再"拆借"一个系数 2：

$$原式 = \frac{1}{2}\int (2x)\sqrt{1+x^2}\mathrm{d}x = \frac{1}{2}\int \sqrt{1+x^2}\mathrm{d}(1+x^2)$$
$$= \frac{1}{2} \cdot \frac{2}{3}(1+x^2)^{\frac{3}{2}} + C = \frac{1}{3}(1+x^2)^{\frac{3}{2}} + C$$

(3) 计算 $\int x^2 \mathrm{e}^{x^3}\mathrm{d}x$。

解：x^3 的导数为 $3x^2$，而式中出现了一个 x^2，与上一个小题(2)类似，可以借一个系数 3：

$$原式 = \frac{1}{3}\int 3x^2 \mathrm{e}^{x^3}\mathrm{d}x = \frac{1}{3}\int \mathrm{e}^{x^3}\mathrm{d}(x^3) = \frac{1}{3}\mathrm{e}^{x^3} + C$$

(4) 计算 $\int \cos x \cdot \sin^4 x \mathrm{d}x$。

解：式中有 $\cos x$，我们知道它是 $\sin x$ 的导数，于是有：

$$原式 = \int \sin^4 x \mathrm{d}(\sin x) = \frac{\sin^5 x}{5} + C$$

4.1.4 有理分式积分：两次简化,四种类型

在第 1 章介绍数学基础知识中,已经为大家展示了如何化简有理分式,其主要手段分别为**假分式的除法**和**分母的因式分解**。在处理有理分式的原函数计算时,是非常有必要进行这种化简的。比如计算 $\int \dfrac{6x^2+x+3}{3x-1}dx$,可以将该有理分式先进行化简：

$$\dfrac{6x^2+x+3}{3x-1}=2x+1+\dfrac{2}{3x-1} \tag{4.1.14}$$

于是原函数的计算非常容易：

$$\int \dfrac{6x^2+x+3}{3x-1}dx=\int\left(2x+1+\dfrac{2}{3x-1}\right)dx=x^2+x+\dfrac{2}{3}\ln|3x-1|+C \tag{4.1.15}$$

下面通过例题为大家展示 4 类常见的有理分式是如何求得原函数的。

1. 类型一：$\dfrac{ax+b}{cx+d}$

计算 $\int \dfrac{3x-7}{x+2}dx$。

解：此式为假分式,可以进行拆分化简：

$$\int \dfrac{3x-7}{x+2}dx=\int\left(3-\dfrac{13}{x+2}\right)dx=3x-13\ln|x+2|+C$$

2. 类型二：$\dfrac{ax+b}{(cx+d)^n}$

计算 $\int \dfrac{x+1}{(x+3)^4}dx$。

解：该分式可以通过特定的处理,使分子上的 x 消失：

$$\dfrac{x+1}{(x+3)^4}=\dfrac{(x+3)-2}{(x+3)^4}=\dfrac{1}{(x+3)^3}-\dfrac{2}{(x+3)^4}$$

此时计算拆分后两个分式的原函数,将 $(x+3)$ 看作一个整体,可以很快得到：

$$\int\left[\dfrac{1}{(x+3)^3}-\dfrac{2}{(x+3)^4}\right]dx=\dfrac{-1}{2(x+3)^2}+\dfrac{2}{3(x+3)^3}+C$$

3. 类型三：$\dfrac{mx+n}{ax^2+bx+c}(b^2-4ac>0)$

计算 $\int \dfrac{3x+2}{x^2+4x-5}dx$。

解：该分式的分母可以进行因式分解,根据基础数学知识,可以将其进行"反向通分"的操作：

$$\dfrac{3x+2}{x^2+4x-5}=\dfrac{3x+2}{(x-1)(x+5)}=\dfrac{5}{6}\times\dfrac{1}{x-1}+\dfrac{13}{6}\times\dfrac{1}{x+5}$$

此时计算分解后的分式原函数就非常容易：

$$\int \left(\frac{5}{6} \times \frac{1}{x-1} + \frac{13}{6} \times \frac{1}{x+5}\right) dx = \frac{5}{6}\ln|x-1| + \frac{13}{6}\ln|x+5| + C$$

4. 类型四：$\dfrac{mx+n}{ax^2+bx+c}$ ($b^2-4ac<0$)

计算 $\int \dfrac{x+3}{x^2+4x+5} dx$。

解：此分式的分母无法被分解为"$(x-a)(x-b)$"的类型，所以需另外寻求解决方案。

第一步，将分子变形出现分母的导数

$$\frac{x+3}{x^2+4x+5} = \frac{1}{2} \times \frac{2x+6}{x^2+4x+5} = \frac{1}{2} \times \frac{2x+4+2}{x^2+4x+5}$$

$$= \frac{1}{2} \times \frac{2x+4}{x^2+4x+5} + \frac{1}{x^2+4x+5}$$

第二步，分别利用凑导数法和凑常数法进行原函数的计算

$$\frac{1}{2}\int \frac{2x+4}{x^2+4x+5} dx = \frac{1}{2}\int \frac{1}{x^2+4x+5} d(x^2+4x+5) = \frac{1}{2}\ln|x^2+4x+5| + C$$

$$\int \frac{1}{x^2+4x+5} dx = \int \frac{1}{(x+2)^2+1} dx = \arctan(x+2) + C$$

所以最终计算结果即为两者相加：

$$\int \frac{x+3}{x^2+4x+5} dx = \frac{1}{2}\ln(x^2+4x+5) + \arctan(x+2) + C$$

注意两点：

(1) 末尾的"$+C$"只需要写一个就可以，因为它本身的属性就是任意的常数，所以"$2C$"和"C"没有区别；

(2) 在 $\ln|x^2+4x+5|$ 中，由于 (x^2+4x+5) 始终大于 0，所以可以将绝对值符号"$|\ |$"简化为括号"$(\ )$"。

4.1.5 换元积分法：消除根号

观察下面这两个原函数：

(1) $\int \dfrac{3}{2+\sqrt{x+1}} dx$。

(2) $\int \dfrac{1}{\sqrt{1+x^2}} dx$。

此时被积函数中出现了根号，我们很难直接发现其原函数的构造。可以考虑通过变量的替换去除根号。上面这两道题目的解法并不相同，需要根据根号内是 x 的一次方还是 x 的二次方有所区别。具体见以下求解过程。

(1) $\int \dfrac{3}{2+\sqrt{x+1}} dx$。

解：直接取 $t=\sqrt{x+1}$，则此时式子变成：

$$\int \frac{3}{2+t}dx \tag{4.1.16}$$

式中同时出现了 x、t 两个变量，可以基于第 3 章中关于微分运算的知识进行进一步转化：

$$x = t^2 - 1 \tag{4.1.17}$$

$$dx = 2t\,dt \tag{4.1.18}$$

将式(4.1.18)代入式(4.1.16)即可得到：

$$\int \frac{6t}{2+t}dt \tag{4.1.19}$$

这时关于 t 的运算就不再含有根号，利用分式化简即可得到：

$$\int \frac{6t}{2+t}dt = \int \left(6 - \frac{12}{2+t}\right)dt = 6t - 12\ln|2+t| + C \tag{4.1.20}$$

最后，将 $t=\sqrt{x+1}$ 代入，得到最终的结果：

$$\int \frac{3}{2+\sqrt{x+1}}dx = 6\sqrt{x+1} - 12\ln(2+\sqrt{x+1}) + C \tag{4.1.21}$$

这种以另一个变量（比如 t）替换来计算不定积分的方法，称为"换元积分法"。

(2) $\int \sqrt{1-x^2}\,dx$。

与上一个小题不同，此时根号内出现了 x^2。此时如果直接取 $t=\sqrt{1-x^2}$，则**在替换"dx"时会产生新的根号**，无法达成消除根号的目的。我们需要开辟新思路，在三角函数的等式中找到灵感：

$$\cos^2\theta + \sin^2\theta = 1 \tag{4.1.22}$$

$$1 + \tan^2\theta = \sec^2\theta \tag{4.1.23}$$

通过对被积函数以及对式(4.1.22)的观察，可以取 $x=\sin t\left(-\frac{\pi}{2}\leqslant t\leqslant\frac{\pi}{2}\right)$，进而有：

$$\int \sqrt{1-x^2}\,dx = \int \sqrt{1-\sin^2 t}\,d(\sin t) = \int \sqrt{\cos^2 t}\cdot \cos t\,dt = \int \cos^2 t\,dt \tag{4.1.24}$$

这时就得到了没有根号的被积函数，进一步计算得出结果：

$$\int \cos^2 t\,dt = \int \frac{1+\cos 2t}{2}dt = \frac{t}{2} + \frac{\sin 2t}{4} + C \tag{4.1.25}$$

最后需要将结果中的 t 代换为 x 的表达式：

$$\frac{t}{2} + \frac{\sin 2t}{4} + C = \frac{t}{2} + \frac{\sin t \cdot \cos t}{2} + C = \frac{\arcsin x}{2} + \frac{x\sqrt{1-x^2}}{2} + C \tag{4.1.26}$$

4.1.6 分部积分法：不同函数乘积

分部积分法的运算过程来自一个重要等式：

$$\int u\,dv = u\cdot v - \int v\,du \tag{4.1.27}$$

式(4.1.27)的原理稍后揭示，我们先来使用它来解决两个原函数的计算问题。

1. $\int \ln x \, dx$

此时 $\ln x$ 相当于式(4.1.27)中的"u", x 就相当于其中的"v", 则有:

$$\int \ln x \, dx = x \ln x - \int x \, d(\ln x) \tag{4.1.28}$$

根据微分计算规则,我们知道 $d(\ln x) = \dfrac{1}{x} dx$, 于是进一步完成计算:

$$x \ln x - \int x \, d(\ln x) = x \ln x - \int x \cdot \frac{1}{x} dx = x \ln x - \int 1 \, dx = x \ln x - x + C \tag{4.1.29}$$

2. $\int \arctan x \, dx$

使用分部积分公式(4.1.27),可得到下列计算过程:

$$\int \arctan x \, dx = x \cdot \arctan x - \int x \, d(\arctan x)$$

$$= x \cdot \arctan x - \int x \cdot \frac{1}{1+x^2} dx$$

$$= x \cdot \arctan x - \frac{1}{2} \int \frac{1}{1+x^2} d(1+x^2)$$

$$= x \cdot \arctan x - \frac{1}{2} \ln(1+x^2) + C \tag{4.1.30}$$

在了解分部积分的常规使用流程后,下面简要介绍式(4.1.27)背后的原理。在微分运算法则中有以下等式:

$$d(uv) = u \, dv + v \, du \tag{4.1.31}$$

对该式等号左右两侧进行积分运算(即两侧加上积分号"$\int$"),便可得到:

$$\int d(uv) = \int u \, dv + \int v \, du \tag{4.1.32}$$

我们知道,"$\int dx = x + C$"(相当于被积函数为"1"),同理可得"$\int d(uv) = uv + C$"。于是有:

$$uv + C = \int u \, dv + \int v \, du \tag{4.1.33}$$

移项可得到下列等式(将"$+C$"合并至"$\int v \, du$"的运算中):

$$\int u \, dv = uv - \int v \, du \tag{4.1.34}$$

分部积分方法适用于处理**不同类型函数相乘**的原函数运算,而这需要搭配一个口诀:

"反对幂三指"

上面5个字分别代表了5类我们所学的基本函数,如图 4.2 所示,它们分别是反三角函数、对数函数、幂函数、三角函数和指数函数。我们需要利用该口诀给出的顺序:**在口诀中靠后的函数,要优先与"dx"进行凑微分的操作**,之后再利用分部积分公式便可顺利完成计算。

来看下列两道例题是如何使用分部积分法加以解决的。

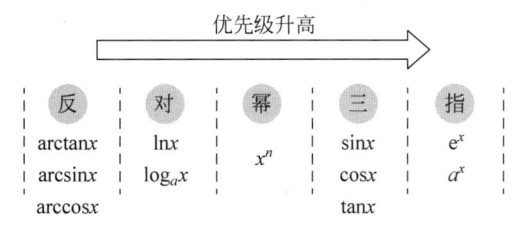

图 4.2　分部积分法在使用过程中不同类型函数的操作顺序

3. $\int x \cdot 3^x \, \mathrm{d}x$

此处为幂函数"x"与指数函数"3^x"的乘积，根据优先级顺序，指数函数应进行凑微分处理：

$$3^x \, \mathrm{d}x = \mathrm{d}\left(\frac{3^x}{\ln 3}\right) \tag{4.1.35}$$

于是有：

$$\int x \cdot 3^x \, \mathrm{d}x = \int x \, \mathrm{d}\left(\frac{3^x}{\ln 3}\right) \tag{4.1.36}$$

此时使用分部积分公式(4.1.27)，即可计算得出结果：

$$\int x \cdot 3^x \, \mathrm{d}x = \int x \, \mathrm{d}\left(\frac{3^x}{\ln 3}\right) = x \cdot \frac{3^x}{\ln 3} - \int \frac{3^x}{\ln 3} \, \mathrm{d}x = x \cdot \frac{3^x}{\ln 3} - \frac{3^x}{(\ln 3)^2} + C \tag{4.1.37}$$

4. $\int x^2 \cdot \cos x \, \mathrm{d}x$

被积函数是幂函数"x^2"与三角函数"$\cos x$"的乘积，根据优先级顺序，需要对 $\cos x$ 进行凑微分的处理：

$$\cos x \, \mathrm{d}x = \mathrm{d}(\sin x) \tag{4.1.38}$$

接下来套用分部积分的流程：

$$\begin{aligned}\int x^2 \, \mathrm{d}(\sin x) &= x^2 \cdot \sin x - \int \sin x \, \mathrm{d}(x^2) \\ &= x^2 \cdot \sin x - \int 2x \cdot \sin x \, \mathrm{d}x\end{aligned} \tag{4.1.39}$$

通过使用一次分部积分，将计算原函数的任务从"$\int x^2 \cdot \cos x \, \mathrm{d}x$"变成了"$\int 2x \cdot \sin x \, \mathrm{d}x$"的计算，只需要再次使用分部积分公式，便可得到结果：

$$\begin{aligned}x^2 \cdot \sin x - \int 2x \cdot \sin x \, \mathrm{d}x &= x^2 \cdot \sin x - \int 2x \, \mathrm{d}(-\cos x) \\ &= x^2 \cdot \sin x - \left[2x \cdot (-\cos x) - \int (-\cos x) \, \mathrm{d}(2x)\right] \\ &= x^2 \cdot \sin x + 2x \cdot \cos x - 2\int \cos x \, \mathrm{d}x \\ &= x^2 \cdot \sin x + 2x \cdot \cos x - 2\sin x + C\end{aligned} \tag{4.1.40}$$

4.2 定积分

如图 4.3 所示,一个函数 $y=f(x)$,假设它在 $x\in[a,b]$ 时函数值均为正数,这段函数曲线向下直到 x 轴,之间形成一个阴影区域,将其记为 D。从图 4.3 中可以看出,该区域并非规则图形,那么我们如何获得它的面积 S_D 呢?我们已经在 2.3.2 节接触过类似的案例,本节继续深入研究,学习如何更快捷地获得答案。

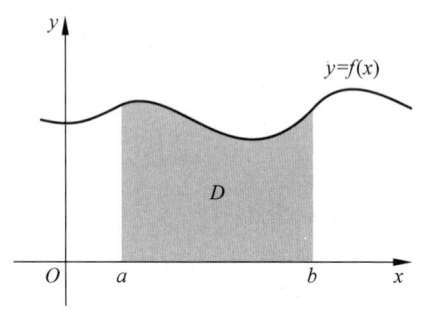

图 4.3　曲线向 x 轴的投影区域

4.2.1 牛顿-莱布尼茨公式

如图 4.4 所示,我们将阴影区域分割为许多竖直的长条。如果分割的份数足够多,每个长条足够细,则每个长条的面积可用矩形面积来表示(尽管图中只有有限多个长条,理想状态下应为无穷多)。显而易见,矩形的高就是该处的函数值 $f(x)$,而宽度是处于 x 轴的一段无穷小的变化,以 $\mathrm{d}x$ 表示。

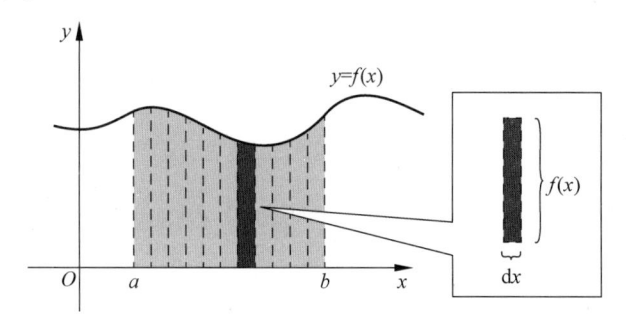

图 4.4　投影区域面积分解

一个细分出来的矩形面积为

$$f(x)\mathrm{d}x \tag{4.2.1}$$

整个区域 D 的面积可以看作是从 a 到 b 之间无穷多个矩形面积之和,数学家莱布尼茨发明了符号"$\int$"来表达求总和的含义[①]。由此,区域 D 的面积可以表示为

$$\int_a^b f(x)\mathrm{d}x \tag{4.2.2}$$

式(4.2.2)读作"函数 $f(x)$ 从 a 到 b 之间的定积分",a 处是积分下限,b 处为积分上限。从符号上也不难看出,不定积分与定积分在写法上的区别在于积分符号"$\int$"右侧是否标有上限、下限。实际上,定积分的计算与不定积分的计算是密不可分的,这便是著名的牛顿-莱布尼茨公式:

---

① "$\int$"这个符号演变自英文字母"S",来自动词"summate"的首字母,意为"求……的总和"。

$$\int_a^b f(x)\mathrm{d}x = F(b) - F(a) \tag{4.2.3}$$

其中，$F(x)$ 是 $f(x)$ 的原函数。

> **牛顿-莱布尼茨公式**：如果函数 $f(x)$ 在区间 $[a,b]$ 上是连续的，并且它的原函数是 $F(x)$，则 $f(x)$ 从 a 到 b 之间的定积分等于原函数 $F(x)$ 在 b 处与 a 处的函数值之差，即
> $$\int_a^b f(x)\mathrm{d}x = F(b) - F(a)$$
> 其中，"$F(b)-F(a)$" 也可写为 "$F(x)\big|_a^b$"。

牛顿-莱布尼茨公式的出现，极大地简化了定积分的计算过程，是微积分课程的最核心公式，它也被称为"微积分基本定理"。

比如，我们现在求函数曲线 $y = \sin x$ 在 $0 \sim \dfrac{\pi}{2}$ 区间的定积分，即如图 4.5 所示的阴影区域面积。

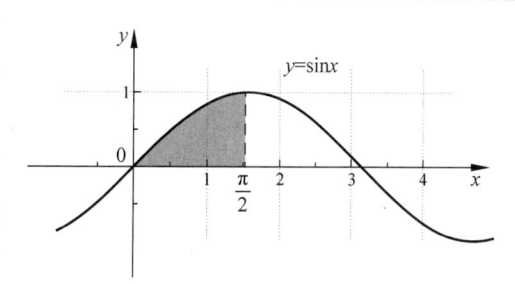

图 4.5　$y = \sin x$ 函数曲线下的阴影面积示意图

利用莱布尼茨公式可得：

$$\int_0^{\frac{\pi}{2}} \sin x\, \mathrm{d}x = (-\cos x)\bigg|_0^{\frac{\pi}{2}} = \left(-\cos\frac{\pi}{2}\right) - (-\cos 0) = 1 \tag{4.2.4}$$

所以得出该阴影面积为 1。需要提醒各位的是，在求不定积分时需要写"$+C$"，而在定积分中不需要。因为定积分的最后一步是在两端作差，写"$+C$"没有意义。

我们来简要解释一下牛顿-莱布尼茨公式的原理：如图 4.6 所示，图 4.6(a) 为 $y = f(x)$ 对应的曲线，设想有一个点沿着曲线向右移动，则它遇到的坡度也逐渐变得陡峭；图 4.6(b) 就是 $f(x)$ 导数 $y = f'(x)$ 的图像，根据导数的知识，该线上的纵坐标反映出图 4.6(a) 的坡度。

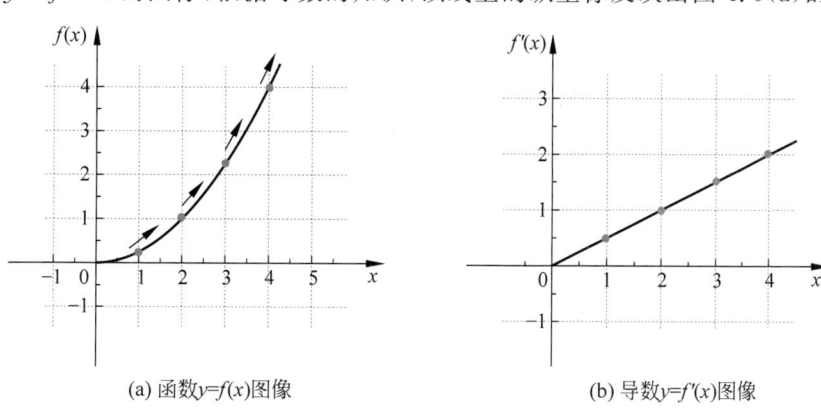

(a) 函数 $y=f(x)$ 图像　　　　(b) 导数 $y=f'(x)$ 图像

图 4.6　函数曲线及其导数图像

图 4.6(a) 和图 4.6(b) 之间的关系还可以进一步解读，如图 4.7 所示。在图 4.7(a) 中，$y = f(x)$ 上从横坐标为 x 的位置向右移动无限小一步($\mathrm{d}x$)，则对应高度上升量为"坡度×前进量"，即为 $f'(x) \cdot \mathrm{d}x$；在图 4.7(b) 中，$f'(x) \cdot \mathrm{d}x$ 则可以呈现为该点处一个无限小的矩形的面积。如果走的路程更远一些，比如在图 4.7(c) 中，横坐标从 a 移动到 b，形成的高度落差为 $f(b) - f(a)$，这段高度落差在图 4.7(d) 中则等于从 a 到 b 之间无限多个小长方形面积之

和，也就是 $\int_a^b f'(x)\mathrm{d}x$。

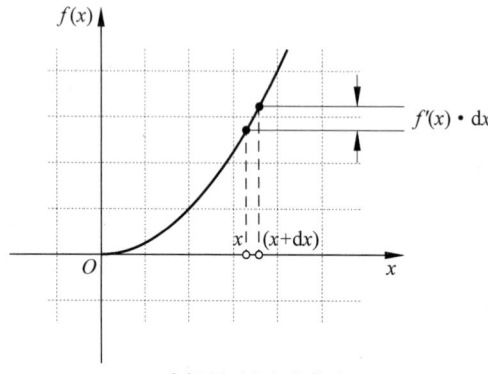

(a) $y=f(x)$ 中相邻两点高度落差

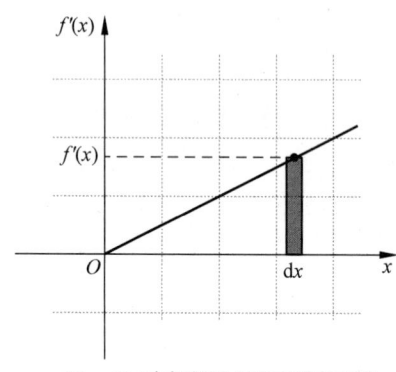

(b) $y=f'(x)$ 中相邻两点形成阴影面积

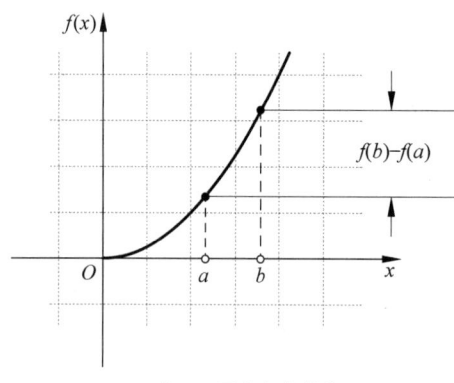

(c) $y=f(x)$ 中 a、b 两点高度落差

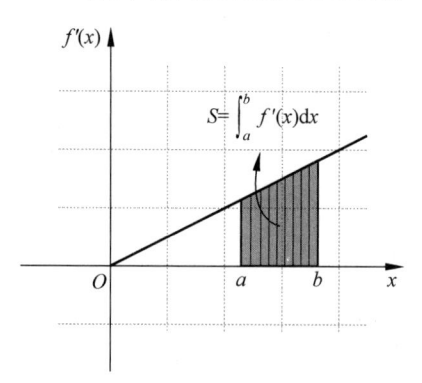

(d) $y=f'(x)$ 中 a、b 两点形成阴影面积

图 4.7 函数曲线高度落差与导数曲线阴影面积的关系示意图

上述过程可以理解为：设想你在爬山，走了一段路之后，你海拔高度上升的量等于"当前的坡度×步长"的总和。综上所述，$f'(x)$ 作为 $f(x)$ 的导数，$f(x)$ 作为 $f'(x)$ 的原函数，$f(x)$ 两端的函数值之差就等于 $f'(x)$ 曲线下方的累积量。

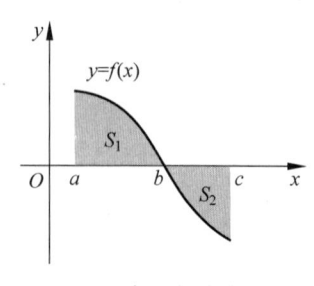

在上述内容中给出的 $f(x)$ 图像都在 x 轴上方，需要注意的是，如果 $f(x)$ 取值为负数，则对应的定积分也是负数。$y=f(x)$ 的函数曲线如图 4.8 所示，在 $x\in(a,b)$ 时函数值为正数，在 $x\in(b,c)$ 时函数值为负数，两块阴影面积分别记为 S_1 和 S_2，定积分与它们之间的关系为

$$\int_a^b f(x)\mathrm{d}x = S_1 > 0 \tag{4.2.5}$$

$$\int_b^c f(x)\mathrm{d}x = -S_2 < 0 \tag{4.2.6}$$

图 4.8 正负函数值的定积分

4.2.2 定积分的运算规则

定积分与不定积分的运算虽然具有相近的步骤，但是它们有本质的区别。不定积分计算将得到一个函数 $F(x)$：

$$\int f(x)\mathrm{d}x = F(x) \tag{4.2.7}$$

而定积分的实质是求得了一个数字：

$$\int_a^b f(x)\mathrm{d}x = F(b) - F(a) \tag{4.2.8}$$

这也意味着将定积分 $\int_a^b f(x)\mathrm{d}x$ 中的"x"替换为其他字母（比如"t"）也不会有区别，$\int_a^b f(x)\mathrm{d}x$ 与 $\int_a^b f(t)\mathrm{d}t$ 是一样的，它们都是 $F(b)-F(a)$。但 $\int f(x)\mathrm{d}x$ 与 $\int f(t)\mathrm{d}t$ 又是不同的，前者是一个 x 的函数，而后者是 t 的一个函数。

定积分还具有以下性质：

♦ 上下限相等的定积分为 0，即

$$\int_c^c f(x)\mathrm{d}x = 0$$

♦ 交换上下限，取相反数，即

$$\int_a^b f(x)\mathrm{d}x = -\int_b^a f(x)\mathrm{d}x$$

♦ 上下限可拆分，即

$$\int_a^b f(x)\mathrm{d}x = \int_a^c f(x)\mathrm{d}x + \int_c^b f(x)\mathrm{d}x$$

以上性质比较基础并且原理比较简单，我们不再过多解释。接下来通过例题来巩固定积分的运算细节。

(1) 计算 $\int_0^{\frac{\pi}{4}} \cos x \cdot \sin^3 x \,\mathrm{d}x$。

解：观察被积函数，适合采用凑导数积分法：

$$\int_0^{\frac{\pi}{4}} \cos x \cdot \sin^3 x \,\mathrm{d}x = \int_0^{\frac{\pi}{4}} \sin^3 x \,\mathrm{d}(\sin x) = \left.\frac{\sin^4 x}{4}\right|_0^{\frac{\pi}{4}} = \frac{\sin^4\left(\frac{\pi}{4}\right)}{4} - \frac{\sin^4(0)}{4} = \frac{1}{16}$$

(2) 计算 $\int_0^3 \frac{1}{2+\sqrt{1+x}}\mathrm{d}x$。

解：被积函数中含有根号运算，应考虑使用换元的方式进行计算。令 $t=\sqrt{1+x}$，则对应有 $x=t^2-1$，$\mathrm{d}x=2t\mathrm{d}t$。

有一个细节需要提醒大家，在定积分中使用换元积分法时，还需考虑上限和下限的更换：x 的变换范围是 0~3，由于 $t=\sqrt{1+x}$，当 $x=0$ 时 $t=1$，当 $x=3$ 时 $t=2$，所以在 t 的定积分中下限和上限分别为 1 和 2：

$$\int_0^3 \frac{1}{2+\sqrt{1+x}}\mathrm{d}x = \int_1^2 \frac{2t}{2+t}\mathrm{d}t = \int_1^2 \left(2 - \frac{4}{2+t}\right)\mathrm{d}t = \left.(2t - 4\ln|2+t|)\right|_1^2$$
$$= 2 - 4\ln 4 + 4\ln 3$$

(3) 计算 $\int_1^e x^2 \ln x \,\mathrm{d}x$。

解：被积函数同时出现了幂函数与对数函数，应考虑使用分部积分法进行处理：

$$\int_1^e x^2 \ln x \, dx = \int_1^e \ln x \, d\left(\frac{x^3}{3}\right) = \left(\ln x \cdot \frac{x^3}{3}\right)\bigg|_1^e - \int_1^e \frac{x^3}{3} d(\ln x)$$

其中,

$$\left(\ln x \cdot \frac{x^3}{3}\right)\bigg|_1^e = \ln e \cdot \frac{e^3}{3} - \ln 1 \cdot \frac{1^3}{3} = \frac{e^3}{3}$$

$$\int_1^e \frac{x^3}{3} d(\ln x) = \int_1^e \frac{x^3}{3} \cdot \frac{1}{x} dx = \int_1^e \frac{x^2}{3} dx = \frac{x^3}{9}\bigg|_1^e = \frac{e^3}{9} - \frac{1}{9}$$

所以,

$$\int_1^e x^2 \ln x \, dx = \frac{e^3}{3} - \left(\frac{e^3}{9} - \frac{1}{9}\right) = \frac{1 + 2e^3}{9}$$

4.3 应用一：几何问题中的定积分应用

本节展示定积分在几何问题中的两个具体应用,分别是求旋转体的体积与曲线的弧长。关于这两个问题,我们将逐步推导给出计算公式,然而相比于记住结论公式我们更希望你能掌握利用微积分进行分析问题的方法。

4.3.1 旋转体体积

如图 4.9 所示,$y = f(x)$ 在 $x \in [a, b]$ 这段曲线与 x 轴之间垂直投影形成了阴影平面图形,记为 D。令 D 绕着 x 轴旋转一周,则在三维空间中形成了一个旋转体,现在尝试求出该旋转体的体积 V。

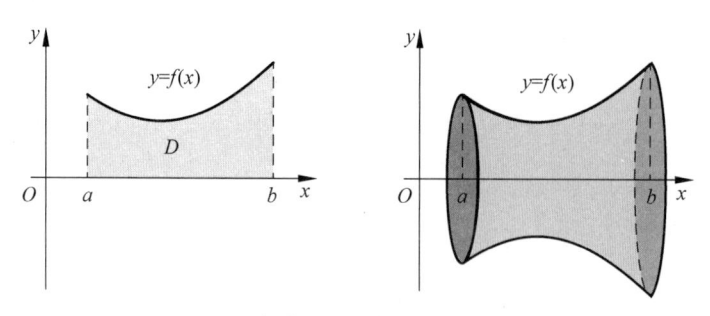

图 4.9 函数曲线绕 x 轴旋转一周示意图

该旋转体的侧面轮廓是弧线,所以并没有现成的公式可以计算它的体积。可以利用微积分的思路进行分析:如图 4.10 所示,可以将阴影区域分解成无穷多个竖直的长条,而每个长条都可以近似看作矩形。这时每个矩形的宽为 dx,高度则为函数值的绝对值 $|f(x)|$。这样一个矩形绕着 x 轴旋转一周所形成的立体就是一个厚度为 dx,底面半径为 $|f(x)|$ 的一个圆盘,不难得出该圆盘的体积为

$$\pi [f(x)]^2 dx \tag{4.3.1}$$

而整个旋转体的体积可以看作是 x 从 a 到 b 无穷多个圆盘叠加形成的,对式(4.3.1)进行积分求和即可得到结果:

$$V = \int_a^b \pi [f(x)]^2 dx \tag{4.3.2}$$

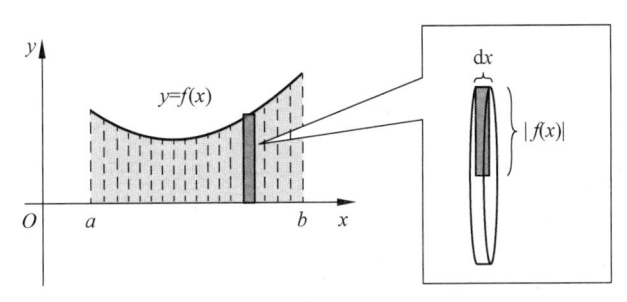

图 4.10 旋转体形成过程的分析示意图

如图 4.11 所示,函数曲线 $y=\dfrac{x^2}{2}+1$ 在 $x\in[0,2]$ 区间向 x 轴投影形成阴影区域为 D,令该区域绕 x 轴旋转一周,求旋转体体积 V。

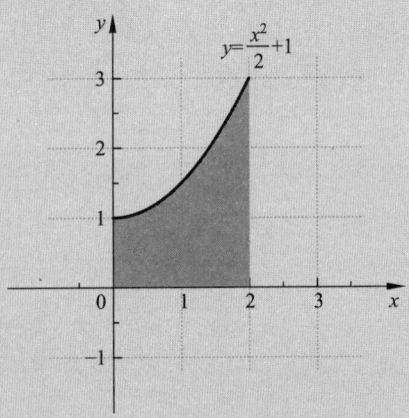

图 4.11 求旋转体体积例题示意图

解:根据式(4.3.2)给出的公式,该旋转体的体积为

$$V = \int_0^2 \pi \left(\frac{x^2}{2}+1\right)^2 dx = \pi \int_0^2 \left(\frac{x^4}{4}+x^2+1\right) dx$$

$$= \pi \left(\frac{x^5}{20}+\frac{x^3}{3}+x\right)\Big|_0^2 = \frac{94}{15}\pi \approx 19.687\ 31$$

由此可知,旋转体体积约为 19.687 31。

4.3.2 曲线弧长

图 4.12 展示了 $y=f(x)$ 的一段函数曲线 ($a \leqslant x \leqslant b$),如何得到这段曲线的长度呢?

如图 4.13 所示,将该段曲线分解为无穷多小段,此时每一小段曲线都可以近似看作直线段,整个曲线段的长度可以看作是无穷多个这样的直线段的叠加;图 4.13 中右侧我们将其中一节线段放大分析,两点间隔无穷小,水平和竖直方向上的差距分别为 dx 与 dy,根据勾股定理,则这节微分线段的长度为

$$\sqrt{(dx)^2+(dy)^2} \qquad (4.3.3)$$

图 4.12 函数曲线弧长示意图

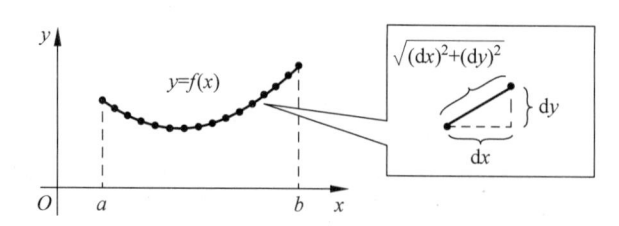

图 4.13　曲线弧长分解过程示意图

将其中的 dx 从根号中取出，则变成：

$$\sqrt{1+\left(\frac{dy}{dx}\right)^2} \cdot dx \tag{4.3.4}$$

此时式(4.3.4)中出现的"$\frac{dy}{dx}$"就是函数曲线 $y=f(x)$ 的导数。最后，将式(4.3.4)进行积分求和就得到了曲线弧长表达式：

$$\int_a^b \sqrt{1+\left(\frac{dy}{dx}\right)^2} dx \tag{4.3.5}$$

如图 4.14 所示，求出函数 $y=x\sqrt{x}$ $(0 \leqslant x \leqslant 3)$ 曲线的弧长。

解：根据式(4.3.5)，得到该弧长为

$$V = \int_0^3 \sqrt{1+\left(\frac{dy}{dx}\right)^2} dx = \int_0^3 \sqrt{1+\left(\frac{3}{2}\sqrt{x}\right)^2} dx$$

$$= \int_0^3 \sqrt{1+\frac{9}{4}x} \, dx$$

为计算该定积分，基于凑常数的原则，直接将 $\left(1+\frac{9}{4}x\right)$ 看作整体，已知 $\sqrt{x}$ 的原函数：

$$\int \sqrt{x} \, dx = \frac{2}{3} x^{\frac{3}{2}} + C$$

则类似地有 $\sqrt{1+\frac{9}{4}x}$ 的原函数：

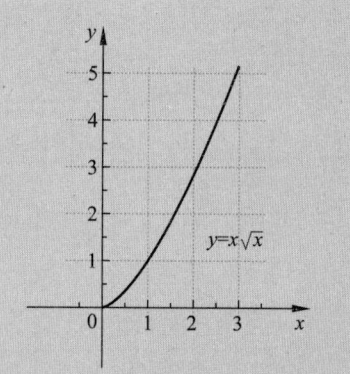

图 4.14　求函数曲线弧长例题示意图

$$\int \sqrt{1+\frac{9}{4}x} \, dx = \frac{4}{9} \times \frac{2}{3}\left(1+\frac{9}{4}x\right)^{\frac{3}{2}} + C$$

所以，

$$\int_0^3 \sqrt{1+\frac{9}{4}x} \, dx = \frac{4}{9} \times \frac{2}{3}\left(1+\frac{9}{4}x\right)^{\frac{3}{2}} \Big|_0^3 = \frac{8}{27} \times \left(\frac{31}{4}\right)^{\frac{3}{2}} - \frac{8}{27} \approx 6.096\,32$$

由此可得该段函数曲线的弧长约为 6.096 32。

4.4　应用二：物理问题中的定积分应用

本节将使用微积分的方法来分析两类物理问题，分别是变力做功与刚体旋转的动能。在物理学的世界中，除了力学，还有热、光、电磁等主题内容，它们都离不开使用微积分进行问题

的剖析与求解，我们需要通过以下例子构建起这种分析能力。

4.4.1 变力做功问题

在 4.1 节开篇就出现了物体受变力情况下的速度问题，现在给出另一个例子，并采用微积分的思路进行分析与求解。如图 4.15 所示，弹簧（忽略其质量）的一端固定在墙面，另一端固定在滑块上，弹簧的胡克系数 $k=3\text{N/m}$。起初弹簧处于松弛状态下，然后滑块将弹簧向右拉长 4m，在该过程中弹簧弹力 F 对滑块所做的功 W 是多少？

根据胡克定律，我们知道弹簧的拉力方向与伸缩方向相反，其大小与位移量成正比：

$$F = -kx \tag{4.4.1}$$

滑块一边向右移动，弹簧拉力一边在逐渐增大，这就是变力做功问题。如图 4.16 所示，将整个向右位移的过程分解为无穷多个细微的移动，方块向前仅前进一小步 $\mathrm{d}x$：

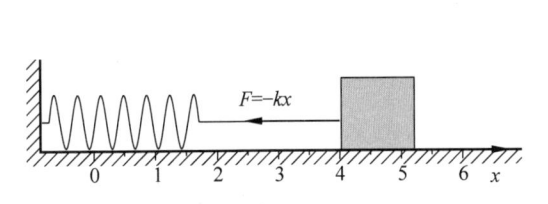

图 4.15 弹簧做功示意图

图 4.16 变力做功过程分解示意图

由于做功就是力乘以位移，所以这一小步过程中弹簧拉力所做的功为

$$F \cdot \mathrm{d}x = -kx\,\mathrm{d}x \tag{4.4.2}$$

从 0 米到 4 米的整个位移过程所做的功即为每一小步做功之和：

$$W = \int_0^4 -kx\,\mathrm{d}x \tag{4.4.3}$$

将 $k=3\text{N/m}$ 代入，完成计算：

$$W = \int_0^4 -3x\,\mathrm{d}x = -\frac{3}{2}x^2\Big|_0^4 = -24 \tag{4.4.4}$$

由此得出弹簧弹力所做的功为 -24J。除此以外，我们还可以根据式(4.4.3)的形式，给出一个结论：对于胡克系数为 k 的弹簧，其位移（形变）从 x_1 变化为 x_2，弹力做功量为

$$W = -\frac{k}{2}(x_2^2 - x_1^2) = \frac{k}{2}(x_1^2 - x_2^2) \tag{4.4.5}$$

4.4.2 转动体的动能问题

如图 4.17 所示，一根长直杆的一段固定在平面上，其绕固定点进行匀速的转动，角速度 $\omega = 1.5\text{rad/s}$。该杆长度为 $l = 3\text{m}$，总质量为 $m = 2\text{kg}$，并且密度均匀。试求出该杆具有的动能。

根据中学物理知识我们知道，一个质量为 m 速度为 v 的质点，其动能大小为

$$E = \frac{mv^2}{2} \tag{4.4.6}$$

而在本题中我们不能将图 4.17 中的长杆视作一个质点，

图 4.17 长杆转动过程示意图

其不同位置的线速度 v 不同：圆心处静止不动，距离圆心越远则线速度越大。为求出整个长杆的动能，我们将其分解为无穷多节来进行研究。

结合图 4.18 所示内容，分析过程如下：

(1) **建立坐标 r**。以圆心为原点，r 代表杆上某一点到圆心的距离。

(2) **微分变量 dr**。将长杆分解为无穷多小节，一个小节的长度为 dr。

(3) **每个小节的质量**。整个长杆的质量 m 均匀分布在长度 l 上，则意味着每单位长度对应质量为 $\dfrac{m}{l}$（此量一般被称为"线密度"），一个小节的长度为 dr，于是质量为 $\dfrac{m}{l} \cdot dr$。

(4) **每个小节的速度**：各个小节的速度不同，但是具有相同的表达式，即 $v = \omega \cdot r$。

(5) **每个小节的动能**：根据式(4.4.6)，可知一个小节的动能为

$$\frac{(\omega r)^2}{2} \cdot \frac{m}{l} \cdot dr \tag{4.4.7}$$

(6) **长杆的总动能**：式(4.4.7)揭示了每个小节具有的动能，而长杆是由无数多节组合而成的，它所具有的动能也就是每个小节动能之和：

$$E = \int_0^l \frac{(\omega r)^2}{2} \cdot \frac{m}{l} \cdot dr = \frac{m\omega^2}{2l} \int_0^l r^2 dr = \frac{m\omega^2 l^2}{6} \tag{4.4.8}$$

将各个数值代入($\omega = 1.5 \text{rad/s}, l = 3\text{m}, m = 2\text{kg}$)，得出结果：

$$E = \frac{27}{4} \tag{4.4.9}$$

由此可知，整个长杆具有的动能为 $\dfrac{27}{4}$ J。

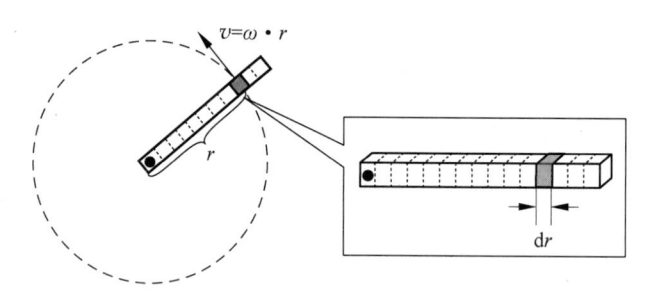

图 4.18　长杆分解示意图

4.5　拓展：数值积分

根据牛顿-莱布尼茨公式，定积分的计算是原函数作差，但很多函数很难获得其对应的原函数，这时该怎样求得它对应的定积分呢？比如我们试着运算下面这个定积分：

$$\int_0^2 \frac{3x}{e^{\sin x} + \cos x} dx \tag{4.5.1}$$

我们几乎不可能得到它的原函数，但是存在近似计算的方法可以获得这个定积分的数值。如图 4.19 所示为 $y = \dfrac{3x}{e^{\sin x} + \cos x}$ ($0 \leqslant x \leqslant 2$) 的函数曲线图像，以及它到 x 轴之间形成的图形阴影。

回顾4.2节中按照图4.4给出的定积分概念，理想状态下，应将图4.19中的图形切割为无穷多个竖直的长条，每个长条的宽度为无穷小 dx。为了能近似求解，可以将该图形切割为100个长条，这样每个长条的宽度固定为0.02。至于长条的高度，我们可以利用手边的科学计算器，计算出曲线各处对应的 y 值。表4.1展示了每间隔0.02求出的被积函数取值情况，只要让第二列的所有数字每一个乘以0.02然后累加，就近似等于图4.19中的阴影区域面积。想要获得更加精确的数值，只需要将切割的份数继续增大，比如从100条变成1000条、10 000条，代价是计算量的增大。以上过程称为求解定积分的数值方法，也叫作数值积分法。

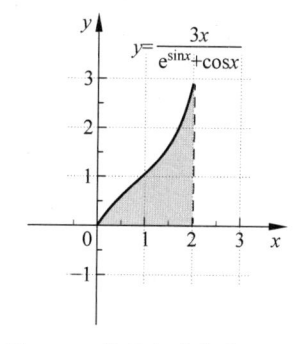

图4.19 数值积分曲线示意图

表4.1 数值积分：函数值表

x	$\dfrac{3x}{e^{\sin x}+\cos x}$	x	$\dfrac{3x}{e^{\sin x}+\cos x}$
0	0	0.1	0.142 86
0.02	0.029 70	…	…
0.04	0.058 82	1.96	2.743 88
0.06	0.087 37	1.98	2.821 87
0.08	0.115 39	2	2.903 56

然而，以上运算我们完全可以交给计算机来处理，比如利用Python、C++或者MATLAB等常见的编程语言，都可以编程来实现该功能。下面给出对应的代码，供各位编程爱好者参考。

代码1：基于Python语言实现数值积分求解

```
import numpy as np
# 定义被积函数
def integrand(x):
    return 3 * x / (np.exp(np.sin(x)) + np.cos(x))

# 分割区间
a = 0
b = 2
n = 100
h = (b - a) / n
x = np.linspace(a, b, n + 1)
y = integrand(x)

# 计算定积分
integral = (h / 2) * np.sum(y[:-1] + y[1:])
print(f"积分结果：{integral}")
```

代码2：基于C++语言实现数值积分求解

```
#include <iostream>
#include <cmath>
#include <vector>
```

```cpp
// 定义被积函数
double integrand(double x) {
    return 3 * x / (std::exp(std::sin(x)) + std::cos(x));
}

int main() {
    double a = 0.0;
    double b = 2.0;
    int n = 100;
    double h = (b - a) / n;
    double integral = 0.0;

    for (int i = 0; i <= n; ++i) {
        double x = a + i * h;
        integral += integrand(x);
    }

    integral *= h;
    std::cout << "积分结果: " << integral << std::endl;

    return 0;
}
```

代码 3：基于 MATLAB 语言实现数值积分求解

```matlab
% 定义被积函数
integrand = @(x) 3 * x ./ (exp(sin(x)) + cos(x));

% 分割区间
a = 0;
b = 2;
n = 100;
h = (b - a) / n;
x = linspace(a, b, n+1);
y = integrand(x);

% 计算定积分
integral = h * sum(y);

disp(['积分结果: ', num2str(integral)])
```

在上述代码中，a 代表积分下限，b 为积分上限，n 为积分区间被均匀分割的份数。基于微积分的理论，n 值越大则结果相应越接近真实的定积分实际值。如表 4.2 所示为 n 逐渐增大所产生的计算机运行结果。

表 4.2　不同 n 值对应的数值积分结果（保留 5 位有效数字）

n	integral 输出值	n	integral 输出值
100	2.3354	10 000	2.3066
200	2.3208	20 000	2.3064
500	2.3121	100 000	2.3063
1000	2.3092	200 000	2.3063

4.6 结语

完成本章的学习,各位同学已经基本具备了使用微积分解决具体问题的能力。从函数曲线围成面积、旋转体体积,再到物理中的变化力做功、转动体动能,尽管解决的问题种类不同,但是我们处理问题的思路明显有同样的内核:先将复杂问题拆分为无穷小的基本单位,针对基本单位进行分析,最后求和得到整体的结果,即"整体→部分→整体"的过程。从"整体"切割成为"部分",也就是微分的过程;从"部分"求和到"整体",是积分的过程。

微积分并非只是一些公式或者计算,它背后蕴含的是一种如何做事的哲学:当我们需要完成比较艰巨和困难的目标时,应先将其分解为一项项简单、具体、可执行的小任务,然后逐步完成推进。

最后,希望你在学习微积分的理论时,能够去花点时间和耐心去探索各个公式背后的核心逻辑,相信我,这会比硬背一堆公式让你更有满足感。The more you understand, the less you need to memorize.

第 5 章 微 分 方 程

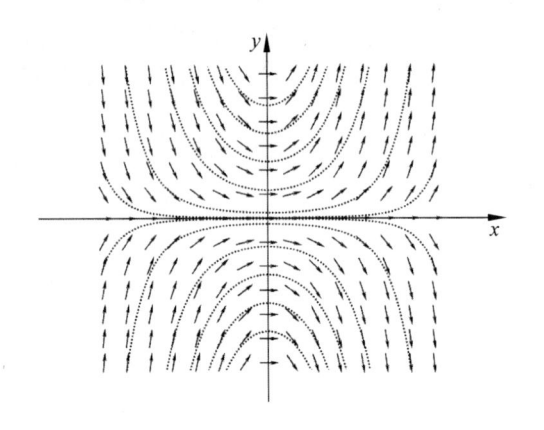

学习目标	重 要 性	难 度
掌握微分方程的基本概念,包括一阶、二阶、通解和特解等特征	★★★★	★★☆☆
掌握一阶微分方程的基本求解方法:分离变量法,线性方程公式法	★★★★	★★☆☆
掌握二阶微分方程的基本求解方法:降阶法,线性齐次方程公式法	★★★★	★★★☆
能够利用微分方程和物理定律解决实际问题	★★★☆	★★★☆
初步了解微分方程数值解法的基本思想	★★☆☆	★★★☆

在完成本章的学习后,你将能够独立解决下列问题。

◆ 如果 y 是关于 x 的函数 $y=y(x)$,并且其导数满足以下等式:

$$y' + \frac{y}{x} = x$$

请求出 $y(x)$ 的函数表达式。

◆ 如下图所示,一个质量 3kg 的物块放在绝对光滑的平面上,一个弹簧的弹性系数为 3kg/m(弹簧的质量忽略不计)。初始时刻 $t=0$,物块在弹簧松弛状态下出发,具有 4m/s 的初速度,请给出物块的位移 x 随时间 t 的变化过程。

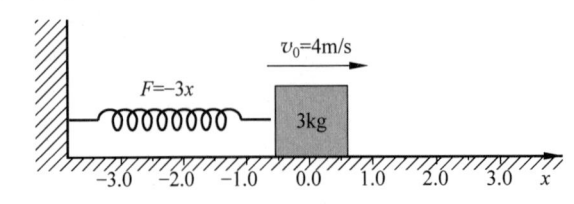

5.1 微分方程的基本概念

首先我们用一个具体问题来引出微分方程的概念,从而思考微分方程作为一个数学工具是发挥作用的。

假设一个培养皿中放置了足够的营养液,有一些细菌在里面进行繁殖。初始时刻细菌数量 $P_0=1\times 10^6$,在理想环境下,这些细菌的繁殖速度与当前的细菌数量 P 成正比:以分钟为时间单位,增长比例系数为 $r=0.01$,则意味着 1×10^6 个细菌在 1 分钟内可以繁殖出 1×10^4 个新细菌。我们想知道随时间 t 的推移,细菌数量 P 如何变化。

> 学生:这个问题不是很简单吗,初始时细菌数量 $P_0=1\times 10^6$,这些细菌每分钟可以繁殖 1×10^4 个,则细菌数量的表达式就是 $P=1\times 10^6+1\times 10^4\times t$。
>
> 老师:事实并非如此,因为新产生的细菌也会继续参与繁殖,细菌增长速度并非是固定的每分钟 1×10^4 个,这个数值本身也会随着细菌增加而变大。
>
> 学生:那问题岂不是变得非常复杂?细菌越多繁殖越快,繁殖越快细菌越多……
>
> 老师:但是在这个过程中有一条规律是不变的:细菌的繁殖速度与当前的细菌数量 P 成正比。从这条规律出发我们来建立这个问题的数学描述,便可得到结果。

细菌繁殖速度,也正是细菌数量 P 随时间 t 的变化率 $\dfrac{\mathrm{d}P}{\mathrm{d}t}$,根据题目给出的信息可以写出如下公式:

$$\frac{\mathrm{d}P}{\mathrm{d}t}=0.01P \tag{5.1.1}$$

式(5.1.1)就是**微分方程**,它是导数参与形成的等式。为了能解得 P 与 t 的直接关系,需要对这个微分方程进行处理。通过移项的方式将变量 P 与变量 t 分离到等号两侧:

$$\frac{1}{P}\mathrm{d}P=0.01\mathrm{d}t \tag{5.1.2}$$

两侧都有微分量"$\mathrm{d}P$"与"$\mathrm{d}t$",我们可以在两侧都加上不定积分符号"$\int$",求两侧的原函数:

$$\int\frac{1}{P}\mathrm{d}P=\int 0.01\mathrm{d}t \tag{5.1.3}$$

解得:

$$\ln|P|=0.01t+C \tag{5.1.4}$$

这里有个细节,对式(5.1.4)求原函数应当左右两侧各自加一个任意常数 C_1、C_2,但是其效果等同于只在一侧加一个任意数 C。继续将式(5.1.4)进一步整理化简,得到 P 的表达式(具体的化简过程将在 5.2 节进行展示):

$$P=C\mathrm{e}^{0.01t} \tag{5.1.5}$$

式(5.1.5)给出了变量 P 与 t 之间的关系表达式,这便是微分方程(5.1.1)的解。由于其中 C 是任意的常数,比如 $P=5\mathrm{e}^{0.01t}$ 和 $P=-\dfrac{1}{3}\mathrm{e}^{0.01t}$ 都可以满足原方程(5.1.1),各位不妨亲

自动手验证。所以微分方程的解并不是唯一的,式(5.1.5)也叫作微分方程(5.1.1)的**通解**,即针对一条微分方程所通用的解。而我们现在解决具体的细菌繁殖问题,常数 C 是可以通过已知信息得到的,已知初始时刻细菌数量为 1×10^6:

$$P\big|_{t=0} = Ce^0 = 1\times 10^6 \tag{5.1.6}$$

进而得到常数 $C=1\times 10^6$,代入确定了细菌数量 P 随时间 t 的变化规律表达式

$$P = 1\times 10^6 \times e^{0.01t} \tag{5.1.7}$$

式(5.1.7)被称为方程(5.1.1)的**特解**,意味着在无数通解当中寻求那个满足特定条件的解,式(5.1.6)被称为**定解条件**。不难看出,在题目给出的理想设定下,细菌的数量将以指数函数的形式进行增长,如图 5.1 所示为细菌数量随时间变化的曲线。然而在现实情况下,因为营养物质是有限的,环境中的温度等条件也会影响繁殖速度,所以细菌不可能像这样无限繁殖下去,这时我们需要更加复杂的模型来预测细菌数量的变化趋势。

通过本例,我们大概明确了何为**微分方程**以及它的**通解**与**特解**的含义,也体会到如何通过微分方程对问题进行数学描述并加以解决的。本章我们将主要学习如何求解不同种类的微分方程,并将微分方程作为工具来解决更加复杂的物理问题。

根据方程中出现的导数阶数可将微分方程进行分类,其中的主要研究对象包括一阶微分方程与二阶微分方程。

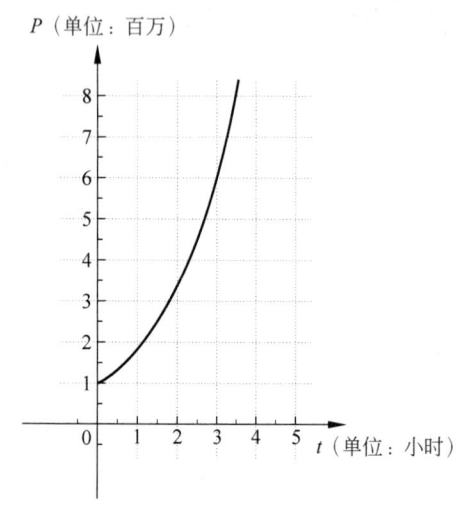

图 5.1 细菌数量随时间变化的曲线

1. 一阶微分方程

方程中的导数部分只存在一阶导数 $\left(y'\text{ 或者 }\dfrac{\mathrm{d}y}{\mathrm{d}x}\right)$,即为一阶微分方程。下列方程都属于一阶微分方程:

$$y' = xy \tag{5.1.8}$$

$$\frac{\mathrm{d}y}{\mathrm{d}x} + y = 0 \tag{5.1.9}$$

$$\ln(y') = 2x - 3y \tag{5.1.10}$$

$$y' - \frac{2xy}{1+x^2} = 2 + x \tag{5.1.11}$$

2. 二阶微分方程

方程中出现的导数**最高阶数为二阶** $\left(y''\text{ 或者 }\dfrac{\mathrm{d}^2 y}{\mathrm{d}x^2}\right)$,即为二阶微分方程。需要注意的是,二阶方程中也可出现一阶导数。下列方程属于二阶微分方程:

$$y'' - (y')^2 = x \tag{5.1.12}$$

$$\frac{\mathrm{d}^2 y}{\mathrm{d}x^2} = 4x \tag{5.1.13}$$

$$y'' + 5y' + 6y = 0 \tag{5.1.14}$$

$$y'' + 4y' + 5y = x\mathrm{e}^{3x} \tag{5.1.15}$$

5.2 一阶微分方程

最容易直接解决的一阶微分方程是下面这种形式：

$$y' = a(x) \tag{5.2.1}$$

其中，$a(x)$ 代表着一个仅含有 x 作为变量的表达式，这时候只需求出它关于 x 的不定积分（原函数），就得到了该方程的通解。例如，下面这个微分方程：

$$y' = \frac{1}{1+x^2} \tag{5.2.2}$$

求右侧的原函数即可得到该方程的通解：

$$y = \arctan x + C \tag{5.2.3}$$

然而绝大部分一阶微分方程并不是这么简单，接下来就重点学习两个重要的计算方法：**分离变量法**与**线性方程公式法**。

5.2.1 分离变量法

在本章开头部分，解微分方程(5.1.1)时就利用了分离变量法进行运算，并得到了它的通解，见式(5.1.5)。如果采用分离变量法求解微分方程，那么该方程应当转换为以下格式：

$$f(x)\mathrm{d}x = g(y)\mathrm{d}y \tag{5.2.4}$$

其中，$f(x)$ 和 $g(y)$ 分别代表着关于变量 x 和 y 的表达式，式(5.2.4)的核心就在于将两个变量 x、y 分隔至等号两侧，于是该方法得名为"分离变量法"。接下来需要对式(5.2.4)两侧各自计算原函数，即可得到两个变量 x、y 之间对应的等式关系。

以下面这个一阶微分方程举例，我们想通过分离变量法求得它的通解：

$$y' = yx^2 \tag{5.2.5}$$

首先需要将一阶导数 y' 改写为 $\dfrac{\mathrm{d}y}{\mathrm{d}x}$ 的形式：

$$\frac{\mathrm{d}y}{\mathrm{d}x} = yx^2 \tag{5.2.6}$$

接下来将两个变量 x、y 分隔至等号两侧（包括导数中出现的 $\mathrm{d}y$ 和 $\mathrm{d}x$），但移项时需要注意需要分类讨论。

(1) 如果 $y \neq 0$，则可以将 y 从右侧移至左侧：

$$\frac{1}{y}\mathrm{d}y = x^2 \mathrm{d}x \tag{5.2.7}$$

式(5.2.7)左右两侧分别计算原函数，则产生结果：

$$\int \frac{1}{y}\mathrm{d}y = \int x^2 \mathrm{d}x \tag{5.2.8}$$

$$\ln|y| = \frac{x^3}{3} + C \tag{5.2.9}$$

其中,C 是任意常数。将这个结果进一步化简,可以得到:

$$|y| = e^{\frac{x^3}{3}+C} \tag{5.2.10}$$

$$y = \pm e^C \cdot e^{\frac{x^3}{3}} \tag{5.2.11}$$

(2) 如果 $y=0$,则可以得到:

$$y = 0 \tag{5.2.12}$$

$$y' = 0 \tag{5.2.13}$$

将它们代入式(5.2.5),可以看到是满足该微分方程的,所以"$y=0$"也属于方程的一种解。

对上述两种情况的结果进行总结,将式(5.2.11)与式(5.2.12)写在一起,即为该微分方程的通解:

$$y = \begin{cases} \pm e^C \cdot e^{\frac{x^3}{3}} \\ 0 \end{cases} \tag{5.2.14}$$

这时应当留意到,因为 C 是一个任意常数,所以这里出现的"$\pm e^C$"**可以成为任意一个非零常数**。将式(5.2.14)的两种情况进行综合,可以直接写成这种形式:

$$y = C e^{\frac{x^3}{3}} \tag{5.2.15}$$

式(5.2.15)中的 C 仍然作为一个任意常数:当 $C \neq 0$ 时,它用于代替表达式(5.2.14)中的"$\pm e^C$";当 $C=0$ 时,它表达的恰是式(5.2.14)中的第二行。式(5.2.15)就是微分方程(5.2.5)的通解,可以通过求导来验证这个结果:

$$y' = C e^{\frac{x^3}{3}} \cdot x^2 = y x^2 \tag{5.2.16}$$

5.2.2 线性方程公式法

如果某个一阶微分方程可以整理为如下形式:

$$y' + p(x) \cdot y = q(x) \tag{5.2.17}$$

则该方程被称为"一阶**线性**微分方程"。它的核心特点在于:**因变量 y 及其一阶导数 y' 各自以 1 次幂的形式**出现在表达式中。而式(5.2.17)中出现的 $p(x)$ 与 $q(x)$ 都是关于 x 的函数表达式。我们来判断下列一阶微分方程是否属于一阶线性微分方程。

(1) $y' \cos x - y \sin x = \cos x \sin^2 x$。

该方程属于一阶线性微分方程,整理后该式可变形为

$$y' - \tan x \cdot y = \sin^2 x \tag{5.2.18}$$

式(5.2.18)完全符合式(5.2.17)中的样式,其中,$p(x) = -\tan^2 x$,$q(x) = \sin^2 x$。

(2) $y' - x^2 y^3 + \cos y = \sin x$。

该方程不属于一阶微分方程,式中出现了 y^3 以及 $\cos y$,这些都不符合线性方程要求。线性方程中只能出现 y 及 y' 的 1 次幂,不得对其进行额外函数运算。

(3) $y \cdot y' - \arctan x = 5$。

该方程不属于一阶微分方程,式中 y 与 y' 相乘,不符合线性方程要求。

接下来我们学习一阶线性微分方程的求解过程,以下面这个方程举例演示求解步骤:

$$y' + \frac{3}{x}y = x^2 \tag{5.2.19}$$

第一步,对于微分方程 $y' + p(x) \cdot y = q(x)$,计算 $p(x)$ 的原函数 $P(x)$,比较特殊的是注意两点:得到的原函数 $P(x)$ 中不需要写 "$+C$",原函数中如果有 $\ln$ 函数则不需要加绝对值符号。

微分方程(5.2.19)中的 $p(x) = \frac{3}{x}$,计算其原函数:

$$P(x) = \int \frac{3}{x}dx = 3\ln|x| + C \xrightarrow{\text{简化}} 3\ln x \tag{5.2.20}$$

第二步,计算 $\int e^{P(x)} \cdot q(x)dx$,就是将第一步得到的 $P(x)$ 放置于自然常数 e 的指数位置,与 $q(x)$ 相乘然后求原函数,我们将此步得出的结果记为 $Q(x)$。

微分方程(5.2.19)中的 $q(x) = x^2$,于是需要计算的内容为

$$Q(x) = \int e^{3\ln x} x^2 dx = \int x^5 dx = \frac{x^6}{6} + C \tag{5.2.21}$$

第三步,得到微分方程的解为:$y = e^{-P(x)} \cdot Q(x)$。

将前两步计算得出的结果放在合适的位置即可得到微分方程(5.2.19)的通解:

$$y = e^{-3\ln x}\left(\frac{x^6}{6} + C\right) = \frac{x^3}{6} + \frac{C}{x^3} \tag{5.2.22}$$

总结上述的 3 个步骤,求解一阶线性微分方程的计算过程主要是**计算两次原函数**:

$$P(x) = \int p(x)dx \tag{5.2.23}$$

$$Q(x) = \int e^{P(x)} \cdot q(x)dx \tag{5.2.24}$$

可以将上述过程总结为下面的公式。

一阶线性微分方程求解公式:对于微分方程 $y' + p(x) \cdot y = q(x)$,其通解为

$$y = e^{-\int p(x)dx} \cdot \left(\int e^{\int p(x)dx} \cdot q(x)dx\right)$$

接下来给出一阶微分方程的例题,请选择合适的方法(**分离变量法**和**线性方程公式法**)进行解决。

(1) $y' = xy$。

解:本方程同时适用于两种解法。

① 分离变量法。

将方程可改写为

$$\frac{dy}{y} = x dx$$

两侧分别求原函数可得:

$$\ln|y| = \frac{x^2}{2} + C$$

化简整理可得:

$$y = \pm e^C \cdot e^{\frac{x^2}{2}}$$

此外,考虑到"$y=0$"也符合该方程,于是该方程的通解可写为

$$y = C \cdot e^{\frac{x^2}{2}}$$

② 线性方程公式法。

将方程写为如下形式:

$$y' - xy = 0$$

通过观察,得到对应位置的函数分别是 $p(x) = -x, q(x) = 0$,套用公式得到:

$$P(x) = \int -x \, dx = -\frac{x^2}{2}$$

$$Q(x) = \int e^{-\frac{x^2}{2}} \cdot 0 \, dx = C$$

得到微分方程的通解为

$$y = e^{-P(x)} \cdot Q(x) = C e^{\frac{x^2}{2}}$$

(2) $y' = e^{2x-3y}$。

解:本方程不符合线性方程的要求,只能使用分离变量法进行求解:

$$e^{3y} \, dy = e^{2x} \, dx$$

左右两侧求原函数可得:

$$\frac{1}{3} e^{3y} = \frac{1}{2} e^{2x} + C$$

化简后为

$$y = \frac{1}{3} \ln\left(\frac{3}{2} e^{2x} + C\right)$$

(3) $y' + y = e^x$。

解:根据观察,本方程无法利用分离变量法进行求解,但是符合线性方程的要求,于是用公式求解。其中,$p(x) = 1, q(x) = e^x$。

$$P(x) = \int 1 \, dx = x$$

$$Q(x) = \int e^x \cdot e^x \, dx = \int e^{2x} \, dx = \frac{e^{2x}}{2} + C$$

得到微分方程的通解为

$$y = e^{-P(x)} \cdot Q(x) = e^{-x} \left(\frac{1}{2} e^{2x} + C\right) = \frac{e^x}{2} + \frac{C}{e^x}$$

5.3 二阶微分方程

以下 4 个方程皆为二阶微分方程：

$$y'' - 3y' + 2y = 0 \tag{5.3.1}$$

$$y'' = e^{2x} \tag{5.3.2}$$

$$(1+x^2)y'' = 2xy' \tag{5.3.3}$$

$$2y \cdot y'' + (y')^2 = 0 \tag{5.3.4}$$

它们的共同特征是方程中最高阶导数为二阶。而最容易求解的微分方程是如下格式：

$$y'' = a(x) \tag{5.3.5}$$

不难看出，它只需要对右侧 $a(x)$ 求两次原函数即可得到 y 的表达式。以前面的微分方程(5.3.2)为例，通过求右侧的原函数可以知道：

$$y' = \frac{e^{2x}}{2} + C_1 \tag{5.3.6}$$

再次求原函数可得：

$$y = \frac{e^{2x}}{4} + C_1 x + C_2 \tag{5.3.7}$$

其中，C_1 和 C_2 是相互独立的任意实数，也叫作"未定参数"。这也为我们展示了二阶微分方程与一阶微分方程的不同，**二阶微分方程通解中有两个未定参数，而一阶微分方程的通解中只有一个**。

接下来将学习掌握求解二阶微分方程的两个重要方法，分别是**降阶法**和**线性方程公式法**。

5.3.1 可降阶的微分方程

有两类二阶微分方程是可以转为一阶方程进行求解的，我们通过两个例子来说明操作方法。首先来看下面这个二阶微分方程：

$$(1+x^2)y'' = 2xy' \tag{5.3.8}$$

该方程中出现了 y''、y'、x，而唯独没有出现因变量 y 本身，这时可以执行如下代换：将一阶导数 y' 记为一个变量，令 $y' = u$；则此时二阶导数 y'' 就是 u 关于 x 的一阶导数，即 $y'' = u'$。经此代换，二阶微分方程(5.3.8)变为一阶微分方程：

$$(1+x^2)u' = 2xu \tag{5.3.9}$$

在新得到的一阶方程中，我们需要将 u 看作因变量，x 看作自变量，既可以用分离变量法也可用公式法进行求解，得到的结果为

$$u = C_1(1+x^2) \tag{5.3.10}$$

而 u 代表的是 y'，所以可知：

$$y' = C_1(1+x^2) \tag{5.3.11}$$

求右侧的原函数，可最终得到二阶微分方程(5.3.8)的通解：

$$y = C_1\left(x + \frac{x^3}{3}\right) + C_2 \tag{5.3.12}$$

当二阶微分方程中没有出现因变量 y 本身时,可参考上述代换的思路进行求解。接下来讲第二种可降阶的微分方程,以下题为例:

$$3y \cdot y'' + (y')^2 = 0 \tag{5.3.13}$$

该二阶微分方程的特点在于:**出现了 y''、y'、y,而唯独没有出现自变量 x 本身**。此时为了达到降阶的目的,仍然将一阶导数 y' 记为一个变量,令 $y'=u$;而比较复杂的是,**二阶导数 y'' 需要经过下列步骤转换**:

$$y'' = \frac{\mathrm{d}(y')}{\mathrm{d}x} = \frac{\mathrm{d}(y')}{\mathrm{d}y} \cdot \frac{\mathrm{d}y}{\mathrm{d}x} = \frac{\mathrm{d}(y')}{\mathrm{d}y} \cdot y' = \frac{\mathrm{d}u}{\mathrm{d}y} \cdot u \tag{5.3.14}$$

所以需要将 $y'=u$ 与 $y''=\frac{\mathrm{d}u}{\mathrm{d}y} \cdot u$ 分别代入式(5.3.13),即可得到新的一阶微分方程:

$$3y \cdot u \cdot \frac{\mathrm{d}u}{\mathrm{d}y} + u^2 = 0 \tag{5.3.15}$$

这时需将 u 看作因变量,而 y 作为自变量,利用分离变量法或者线性公式法进行求解,得到 u 与 y 之间的关系式:

$$u = \frac{C_1}{\sqrt[3]{y}} \tag{5.3.16}$$

而 u 代表的是 y',进一步求解微分方程:

$$\frac{\mathrm{d}y}{\mathrm{d}x} = \frac{C_1}{\sqrt[3]{y}} \tag{5.3.17}$$

通过分离变量法进行求解可得:

$$y = \left(\frac{4}{3}C_1 x + \frac{4}{3}C_2\right)^{\frac{3}{4}} \tag{5.3.18}$$

由于 C_1 和 C_2 是任意实数,所以 $\frac{4}{3}C_1$、$\frac{4}{3}C_2$ 实质上与 C_1、C_2 没有区别,于是该方程的通解最终化简为

$$y = (C_1 x + C_2)^{\frac{3}{4}} \tag{5.3.19}$$

可降阶的微分方程求解思路

类型一,如果二阶微分方程中只有 y''、y'、x,而没有出现 y,则此时令 $y'=u$,$y''=u'$,即可得到因变量为 u,自变量为 x 的一阶微分方程。

类型二,如果二阶微分方程中只有 y''、y'、y,而没有出现 x,则此时令 $y'=u$,$y''=\frac{\mathrm{d}u}{\mathrm{d}y} \cdot u$,即可得到因变量为 u,自变量为 y 的一阶微分方程。

在学习可降阶的微分方程时,我们要注意体会方法中蕴含的思想:因变量 y 是随 x 变化的函数,而一阶导数 y' 也同样是关于 x 的一个函数,比如在研究物理中的力学问题时,质点的位移 x 是随着时间 t 变化的函数,$x=x(t)$,而速度 v 作为 x 对 t 的导数 $v=\frac{\mathrm{d}x}{\mathrm{d}t}$,也同样是关于时间 t 变化的函数,$v=v(t)$。另外,在第二种可降阶类型的方程(方程中不含有变量 x)中,为何不能像第一种那样直接将 y'' 写成 u' 呢?原因在于,u' 即意味着 u 对 x 的导数,$u'=\frac{\mathrm{d}u}{\mathrm{d}x}$,这样

代入原方程就会形成3个变量x、y、u都在方程中的局面,反而无法获得对应的解。

5.3.2 线性齐次方程公式法

对于一类特殊的二阶微分方程,可以直接套用结论公式加以解决:

$$ay'' + by' + cy = 0 \tag{5.3.20}$$

其中,a,b,c皆为实数,并且$a \neq 0$。这类微分方程叫作"二阶线性齐次微分方程"。通过观察,我们发现此二阶微分方程可以使用降阶的方式进行处理(方程中没有出现变量x),但本节将给出一个更加高效的公式方法。首先利用系数a,b,c构造一个**一元二次方程**:

$$ar^2 + br + c = 0 \tag{5.3.21}$$

该一元二次方程也被称为微分方程(5.3.20)对应的"特征方程",方程的解(即r的取值)也被称为"特征根"。根据中学基础数学知识,可知根r有3种情况:

(1) 有两个不相等的实数根:$r_1 \neq r_2$,$r_{1,2} \in \mathbf{R}$

(2) 有两个相等的实数根:$r_1 = r_2$,$r_{1,2} \in \mathbf{R}$

(3) 有两个复数根,且两者为共轭复数:$r_{1,2} = m \pm n\mathrm{i}$

上面3种情况分别对应了微分方程(5.3.20)解的3种公式,具体情况见表5.1。

表5.1 特征方程根对应获得微分方程解

特征方程	$\Delta = b^2 - 4ac$	根的取值	微分方程通解
$ar^2 + br + c = 0$	$b^2 - 4ac > 0$	$r_1 \neq r_2$,$r_{1,2} \in \mathbf{R}$	$y = C_1 \mathrm{e}^{r_1 x} + C_2 \mathrm{e}^{r_2 x}$
	$b^2 - 4ac = 0$	$r_1 = r_2$,$r_{1,2} \in \mathbf{R}$	$y = (C_1 + C_2 x)\mathrm{e}^{r_{1,2} x}$
	$b^2 - 4ac < 0$	$r_{1,2} = m \pm n\mathrm{i}$	$y = \mathrm{e}^{mx}[C_1 \cos(nx) + C_2 \sin(nx)]$

接下来通过3个简单的例题帮助读者理解该方法。

(1) 求解二阶微分方程:$2y'' + 5y' - 3y = 0$。

解:该二阶微分方程对应特征方程为

$$2r^2 + 5r - 3 = 0$$

解该二次方程可得根r为两个不相等的实数:

$$r_1 = \frac{1}{2}, \quad r_2 = -3$$

于是可获得该微分方程的通解为

$$y = C_1 \mathrm{e}^{\frac{x}{2}} + C_2 \mathrm{e}^{-3x}$$

(2) 求解二阶微分方程:$y'' - 8y' + 16y = 0$。

解:该二阶微分方程对应特征方程为

$$r^2 - 8r + 16 = 0$$

解该二次方程可得根r为两个相等的实数:

$$r_1 = r_2 = 4$$

于是可获得该微分方程的通解为

$$y = (C_1 + C_2 x)\mathrm{e}^{4x}$$

(3) 求解二阶微分方程：$9y''-6y'+5y=0$。

解：该二阶微分方程对应特征方程为
$$9r^2-6r+5=0$$
解该二次方程，发现没有实数根，却有两个复根，可以依据求根公式得到它们：
$$r_{1,2}=\frac{-b\pm\sqrt{b^2-4ac}}{2a}=\frac{6\pm\sqrt{-144}}{18}$$
而根据复数理论，可知其中的 $\sqrt{-144}=12\mathrm{i}$，于是有：
$$r_1=\frac{1}{3}+\frac{2}{3}\mathrm{i}, \quad r_2=\frac{1}{3}-\frac{2}{3}\mathrm{i}$$
对于一个存在复数根的一元二次方程，两根一定为**共轭复数**（实部相同，虚部相反）。我们取这对共轭复根的**实部**$\left(\frac{1}{3}\right)$以及**虚部的绝对值**$\left(\frac{2}{3}\right)$，对应出现在微分方程的通解中：
$$y=\mathrm{e}^{\frac{1}{3}x}\left(C_1\cos\frac{2x}{3}+C_2\sin\frac{2x}{3}\right)$$

学生：这个方法我懂了，但是原理是什么呢？为什么二阶微分方程与一元二次方程会有联系？

老师：我们来简单学习一下背后的原理。发明这个方法的数学家（柯西、欧拉等人）当时注意到一个神奇的函数 $y=\mathrm{e}^x$，它有一个显眼的特点：它不论几阶导函数都是它自身。然后可以拓展一下，$y=C\mathrm{e}^{ax}$（a 和 C 都是常数）求导就是 $y'=aC\mathrm{e}^{ax}$。

学生：这个我知道，然后呢？

老师：我们把一阶和二阶导数写下来看看，你会发现什么规律呢？
$$y=C\mathrm{e}^{ax}$$
$$y'=aC\mathrm{e}^{ax}=ay$$
$$y''=a^2C\mathrm{e}^{ax}=a^2y$$

学生：不难看出，y 的 n 阶导数就是 $a^n y$。

老师：对！面对 $2y''+5y'-3y=0$ 这样的微分方程，数学家就假设 $y=C\mathrm{e}^{ax}$ 会是它的解，如此一来方程就变成如下形式：
$$2y''+5y'-3y=2a^2y+5ay-3y=(2a^2+5a-3)y=0$$

学生：所以解出来 $(2a^2+5a-3)=0$，就可以知道满足方程的 a 值（$a=\frac{1}{2}$ 和 $a=-3$），这样方程的解 $y=C\mathrm{e}^{ax}$ 也就确定了，$y=C_1\mathrm{e}^{\frac{1}{2}x}$ 和 $y=C_2\mathrm{e}^{-3x}$ 都是该微分方程的解，C_1，C_2 为任意常数。

老师：没错。另外，如果特征根出现另外两种情况，即**两个相同的实数解**或者**一对共轭复数解**，就需要借助降阶的方法来解决和理解了（方法见 5.3.1 节）。

5.4 物理问题中的微分方程

本节我们将结合物理问题,体会微分方程的作用。物理学家根据对现实世界的观察,提出物质运动的规律假说,而微分方程常常可以将这些定律转换为数学公式,从而搭建起现实与理论之间的桥梁。如果把微积分比作解决物理问题时强有力的发动机,那么微分方程将是启动这台发动机的钥匙。

5.4.1 导热问题

设想有一杯热水放在房间里,最开始热水的温度为 70℃,而室温恒定为 25℃,则水温会随着时间的推移而冷却,我们现在需要求出水温 T 随时间 t 的变化过程。法国物理学家傅里叶给出了有关物体导热的定律:两物体之间导热时,热量由高温物体传递给低温物体,并且传递热量的快慢与两物体的温差成正比。在本例中,热水向空气传导热量,进而水温降低。不考虑蒸发等额外因素,按照傅里叶导热定律,水温 T 的变化过程可以写出如下公式:

$$\frac{dT}{dt} = -k(T-25) \tag{5.4.1}$$

其中,等号左侧的 $\frac{dT}{dt}$ 即为水温 T 随时间 t 的变化速率;等号右侧 $(T-25)$ 即为温差,k 为比例系数用于体现水温变化快慢与温差成正比;由于水温 T 随时间 t 而降低,所以等号右侧需有一个负号来确定水温变化的趋势。不难看出,式(5.4.1)就是本章所学的一阶微分方程,解该方程就可得到水温 T 随时间 t 的变化表达式。该方程可用分离变量或者线性方程公式法加以求解,皆可得到以下通解:

$$T = 25 + Ce^{-kt} \tag{5.4.2}$$

而我们知道在初始时刻水温为 70℃,这意味着:

$$t=0, \quad T=70 \tag{5.4.3}$$

代入可知常数 C 的值为 45,由此可得:

$$T = 25 + 45e^{-kt} \tag{5.4.4}$$

以 $k=0.1$(单位:$\min^{-1}$)为例,将得到水温下降的曲线,如图 5.2 所示。可见热水的温度

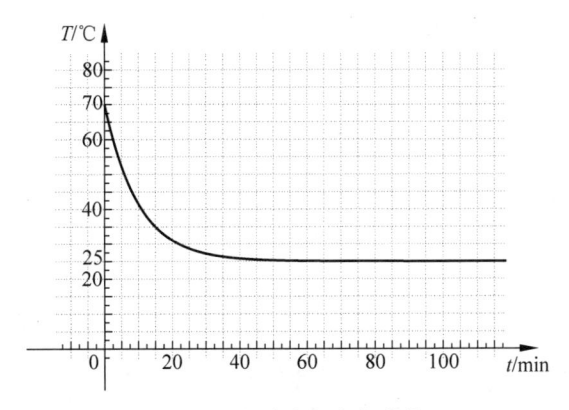

图 5.2 温度降低变化曲线

以指数曲线的形式降低,趋近室温 25℃。从图 5.2 中也不难得出温度降低的过程是先快后慢,这也符合傅里叶导热定律的基本逻辑:随着温度降低,温差也就缩小,进而热量传递的速度降低。

以上过程,仅考虑了热传导带来的影响,实际上水温变化过程还要考虑更多因素,比如水汽蒸发带走的热量、热辐射耗散的热量,等等。考虑的因素越多,越可能接近实际的情况,而相应的数学模型也会复杂许多。

5.4.2 简谐运动

如图 5.3 所示,一个质量为 m(单位:kg)的物块放在光滑平面上;有一弹簧,其弹性系数为 k(单位:N/m)两端分别固定在竖直墙面和物块上,弹簧的质量可忽略不计。以弹簧松弛状态下物块的位置记为原点,将物块向右拉走 2m,然后在相对地面静止的状态下释放,请计算得出物块接下来的位移随时间的变化过程。物块在水平方向所受合力即为弹簧的拉力,根据胡克定律:弹簧给物块的力与弹簧形变成正比,方向与形变方向相反。那么物体所受弹簧力为

$$F_t = -kx \tag{5.4.5}$$

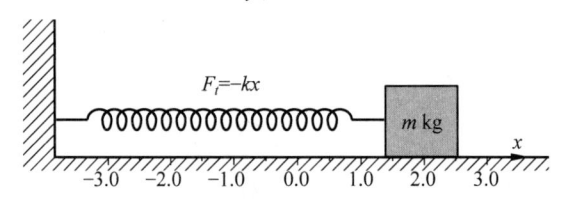

图 5.3 物块-弹簧运动模型

根据牛顿第二定律可知:

$$ma = -kx \tag{5.4.6}$$

其中,a 为物体加速度,也就是位移 x 对时间 t 的二阶导数:

$$a = \frac{d^2 x}{dt^2} \tag{5.4.7}$$

于是得到了位移 x 与时间 t 的二阶微分方程:

$$\frac{d^2 x}{dt^2} + \frac{k}{m}x = 0 \tag{5.4.8}$$

需要将 x 看作因变量,t 看作自变量。该二阶微分方程既可以采用降阶的方式处理,也可以用线性齐次公式进行解决,显然后者更为直接方便。对应的特征方程为

$$r^2 + \frac{k}{m} = 0 \tag{5.4.9}$$

解该一元二次方程,对应的特征根为一对复数:

$$r_{1,2} = \pm \sqrt{\frac{k}{m}} i \tag{5.4.10}$$

该特征根的实部为 0,虚部绝对值为 $\sqrt{\frac{k}{m}}$,由此微分方程(5.4.8)的通解为

$$x = e^{0t} \left[C_1 \cos\left(\sqrt{\frac{k}{m}}t\right) + C_2 \sin\left(\sqrt{\frac{k}{m}}t\right) \right] = C_1 \cos\left(\sqrt{\frac{k}{m}}t\right) + C_2 \sin\left(\sqrt{\frac{k}{m}}t\right) \tag{5.4.11}$$

还可根据场景中给出的信息确定常数 C_1 和 C_2：当 $t=0$ 时，物块的位移 $x=2$，代入式(5.4.11)可得：

$$C_1 = 2 \tag{5.4.12}$$

题目信息还告诉我们，在初始时刻物体相对地面静止，对应即为

$$t=0, \quad v=0 \tag{5.4.13}$$

利用式(5.4.11)可求得 x 对 t 的一阶导数，即为速度 v：

$$v = \frac{dx}{dt} = -2\sqrt{\frac{k}{m}} \cdot \sin\left(\sqrt{\frac{k}{m}}t\right) + C_2 \cdot \sqrt{\frac{k}{m}} \cos\left(\sqrt{\frac{k}{m}}t\right) \tag{5.4.14}$$

将式(5.4.13)代入，可得：

$$C_2 = 0 \tag{5.4.15}$$

于是便得到了物块位移 x 随时间 t 变化的确切表达式：

$$x = 2\cos\left(\sqrt{\frac{k}{m}}t\right) \tag{5.4.16}$$

所以物块在弹簧的弹力作用下，会在 $[-2,2]$ 的范围内以余弦函数的形式，周期性往复运动，这种运动也被称为简谐运动。从式(5.4.16)中也可以得出一些实用的结论：由于 $\sqrt{\frac{k}{m}}$ 作为三角函数内 t 前面的系数，则物块运动的周期为

$$T = \frac{2\pi}{\sqrt{\frac{k}{m}}} = 2\pi\sqrt{\frac{m}{k}} \tag{5.4.17}$$

所以物块运动一个来回所需时间与其质量 m 以及弹簧弹性系数 k 有关，这也符合基本的常识：

（1）如果弹性系数 k 不变，那么物块质量 m 越小，完成一个周期花费时间越短；反之质量越大，周期越长。

（2）如果物块质量 m 不变，弹性系数增大，意味着弹簧比较"硬"，提供的拉力更足，则物块来回运动得更快。

5.5 微分方程的数值方法

前面我们已经学习了求解一阶和二阶微分方程的经典方法，然而细心的同学应该发现了这些方法的局限性，例如，分离变量法只适合于可以将 x 与 y 分开的微分方程，线性公式法只适合于线性微分方程。而在许多具体问题中我们可能要面对更加复杂的微分方程，该如何解决呢？例如下面这个微分方程：

$$y' = \frac{y^2}{2} - 2x \tag{5.5.1}$$

此时分离变量法和线性方程公式法都不再奏效。而这类问题通常也会给出一个定解条件，例如，

$$y(0) = 1 \tag{5.5.2}$$

这意味着 $y = f(x)$ 的函数曲线会在图像中经过 $(0,1)$ 这个点，如图 5.4 所示，当前面临的

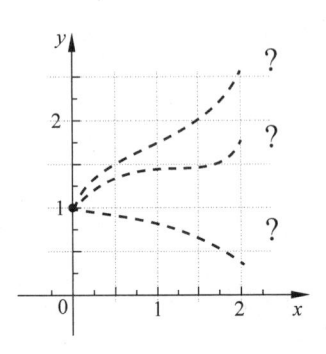

图 5.4 微分方程数值解法示意图

问题是这个函数曲线的形状是怎样的。

接下来以 $0 \leqslant x \leqslant 2$ 这个范围为例,使用数值方法尝试找到满足式(5.5.1)的曲线。通过式(5.5.1)的右侧代入,可以得到:

$$y'\Big|_{\substack{x=0\\y=1}} = \frac{1^2}{2} - 2 \times 0 = 0.5 \quad (5.5.3)$$

这说明曲线在通过(0,1)点时,y 随着 x 的变化率为 0.5。此时取一个较小的正数 $\Delta x = 0.01$,让 x 从起点 $x=0$ 向右移动 Δx 来到 $x = 0.01$,则根据导数的值,可得到 y 变化的一个近似值:

$$\Delta y \approx y' \cdot \Delta x = 0.005 \quad (5.5.4)$$

从(0,1)出发,$\Delta x = 0.01,\Delta y = 0.005$,便来到下一个点(0.01,1.005)。式(5.5.4)之所以用约等号"≈",原因在于导数 y' 是在 Δx 为无穷小的情景下的变化率,此时 $\Delta x = 0.01$ 尽管是个很小的数字,但与无穷小仍有很大差距。通常用较小数字代替理论上的无穷小,从而实现计算上的可行性。微分方程数值方法的核心思想就在于,尽管不知道函数曲线的全貌,但微分方程可以帮助我们计算出当下位置的变化率,然后向右每次迈一小步地行进。

重复上述步骤,得到下一个点。

(1) 求出此时的 y'

$$y'\Big|_{\substack{x=0.01\\y=1.005}} = \frac{1.005^2}{2} - 2 \times 0.01 = 0.485\,01 \quad (5.5.5)$$

(2) 利用 y' 得到近似的 Δy

$$\Delta y \approx y' \cdot \Delta x = 0.004\,85 \quad (5.5.6)$$

(3) 获得下一个点位

$$(0.01, 1.005) + (\Delta x, \Delta y) = (0.02, 1.009\,85) \quad (5.5.7)$$

重复上述 3 个步骤,直到 x 从 0 到达 2 为止,就近似得到了在 $0 \leqslant x \leqslant 2$ 这个范围内由左到右的 201 个点位,将它们依次用直线段连接,可近似得到微分方程(5.5.1)的解。面对这样复杂的计算过程,需要借助计算机编程来实现。对 MATLAB 感兴趣的同学可参考以下代码学习:

```
delta_x = 0.01;
x_list = (0:delta_x:2)';
y_list = zeros(size(x_list));
y_list(1) = 1;

for j = 1:length(x_list) - 1
    x = x_list(j);
    y = y_list(j);
    dydx = y^2/2 - 2 * x;
    y_list(j+1) = y + dydx * delta_x;
end

plot(x_list,y_list)
```

计算得到的结果如表 5.2 所示。

表 5.2　使用数值方法获得微分方程的近似解

x	y	x	y
0.00	1.000 00	...	...
0.01	1.005 00	...	...
0.02	1.009 85	1.98	−1.942 50
0.03	1.014 55	1.99	−1.963 24
0.04	1.019 10	2.00	−1.983 76

根据表 5.2,可知该函数曲线在起初为递增状态,随后转为递减,如图 5.5 所示。

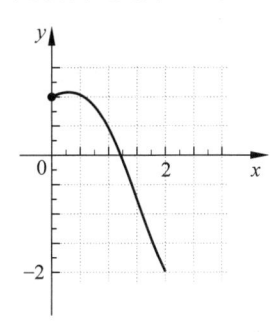

图 5.5　微分方程数值解法结果图像

关于微分方程的数值解法,我们在本节只将其作为基本概念进行了讲解和示范,实际上还有许多内容可以探讨:比如精度更高的"龙格-库塔法",以及在使用数值方法时需要满足一致性、稳定性、收敛性等性质。微分方程数值解法目前已经广泛应用于各类工程学科,比如流体力学、电磁学、机械动力学等计算仿真,而对计算方法本身的研究也是经久不衰的科研话题。

5.6　结语

与其说微分方程是一系列的知识点和数学公式,不如说它是一种可以准确描述客观规律的语言。不论是分析力学中的拉格朗日方程(Lagrange Equation),还是流体力学中的纳维-斯托克斯方程(Navier-Stokes Equation),又或是有关电磁中的麦克斯韦方程组(Maxwell Equations),它们都是用微分方程的形式在描述物理规律,从复杂力学结构的运动过程,再到流场或电磁场的演变。物理学家和工程师们也正是通过求解微分方程,来模拟现实世界中的情形,进而应用到机械臂、雷达、飞机机翼的设计与改进中。

第 6 章　空间向量与几何

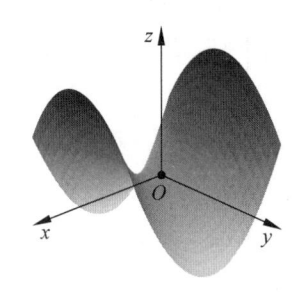

学习目标	重 要 性	难 度
掌握空间三维向量的基本运算：加减、数乘、点乘、叉乘	★★★★	★★☆☆
掌握空间平面、直线的方程，学会计算平面之间的夹角	★★★☆	★★☆☆
了解各种常见的空间曲面方程，掌握用于分析曲面形状的截面法	★★☆☆	★★★☆

本章我们将视角从二维平面转移到三维空间。学习这些几何的内容，是为了第 7 章学习多元函数做铺垫：我们在学习一元函数时，使用 xOy 平面直角坐标系画出函数曲线，通过数形结合掌握性质；而对于二元函数，如果要描绘它的图像，常常需要空间中的一个曲面，这就来到了 x、y、z 轴构建的三维坐标系。

6.1　向量

各种物理量都可以被划分为标量和向量（也称为矢量）。标量就是只有大小的量，用一个数字来表达，比如时间 t、温度 T、质量 m、体积 V 等。而向量就是既有大小又有方向的量，比如力 F、位移 x、速度 v 等概念，都属于向量。在平面中我们用的是二维向量，而在立体空间中是三维向量。

6.1.1　向量基础概念与运算

向量之间的加减法以及向量的数乘运算如下：

设有两个向量：$\vec{a}=(x_1,y_1,z_1),\vec{b}=(x_2,y_2,z_2)$，则有如图 6.1 所示的关系。

1. 向量加法

$$\vec{a}+\vec{b}=(x_1+x_2,y_1+y_2,z_1+z_2) \quad (6.1.1)$$

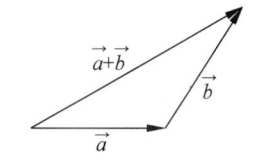

图 6.1　向量加法示意图

2. 向量减法

$$\vec{a} - \vec{b} = (x_1 - x_2, y_1 - y_2, z_1 - z_2) \qquad (6.1.2)$$

向量减法示意图如图 6.2 所示。

3. 向量数乘

$$c\vec{a} = (cx_1, cy_1, cz_1) \qquad (6.1.3)$$

向量数乘示意图如图 6.3 所示。

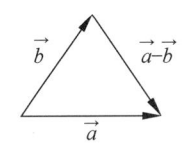

图 6.2　向量减法示意图

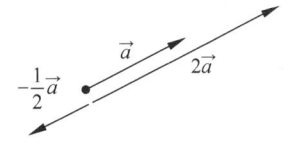

图 6.3　向量数乘示意图

4. 向量的模

如果我们只关心一个向量的长度，不关心它的方向，那么这个量就是"向量的模"。比如三维向量 $\vec{a} = (x_1, y_1, z_1)$ 的长度（模）被记为"$|\vec{a}|$"，计算公式为

$$|\vec{a}| = \sqrt{x_1^2 + y_1^2 + z_1^2} \qquad (6.1.4)$$

5. 单位向量

任意一个非零向量 $\vec{a}$，除以自身的模 $|\vec{a}|$，得到一个单位向量 $\vec{a}_0$。$\vec{a}_0$ 的特点是与 $\vec{a}$ 具有相同的方向，模长为 1。

$$\vec{a}_0 = \frac{\vec{a}}{|\vec{a}|} \qquad (6.1.5)$$

接下来学习向量之间的**乘法**。向量之间的乘法分为两种：**点乘**与**叉乘**，它们也分别被记为向量之间的**内积**和**外积**。我们需要掌握的内容是：这两种乘法分别是如何运算的？得到的结果意味着什么？以及为什么要定义这两种运算，它们有哪些用处？

6.1.2　向量点乘

物体从点 A 移动到点 B，在这个过程中受到力 $\vec{F}$ 作用，并且力 $\vec{F}$ 与位移向量 $\overrightarrow{AB}$ 之间的夹角记为 θ，如图 6.4 所示。那么在这个过程中力 $\vec{F}$ 对物体做了多少功呢？而我们知道做功的公式为：做功＝力×位移。然而当力与位移之间存在夹角时，需要考虑力在位移方向上的投影，如图 6.5 所示。

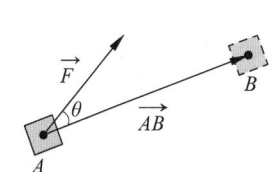

图 6.4　力做功示意图

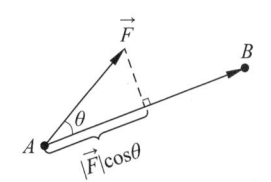

图 6.5　力在位移方向的投影示意图

所做的功 W 为

$$W = |\vec{F}||\overrightarrow{AB}|\cos\theta \tag{6.1.6}$$

需要注意,在图 6.4 和图 6.5 中力 $\vec{F}$ 与位移 $\overrightarrow{AB}$ 是锐角关系。而如果两者为钝角或平角 $\left(\dfrac{\pi}{2} < \theta \leqslant \pi\right)$,$\cos\theta$ 为负值,导致所做的功 W 为负值,式(6.1.6)仍然适用。式(6.1.6)等号右侧的运算我们称之为 $\vec{F}$ 与 $\overrightarrow{AB}$ 的**点乘**,记为:$\vec{F} \cdot \overrightarrow{AB} = |\vec{F}||\overrightarrow{AB}|\cos\theta$。

两个向量 $\vec{a},\vec{b}$ 之间进行点乘,记为"$\vec{a} \cdot \vec{b}$",点乘结果是一个数字,两个向量各自的模、向量夹角的余弦值的乘积,即 $\vec{a} \cdot \vec{b} = |\vec{a}||\vec{b}|\cos\langle\vec{a},\vec{b}\rangle$。两个向量的点乘结果,也称为两个向量的"内积"。在物理概念中,力与位移这两个向量的点乘结果就是所做的功。

在直角坐标系中,如果已知两个向量的具体坐标,则点乘运算是非常容易操作的。两个向量 $\vec{a},\vec{b}$ 之间进行点乘,如果已知两个三维向量的直角坐标分别为 $\vec{a} = (x_1,y_1,z_1)$,$\vec{b} = (x_2,y_2,z_2)$,则点乘结果为

$$\vec{a} \cdot \vec{b} = x_1 x_2 + y_1 y_2 + z_1 z_2 \tag{6.1.7}$$

如果是二维向量 $\vec{a} = (x_1,y_1)$,$\vec{b} = (x_2,y_2)$,则有类似的计算公式:

$$\vec{a} \cdot \vec{b} = x_1 x_2 + y_1 y_2 \tag{6.1.8}$$

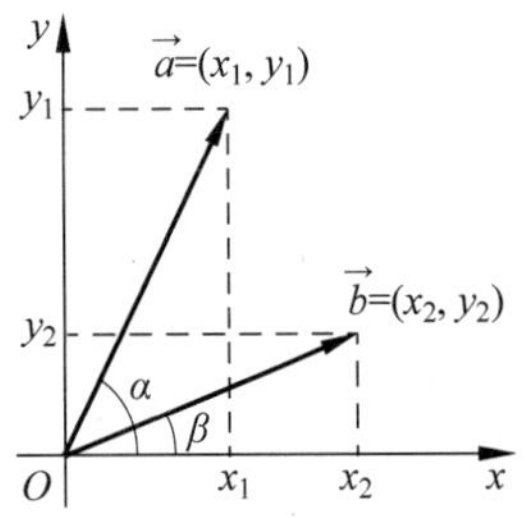

我们利用二维直角坐标系,给同学们做一个简单解释:为什么"$x_1 x_2 + y_1 y_2$"可以等于"$|\vec{a}||\vec{b}|\cos\langle\vec{a},\vec{b}\rangle$"。

如图 6.6 所示,两个向量 $\vec{a} = (x_1,y_1)$,$\vec{b} = (x_2,y_2)$,并且它们与 x 正向之间的夹角分别是 α,β。

根据直角坐标系的常识,不难获得以下公式:

$$\begin{aligned} x_1 = |\vec{a}|\cos\alpha, \quad y_1 = |\vec{a}|\sin\alpha \\ x_2 = |\vec{b}|\cos\beta, \quad y_2 = |\vec{b}|\sin\beta \end{aligned} \tag{6.1.9}$$

图 6.6 两个直角坐标系中的向量

所以可知:

$$\begin{aligned} x_1 x_2 + y_1 y_2 &= |\vec{a}|\cos\alpha \cdot |\vec{b}|\cos\beta + |\vec{a}|\sin\alpha \cdot |\vec{b}|\sin\beta \\ &= |\vec{a}||\vec{b}|(\cos\alpha\cos\beta + \sin\alpha\sin\beta) \\ &= |\vec{a}||\vec{b}|\cos(\alpha - \beta) \end{aligned} \tag{6.1.10}$$

观察图 6.6,可知(α−β)这个角度刚好是两个向量之间的夹角。

向量的点乘运算,常用于帮助我们解决以下基本问题:

(1) 求两个向量之间的夹角;

(2) 求投影向量。

如图 6.7 所示,设两个向量 $\vec{a}=(\sqrt{3},1), \vec{b}=\left(2,-\dfrac{2\sqrt{3}}{3}\right)$,解决以下问题:

(1) 求两个向量之间的夹角 θ;

(2) 如下图所示,将向量 $\vec{b}$ 分解为两个向量:与 $\vec{a}$ 方向平行的分量 $\vec{b}_1$ 以及与 $\vec{a}$ 垂直的分量 $\vec{b}_2$。请求出 $\vec{b}_1$ 和 $\vec{b}_2$ 的坐标。

解:

(1) 根据点乘公式,可以得到:

$$\cos\theta = \dfrac{\vec{a}\cdot\vec{b}}{|\vec{a}||\vec{b}|} = \dfrac{2\times\sqrt{3}+1\times\left(-\dfrac{2\sqrt{3}}{3}\right)}{\sqrt{(\sqrt{3})^2+1^2}\cdot\sqrt{2^2+\left(-\dfrac{2\sqrt{3}}{3}\right)^2}} = \dfrac{1}{2}$$

向量之间的夹角 θ 取值范围是 $[0,\pi]$,所以可得:$\theta=\arccos\dfrac{1}{2}=\dfrac{\pi}{3}$。

(2) 如图 6.8 所示:

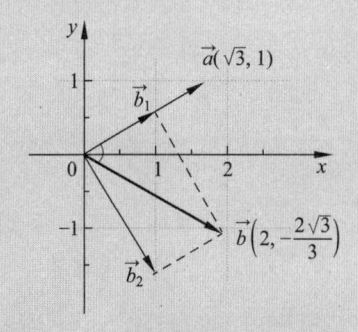

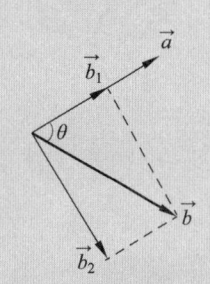

图 6.7　向量投影例题图　　　　图 6.8　向量间的投影示意图

通过观察图像,不难得出平行分量 $\vec{b}_1$ 的长度为

$$|\vec{b}_1|=|\vec{b}|\cos\theta$$

利用点乘公式,不难得出:

$$|\vec{b}_1|=|\vec{b}|\cos\theta=\dfrac{\vec{a}\cdot\vec{b}}{|\vec{a}|}=\dfrac{2\sqrt{3}}{3}$$

已经知道 $\vec{b}_1$ 的长度了,如何获得 $\vec{b}_1$ 的坐标呢?这也非常容易,因为 $\vec{b}_1$ 与 $\vec{a}$ 方向是同向的,所以利用向量 $\vec{a}$ 可以制作一个单位向量 $\vec{a}_0$:

$$\vec{a}_0=\dfrac{\vec{a}}{|\vec{a}|}=\left(\dfrac{\sqrt{3}}{2},\dfrac{1}{2}\right)$$

这样 $\vec{b}_1$ 的坐标为

$$\vec{b}_1 = |\vec{b}_1| \cdot \vec{a}_0 = \left(1, \frac{\sqrt{3}}{3}\right)$$

在已知 $\vec{b}_1$ 的情况下，求 $\vec{b}_2$ 的过程就更简单，因为

$$\vec{b} = \vec{b}_1 + \vec{b}_2$$

所以

$$\vec{b}_2 = \vec{b} - \vec{b}_1 = \left(2, -\frac{2\sqrt{3}}{3}\right) - \left(1, \frac{\sqrt{3}}{3}\right) = (1, -\sqrt{3})$$

6.1.3 向量叉乘

我们首先来学习叉乘的运算过程，然后再为大家逐步揭示它的意义和用处。一般情况下，只有三维向量涉及叉乘的运算。与点乘不同，两个向量叉乘的结果不是一个数字，而是一个新的向量。如图 6.9 所示，设有两个向量 $\vec{a}$ 和 $\vec{b}$，叉乘 $\vec{a} \times \vec{b}$ 的结果作为一个向量，**该向量的方向同时与 $\vec{a}$ 和 $\vec{b}$ 垂直，且该向量的模等于 $|\vec{a}||\vec{b}|\sin\theta$**。

判断向量叉乘结果的右手定则：当处理 $\vec{a} \times \vec{b}$ 时，想象着将 $\vec{a}$ 转向 $\vec{b}$ 的方向，然后沿着这种方向将右手四指并拢握拳，此时大拇指伸直的方向便是 $\vec{a} \times \vec{b}$ 结果的方向，如图 6.9 所示。需要注意的是，向量的叉乘运算不遵循交换律，$\vec{a} \times \vec{b}$ 与 $\vec{b} \times \vec{a}$ 不同，两者刚好是相反的结果。

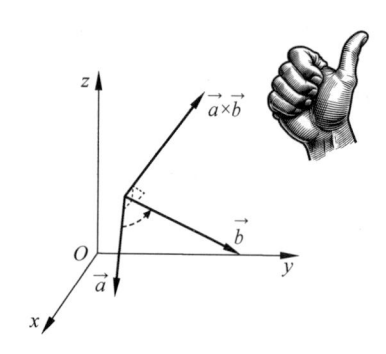

图 6.9 向量叉乘示意图

向量叉乘的运算：两个向量 $\vec{a} = (x_1, y_1, z_1)$ 和 $\vec{b} = (x_2, y_2, z_2)$，则叉乘 $\vec{a} \times \vec{b}$ 的结果是一个新向量，它的坐标为

$$\vec{a} \times \vec{b} = (y_1 z_2 - y_2 z_1, z_1 x_2 - z_2 x_1, x_1 y_2 - x_2 y_1) \quad (6.1.11)$$

如果学习过线性代数行列式，也可以用这种方式进行叉乘：计算一个三阶行列式，第一行元素是 3 个基本向量 $\vec{i}, \vec{j}, \vec{k}$；第二行是向量 $\vec{a}$ 的坐标，即 x_1, y_1, z_1；第三行是向量 $\vec{b}$ 的坐标，即 x_2, y_2, z_2。具体如下：

$$\vec{a} \times \vec{b} = \begin{vmatrix} \vec{i} & \vec{j} & \vec{k} \\ x_1 & y_1 & z_1 \\ x_2 & y_2 & z_2 \end{vmatrix} = (y_1 z_2 - y_2 z_1)\vec{i} + (z_1 x_2 - z_2 x_1)\vec{j} + (x_1 y_2 - x_2 y_1)\vec{k}$$

(6.1.12)

补充说明：

(1) **基本向量**。$\vec{i},\vec{j},\vec{k}$ 分别是沿着 x,y,z 轴正向的长度为1的向量，它们的坐标是：

$$\vec{i}=(1,0,0)$$
$$\vec{j}=(0,1,0)$$
$$\vec{k}=(0,0,1)$$

对于一个坐标为 (a,b,c) 的向量而言，它相当于"$a\vec{i}+b\vec{j}+c\vec{k}$"。

(2) **行列式运算**。三阶行列式 $\begin{vmatrix} \vec{i} & \vec{j} & \vec{k} \\ x_1 & y_1 & z_1 \\ x_2 & y_2 & z_2 \end{vmatrix}$ 的运算过程如下。

第一步，将前两行的元素抄写在行列式下方，形成5行内容。

$$\begin{vmatrix} \vec{i} & \vec{j} & \vec{k} \\ x_1 & y_1 & z_1 \\ x_2 & y_2 & z_2 \\ \vec{i} & \vec{j} & \vec{k} \\ x_1 & y_1 & z_1 \end{vmatrix}$$

第二步，如下画出相应的6条45°斜线，并将每条斜线内的3个元素相乘，这样就得到了6个结果。

第三步，上一步得到了6个不同的结果，让左侧结果之和减去右侧结果之和，便是行列式最后的取值。

$$\begin{vmatrix} \vec{i} & \vec{j} & \vec{k} \\ x_1 & y_1 & z_1 \\ x_2 & y_2 & z_2 \end{vmatrix} = y_1z_2\vec{i}+x_1y_2\vec{k}+x_2z_1\vec{j}-(x_2y_1\vec{k}+z_1y_2\vec{i}+x_1z_2\vec{j})$$

$$=(y_1z_2-y_2z_1)\vec{i}+(z_1x_2-z_2x_1)\vec{j}+(x_1y_2-x_2y_1)\vec{k}$$

已知向量 $\vec{a}(1,2,-1),\vec{b}(3,-1,2)$，请回答以下问题：

(1) $\vec{a}\times\vec{b}$ 和 $\vec{b}\times\vec{a}$。

(2) 求出同时与 $\vec{a}$、$\vec{b}$ 都垂直的单位向量。

(3) 将两个向量起点放在一起,以两个向量为一组邻边而形成平行四边形,求该四边形面积。

解:

(1) 根据叉乘运算公式,可得:

$$\vec{a} \times \vec{b} = \begin{vmatrix} \vec{i} & \vec{j} & \vec{k} \\ 1 & 2 & -1 \\ 3 & -1 & 2 \end{vmatrix} = 3\vec{i} - 5\vec{j} - 7\vec{k} = (3, -5, -7)$$

$$\vec{b} \times \vec{a} = \begin{vmatrix} \vec{i} & \vec{j} & \vec{k} \\ 3 & -1 & 2 \\ 1 & 2 & -1 \end{vmatrix} = -3\vec{i} + 5\vec{j} + 7\vec{k} = (-3, 5, 7)$$

通过上列运算,可以得知: $\vec{a} \times \vec{b} = -(\vec{b} \times \vec{a})$。

(2) 不论 $\vec{a} \times \vec{b}$ 还是 $\vec{b} \times \vec{a}$ 的结果,它们都是同时与 $\vec{a}$、$\vec{b}$ 都垂直的向量。但其长度不为1,为得到单位向量,只需要除以它们自身的模,所以答案是:

$$\pm \frac{1}{\sqrt{3^2 + 5^2 + 7^2}} (3, -5, -7) = \pm \left(\frac{3}{\sqrt{83}}, -\frac{5}{\sqrt{83}}, -\frac{7}{\sqrt{83}} \right)$$

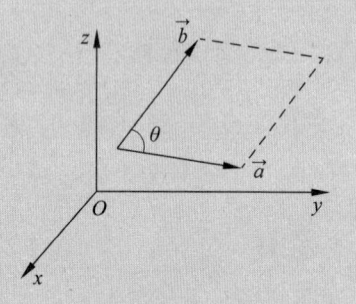

(3) 如图 6.10 所示,两个向量的方向如果不平行,则可以形成一个平行四边形:

而平行四边形的面积为:

$$S = |\vec{a}| \cdot |\vec{b}| \cdot \sin\theta$$

根据叉乘运算的定义,我们知道 $\vec{a} \times \vec{b}$ 的结果是向量 $(3, -5, -7)$,该向量的模等于 $|\vec{a}| \cdot |\vec{b}| \cdot \sin\theta$。所以平行四边形的面积为 $\sqrt{83}$。

图 6.10 两个向量形成的平行四边形

许多物理概念与向量叉乘息息相关,比如力矩、洛伦茨力等向量都是通过叉乘计算得出的。具体内容大家可以在学习大学物理或力学课程时接触到。

6.2 空间平面

如图 6.11 所示,灰色区域代表一个三维空间中的平面,记为平面 ϕ。如果一个非零向量 $\vec{n}(A, B, C)$ 与该平面垂直,则它被称为该平面的"法向量"。另外,设一个点 $M(x_0, y_0, z_0)$ 处于该平面上。根据立体几何的知识,有一个基本结论:一个法向量 $\vec{n}$ 和一个点 M 可以确定一个平面的位置。因为在空间的无数多个平面中,**有且仅有一个平面**可以同时满足如下两个条件:

(1) 与法向量 $\vec{n}$ 垂直;

(2) 通过点 M。

当我们知道一个点 P 的坐标为 (x,y,z) 时，怎样确定它是否在平面 ϕ 上？如图 6.12 所示，如果点 P 在平面上，则它和平面上已知的一个点 M 之间可以形成向量 $\overrightarrow{MP}$。

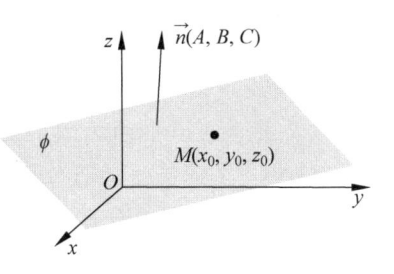

图 6.11 空间平面及其法向量示意图 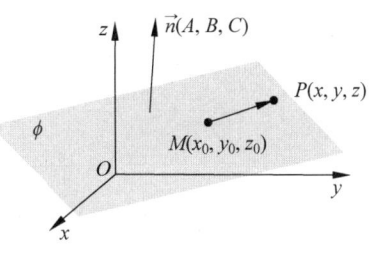　　　　**图 6.12** 空间平面上的点与法向量关系

根据立体几何知识，法向量 $\vec{n}$ 垂直于平面 ϕ，则它与平面上的任何向量都是垂直的，所以 $\vec{n}$ 与 $\overrightarrow{MP}$ 垂直。这也意味着 $\vec{n}(A,B,C)$ 和 $\overrightarrow{MP}(x-x_0,y-y_0,z-z_0)$ 点乘为 0：

$$A(x-x_0)+B(y-y_0)+C(z-z_0)=0 \tag{6.2.1}$$

所有在平面 ϕ 上的点，其坐标 (x,y,z) 都需要满足表达式(6.2.1)，所以该式就是平面 ϕ 的表达式。也可以将式(6.2.1)的括号拆解，形成以下形式：

$$Ax+By+Cz+D=0 \tag{6.2.2}$$

求以下平面的方程：

(1) 该平面的法向量为 $(2,4,5)$，并且平面过点 $(1,3,5)$；

(2) 过 3 个点 $M_1(2,-1,4)$、$M_2(-1,3,-2)$ 和 $M_3(0,2,3)$ 的平面方程。

答案：

(1) 根据平面的点法式方程定义，可得到平面方程为

$$2(x-1)+4(y-3)+5(z-5)=0$$

也可以化简为

$$2x+4y+5z-39=0$$

(2) 首先需要得到该平面的法向量 $\vec{n}$，如图 6.13 所示。

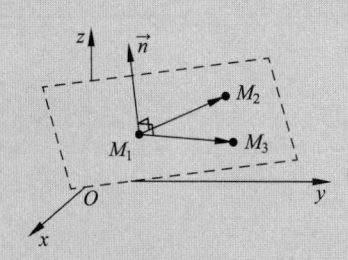

图 6.13 求平面方程例题示意图

平面中存在两个向量 $\overrightarrow{M_1M_2}=(-3,4,-6)$ 与 $\overrightarrow{M_1M_3}=(-2,3,-1)$，两者进行向量积（叉乘）即可得到一个与两向量皆垂直的向量，该向量即可作为平面的法向量：

$$\vec{n}=\overrightarrow{M_1M_2}\times\overrightarrow{M_1M_3}=(14,9,-1)$$

在 M_1、M_2、M_3 中任取一点（如 M_1），即可写出该平面的点法式方程：

$$14(x-2)+9(y+1)-(z-4)=0$$

去括号化简写为

$$14x+9y-z-15=0$$

空间中两平面之间存在一定的夹角。如图 6.14 所示,平面 Π_1 与 Π_2 之间的夹角为 θ。怎样界定这个夹角的呢?平面 Π_1 与 Π_2 相交于一条直线(如果两个平面不平行),然后在 Π_1 与 Π_2 各自画出这条交线的垂线(图 6.14 中的虚线),则两虚线的夹角就象征平面的夹角。需要注意的是,平面之间的夹角取值范围为 $0 \leqslant \theta \leqslant \dfrac{\pi}{2}$。

利用平面的法向量可以快速求出平面之间的夹角。如图 6.15(a)所示,Π_1 与 Π_2 这两个平面的法向量分别是 $\vec{n}_1$ 与 $\vec{n}_2$,这两个法向量之间的夹角 θ' 明显等同于平面之间的夹角 θ;如图 6.15(b)所示,两个法向量夹角 θ' 为钝角,而平面夹角 θ 的取值要求不超过 $\dfrac{\pi}{2}$,两者就是互为补角的状态,$\theta' + \theta = \pi$。

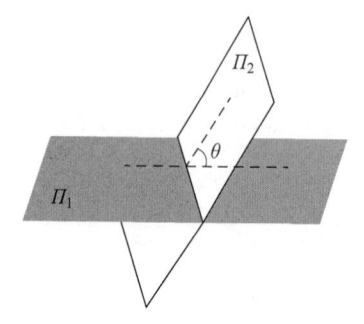

图 6.14 平面夹角示意图

(a) 法向量为锐角 $\theta' = \theta$

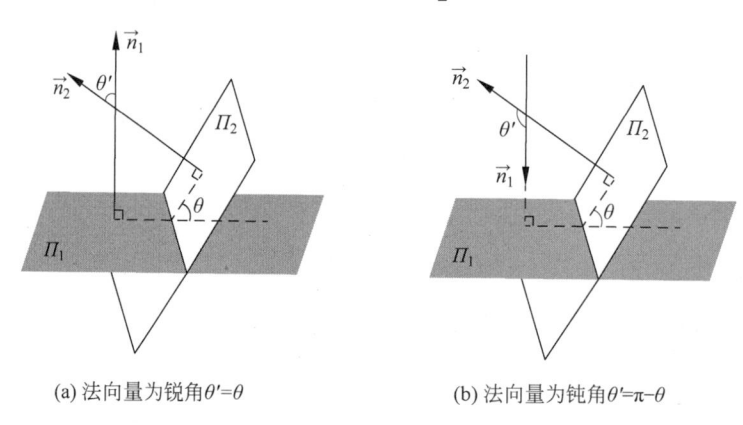

(b) 法向量为钝角 $\theta' = \pi - \theta$

图 6.15 平面夹角与法向量夹角之间的关系

根据以上内容,如果两个平面的方程分别是 $A_1 x + B_1 y + C_1 z + D_1 = 0$ 和 $A_2 x + B_2 y + C_2 z + D_2 = 0$,即它们的法向量分别为 $\vec{n}_1 (A_1, B_1, C_1)$ 和 $\vec{n}_2 (A_2, B_2, C_2)$,则两平面夹角为 θ 对应的公式为

$$\cos\theta = \frac{|\vec{n}_1 \cdot \vec{n}_2|}{|\vec{n}_1| \cdot |\vec{n}_2|} = \frac{|A_1 A_2 + B_1 B_2 + C_1 C_2|}{\sqrt{A_1^2 + B_1^2 + C_1^2} \cdot \sqrt{A_2^2 + B_2^2 + C_2^2}} \tag{6.2.3}$$

如图 6.16 所示,空间平面上 $Ax + By + Cz + D = 0$ 上有一个曲边图形,其面积为 S,请求出该区域在 xOy 上的投影面积 S'。

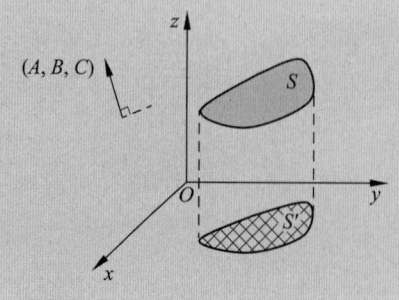

图 6.16 斜面阴影面积

解：由几何常识可知，相比于图形原本的面积 S，其投影到平面上的阴影面积 S' 应该会更小或者相等。如图 6.17 所示，Π_1 与 Π_2 平面夹角为 θ，Π_2 上的线段 l 投影到 Π_1 上：如果该线段与平面交线垂直，则投影长度就是 $l \cdot \cos\theta$；而如果线段与交线平行，则投影长度与原长一致都是 l。

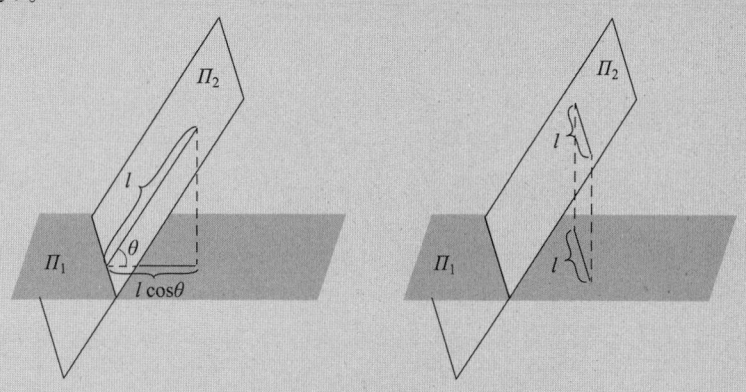

图 6.17 投影长度与原长度之间的关系

根据以上推导，两个平面之间的夹角为 θ，则一个平面上的图案投影至另一个平面，其投影面积 S' 有下列对应关系：

$$S' = S \cdot \cos\theta$$

本题目中，两个平面的法向量分别为 (A,B,C) 与 $(0,0,1)$，则两平面夹角的余弦值为

$$\cos\theta = \frac{|(A,B,C) \cdot (0,0,1)|}{\sqrt{A^2+B^2+C^2} \cdot \sqrt{1}} = \frac{|C|}{\sqrt{A^2+B^2+C^2}}$$

由此可知，投影面积为：$S' = S \cdot \cos\theta = \dfrac{S|C|}{\sqrt{A^2+B^2+C^2}}$。

6.3 空间直线

如图 6.18 所示，已知直线上的一个点 $M_0(x_0, y_0, z_0)$ 和一个与直线平行的非零向量 $\vec{v}(m, n, p)$。在直线上任意一点 $P(x, y, z)$，它与 M_0 构成向量 $\overrightarrow{MP} = (x - x_0, y - y_0,$

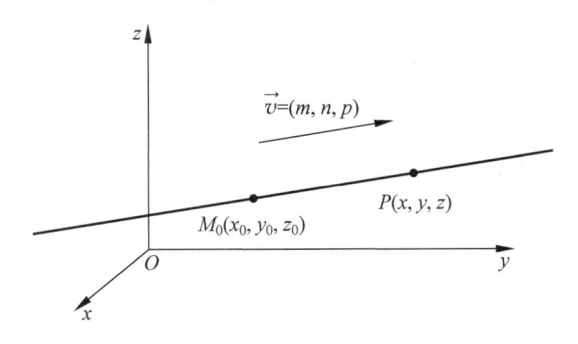

图 6.18 空间中的直线

$z-z_0)$，$\overrightarrow{MP}$ 与 $\vec{v}$ 平行,可得：

$$\frac{x-x_0}{m}=\frac{y-y_0}{n}=\frac{z-z_0}{p} \tag{6.3.1}$$

式(6.3.1)就是直线的**对称式方程**(也叫**点向式方程**)，$\vec{v}$ 被称为该直线的方向向量。更进一步,引入一个参数变量 t，让式(6.3.1)中的三部分都等于 t，则可得到如下形式的表达式：

$$\begin{cases} x=x_0+mt \\ y=y_0+nt \\ z=z_0+pt \end{cases} \tag{6.3.2}$$

式(6.3.2)也可用于描述直线，它被称为直线的**参数式方程**。

空间中一直线过点 $(2,3,4)$，且垂直于平面 $4x+5y+6z-10=0$，写出该直线的对称式方程以及参数式方程。

解：由于该直线垂直于平面，平面的法向量 $(4,5,6)$ 即为该直线的方向向量，所以对称式方程为

$$\frac{x-2}{4}=\frac{y-3}{5}=\frac{z-4}{6}$$

参数式方程为

$$\begin{cases} x=2+4t \\ y=3+5t \\ z=4+6t \end{cases}$$

已知空间平面 $P_1:x+y+z-1=0$ 和平面 $P_2:2x-y+z-3=0$，求出两平面交线的参数式方程。

解：根据基本的空间几何知识我们知道，两个不完全重合的平面如果相交，则交线为一条直线。将两个平面方程联立形成方程组：

$$\begin{cases} x+y+z-1=0 \\ 2x-y+z-3=0 \end{cases}$$

注意到该方程组有 3 个自变量 x,y,z，存在无数多解。我们可以尝试给其中一个自变量赋值，才能锁定另外两个自变量的取值。比如令 $x=1$，代入后得到：

$$\begin{cases} y+z=0 \\ -y+z-1=0 \end{cases} \Rightarrow \begin{cases} y=-\frac{1}{2} \\ z=\frac{1}{2} \end{cases}$$

所以点 $\left(1,-\frac{1}{2},\frac{1}{2}\right)$ 同时处于两个平面上，该点就在所求的直线上。

再比如，令 $z=0$，代入后得到：

$$\begin{cases} x+y-1=0 \\ 2x-y-3=0 \end{cases} \Rightarrow \begin{cases} x=\frac{4}{3} \\ y=-\frac{1}{3} \end{cases}$$

同理,点 $\left(\frac{4}{3}, -\frac{1}{3}, 0\right)$ 也在所求的直线上。

由此,我们已经得到直线上的两个点:$\left(1, -\frac{1}{2}, \frac{1}{2}\right)$ 和 $\left(\frac{4}{3}, -\frac{1}{3}, 0\right)$。该两点之间形成的向量即可视为该直线的方向向量:

$$\vec{v} = \left(\frac{4}{3}, -\frac{1}{3}, 0\right) - \left(1, -\frac{1}{2}, \frac{1}{2}\right) = \left(\frac{1}{3}, \frac{1}{6}, -\frac{1}{2}\right)$$

根据直线的参数式方程特点,该直线方程可写为

$$\begin{cases} x = 1 + \frac{1}{3}t \\ y = -\frac{1}{2} + \frac{1}{6}t \\ z = \frac{1}{2} - \frac{1}{2}t \end{cases} \quad \text{或} \quad \begin{cases} x = \frac{4}{3} + \frac{1}{3}t \\ y = -\frac{1}{3} + \frac{1}{6}t \\ z = -\frac{1}{2}t \end{cases}$$

6.4 空间曲面

本节我们将认识常见的几种空间曲面,包括**球面**、**锥面**、**柱面**、**椭圆抛物面**与**双曲抛物面**,另外掌握一种了解曲面的方法:**截面分析法**。

6.4.1 球面

空间中的一个圆球形曲面如图 6.19 所示,其球心的坐标是 (x_0, y_0, z_0),球的半径为 R,则该曲面的方程为

$$(x - x_0)^2 + (y - y_0)^2 + (z - z_0)^2 = R^2 \qquad (6.4.1)$$

该方程非常容易理解,球面上的点 (x, y, z) 到球心 (x_0, y_0, z_0) 的距离需要恒定等于 R,也就是 $\sqrt{(x - x_0)^2 + (y - y_0)^2 + (z - z_0)^2} = R$。

而情况稍微复杂一些,我们给出椭球方程:

$$\left(\frac{x - x_0}{a}\right)^2 + \left(\frac{y - y_0}{b}\right)^2 + \left(\frac{z - z_0}{c}\right)^2 = 1 \quad (a > 0, b > 0, c > 0) \qquad (6.4.2)$$

椭球的图像如图 6.20 所示。

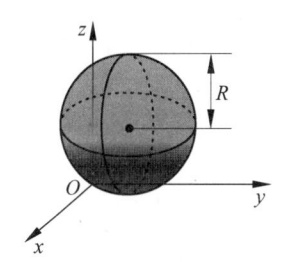

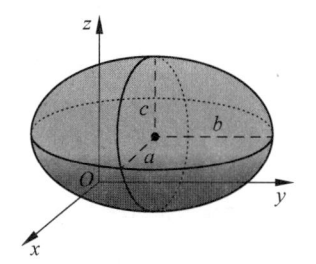

图 6.19　球面示意图　　　　　图 6.20　椭球面示意图

椭球方程的原理也非常简明：首先需要了解坐标轴变换的过程，在坐标系中（不论二维还是三维），如果将方程中的 x 改换为 $\left(\dfrac{x}{a}\right)$（$a$ 是某个正数），则该方程对应的图像就沿着 x 轴"拉长"了 a 倍（如果 $a>1$ 则是拉长，如果 $0<a<1$ 则是压缩），y 和 z 也是同样的道理。如图 6.21 所示，将单位圆 $x^2+y^2=1$ 中的 x 替换为 $\dfrac{x}{5}$，得到的就是沿着 x 轴拉长 5 倍的"圆"，也就是新的椭圆。同理，对于一个这样的球面：

$$x^2+y^2+z^2=1 \tag{6.4.3}$$

令它分别沿着 x、y、z 轴拉长 a,b,c 倍，得到一个椭球方程：

$$\left(\dfrac{x}{a}\right)^2+\left(\dfrac{y}{b}\right)^2+\left(\dfrac{z}{c}\right)^2=1 \tag{6.4.4}$$

将其球心从 $(0,0,0)$ 移动至 (x_0,y_0,z_0)，便得到椭球方程式 (6.4.2)。

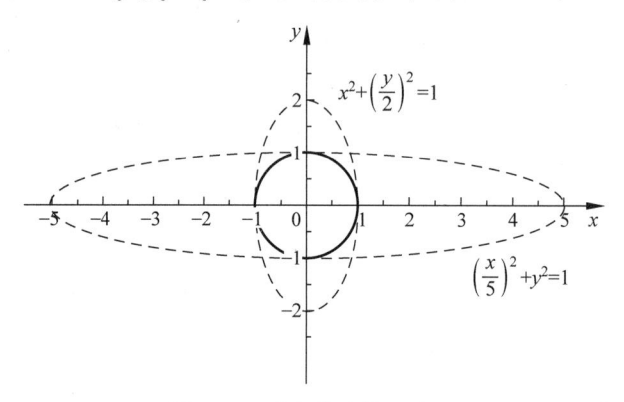

图 6.21 坐标轴变换示意图

6.4.2 锥面

空间中锥面的方程可以写成如下格式：

$$z=a\sqrt{x^2+y^2} \tag{6.4.5}$$

其中，根据常数 a 的正负，可判定锥面的开口方向，如图 6.22 所示。

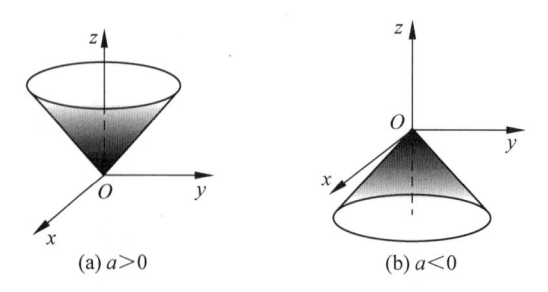

(a) $a>0$ (b) $a<0$

图 6.22 锥面示意图

要理解锥面方程也非常容易，如图 6.23 所示：取锥面上一个点 (x,y,z)，由勾股定理可知，它到 z 轴的距离为 $\sqrt{x^2+y^2}$。随着 z（高度）的变化，锥面上的点到 z 轴的距离呈线性变化。所以得出式 (6.4.5) 来描绘锥面。如果 a 为正则圆锥开口向上，如果 a 为负则开口向下；a 的绝对值越大则锥面开口越窄，反之 a 的绝对值越小则锥面开口越宽。

(a) 立体图　　　　　　　　(b) 正视图

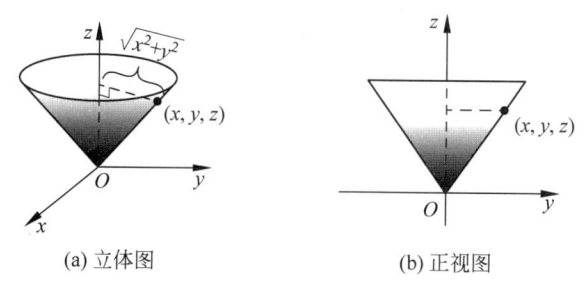

图 6.23　位于锥面上的点到 z 轴距离示意图

类似地,以下方程都代表锥面:

$$x = a\sqrt{z^2 + y^2} \tag{6.4.6}$$

$$y = a\sqrt{x^2 + z^2} \tag{6.4.7}$$

$$z = a\sqrt{x^2 + y^2} \tag{6.4.8}$$

6.4.3　柱面

让我们看以下方程:

$$x^2 + y^2 = 1 \tag{6.4.9}$$

在 xOy 平面直角坐标系里,这是非常简单的单位圆。然而别忘了我们现在正在身处三维空间中。式(6.4.9)中 z 没有出现,这意味着该方程对 z 没有任何要求。也可以理解为,该单位圆曲线可以沿着 z 轴随意上下移动。由此形成的图形即为如图 6.24(a)所示的曲面:xOy 平面($z=0$)中的单位圆称为"准线",而 z 轴所在的直线被称为"母线",令准线沿着母线平行的方向移动,形成的曲面称为"柱面"。**在三维空间中有不同形式的柱面,但它们共同的特点在于:在曲面方程中,只涉及 x、y、z 中的两个变量。**再举一例,比如曲面方程:

$$z = y^2 \tag{6.4.10}$$

它是 zOy 平面($x=0$)中的抛物线作为准线,而 x 轴所处的直线为母线,进而形成的柱面,其图像如图 6.24(b)所示。

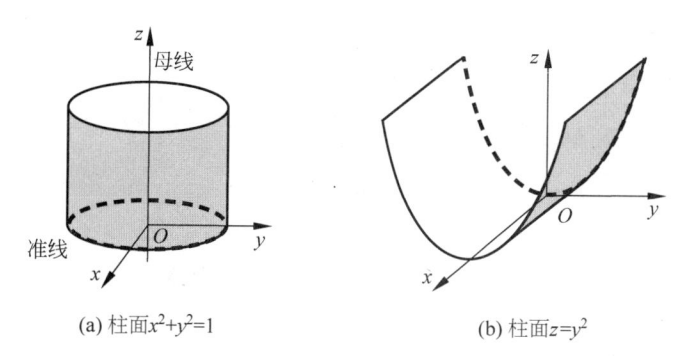

(a) 柱面 $x^2+y^2=1$　　　　　　　　(b) 柱面 $z=y^2$

图 6.24　空间中的柱面

6.4.4　椭圆抛物面

比如下面这个方程便是一个抛物面的表达式:

$$z = \frac{y^2}{20} + \frac{x^2}{4} \tag{6.4.11}$$

该曲面的图像如图 6.25 所示。但是,如果不借助计算机软件来画图,我们怎么知道这样的方程对应怎样的空间曲面呢?通过本节我们来了解一个简单实用的方法:**截面法**。

在式(6.4.11)中令 z 取某个常数(注意观察方程,z 只能是非负数),比如 $z=1$,得到的方程为

$$\frac{y^2}{20} + \frac{x^2}{4} = 1 \tag{6.4.12}$$

我们都知道在平面中这是一个椭圆曲线。同理,如果让 z 再取不同的正数 z_0,则得到大小不同的椭圆,如图 6.26 所示。这意味着:式(6.4.11)所描绘的曲面,被水平面 $z=z_0(z_0>0)$ 所截得的曲线均为椭圆,该曲面自下而上是由大小不同的椭圆堆叠而成。

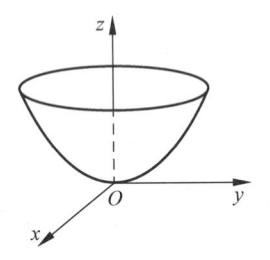

图 6.25 抛物面示意图

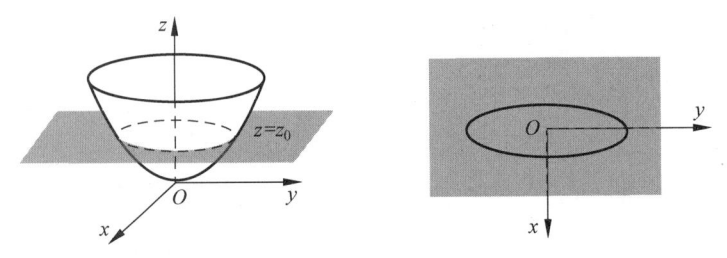

图 6.26 椭圆抛物面被 $z=z_0$ 所截得的曲线示意图(见彩插)

同样我们也可以考虑式(6.4.11)中令 x 取不同的数值,比如 $x=2$,则得到方程:

$$z = \frac{y^2}{20} + 1 \tag{6.4.13}$$

这明显是关于 z 和 y 变量形成的一条抛物线,我们不难发现 x 取其他常数,也会形成抛物线。如图 6.27 所示,式(6.4.11)被 $x=x_0$(一个竖直的平面)截得抛物线,所以该曲面是沿着 x 轴由开口向上的抛物线所构成的曲面。

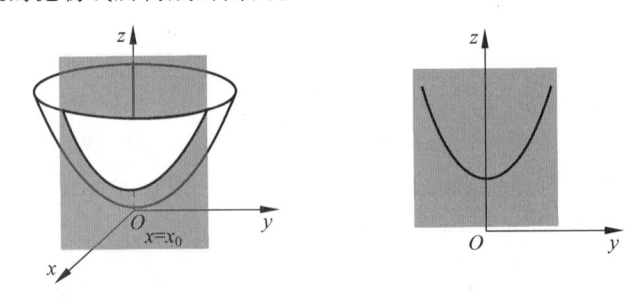

图 6.27 椭圆抛物面被 $x=x_0$ 所截得的曲线示意图(见彩插)

以上便是使用截面法探索椭圆抛物面形状的过程,也正是因为截面获取的曲线为椭圆或抛物线,所以该曲面也得名为"椭圆抛物面"。以下形式的方程也都是椭圆抛物面,并且其中 a 和 b 是两个正数,如果 $a \neq b$ 则为椭圆抛物面,如果 $a=b$ 则更名为旋转抛物面:

$$x = \frac{z^2}{a^2} + \frac{y^2}{b^2} \tag{6.4.14}$$

$$y = \frac{z^2}{a^2} + \frac{x^2}{b^2} \tag{6.4.15}$$

$$z = \frac{x^2}{a^2} + \frac{y^2}{b^2} \tag{6.4.16}$$

6.4.5 双曲抛物面

双曲抛物面也称为"马鞍面"。举个例子,如以下方程,对应的便是一个双曲抛物面：

$$z = \frac{x^2}{2} - \frac{y^2}{3} \tag{6.4.17}$$

该方程的图像如图 6.28 所示。

在 6.4.4 节学习椭圆抛物面时,掌握了截面法来分析曲面形状。我们可以用同样的方法研究双曲抛物面,如图 6.29 所示。

(1) 令 x 取不同的常数,代入式(6.4.17),则此时 z 与 y 形成抛物线的关系(开口向下),见图 6.29(a)；

(2) 令 y 取不同的常数,代入式(6.4.17),则此时 z 与 x 形成抛物线的关系(开口向上),见图 6.29(b)；

(3) 令 z 取不同的常数,代入式(6.4.17),如果 $z \neq 0$,则 x 与 y 形成双曲线的关系；如果 $z = 0$,则 x 与 y 的关系是两条直线 $\left(x = \pm\sqrt{\frac{2}{3}}y\right)$,见图 6.29(c)。

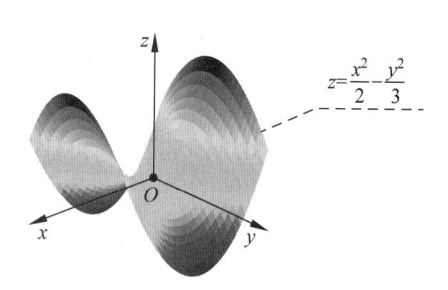

图 6.28 双曲抛物面图像(见彩插)

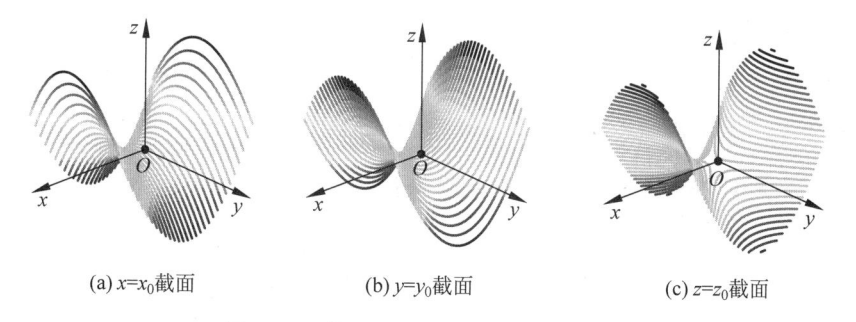

(a) $x = x_0$ 截面 (b) $y = y_0$ 截面 (c) $z = z_0$ 截面

图 6.29 截面分析双曲抛物面(见彩插)

以下形式的方程,都是双曲抛物面(a 和 b 是两个正数)：

$$x = \frac{z^2}{a^2} - \frac{y^2}{b^2} \quad \text{或} \quad x = \frac{y^2}{b^2} - \frac{z^2}{a^2} \tag{6.4.18}$$

$$y = \frac{x^2}{a^2} - \frac{z^2}{b^2} \quad \text{或} \quad y = \frac{z^2}{b^2} - \frac{x^2}{a^2} \tag{6.4.19}$$

$$z = \frac{x^2}{a^2} - \frac{y^2}{b^2} \quad \text{或} \quad z = \frac{y^2}{b^2} - \frac{x^2}{a^2} \tag{6.4.20}$$

第 7 章　多元函数与微分

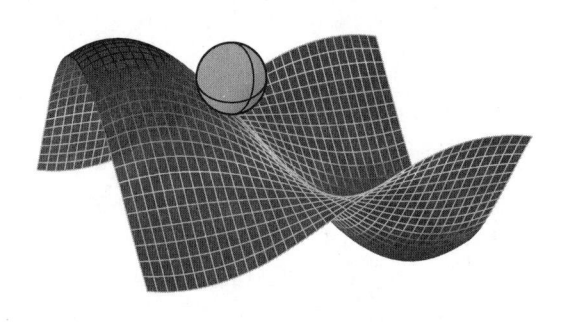

学习目标	重要性	难度
掌握多元函数的基本定义,理解函数表达式与图像之间的联系,理解它的连续性	★★★☆	★★☆☆
掌握多元函数的偏导数、全微分的定义和用途,理解方向导数和梯度的概念	★★★★	★★★☆
学会计算多元函数的无条件和有条件极值问题	★★★☆	★★★☆
掌握多元函数的隐函数求导法则	★★☆☆	★★☆☆
学会利用多元函数求导的方法来计算空间曲面的切平面和法线	★★★★	★☆☆☆

在完成本章的学习后,你将能够独立解决下列问题:

◆ 如果 $z=x^2-x+2xy+3y-y^2$,请分析在哪些位置 z 会随着 x 的增大而增大,在哪些位置 z 会随着 y 的增大而减小?

◆ 如果取 $\ln 3=1.1$,请在不借助计算器的情况下近似计算 $2.999^{3.002}$。

◆ 一个小球在空间曲面 $z=\sin x \cdot \cos y$ 上滚动,起始时刻其坐标为 $\left(\dfrac{\pi}{4}, \dfrac{\pi}{6}, \dfrac{\sqrt{6}}{4}\right)$,并且静止,在重力的作用下它会向哪个方向滑落?

7.1　多元函数基本概念

我们之前常接触的是一元函数,其表达式可写为 $y=f(x)$,即只有一个自变量 x 来决定因变量 y 的取值。多元函数则不同,一个因变量会受到多个自变量的影响。比如下面两个多元函数：

$$z = -x^2 + 3xy + 5\sin y \tag{7.1.1}$$

$$n = \ln u + \frac{u}{v} + 3x - 2y \tag{7.1.2}$$

式(7.1.1)中 z 作为因变量，x,y 作为两个独立的自变量，因此也被称为二元函数，记为 $z = f(x,y)$。

式(7.1.2)中 n 作为因变量，u,v,x,y 是 4 个自变量，则它是四元函数，记为 $n = f(u,v,x,y)$。

其实不论是在日常生活中还是在科学研究领域，多元函数都比一元函数更加常见和实用。这是因为物质的性质和发展，往往受到多方面因素的影响。比如一件商品的成本，会同时受到原材料、加工、运输、储存等多方面的影响。

7.1.1 多元函数的定义域

多元函数也有相应的定义域，也就是需要界定自变量的取值范围。比如下面这两个二元函数：

$$f(x) = \ln x + \cos y \tag{7.1.3}$$

$$g(x) = \sqrt{x^2 - y} \tag{7.1.4}$$

对于 $f(x)$ 的表达式，其要求是 $x > 0$，而 y 可取任意实数，所以定义域可以写为 $D_f = \{(x,y) | x > 0\}$；对于 $g(x)$ 的表达式，由于平方根号的存在，要求 $x^2 - y \geq 0$，定义域写为 $D_g = \{(x,y) | x^2 - y \geq 0\}$。我们将定义域用图像的方式进行表达，如图 7.1 所示，可以看到，二元函数的定义域并不是一根数轴上的一段，而是在二维平面中一块有面积的区域。

(a) $f(x,y) = \ln x + \cos y$ 定义域　　　(b) $f(x,y) = \sqrt{x^2-y}$ 定义域

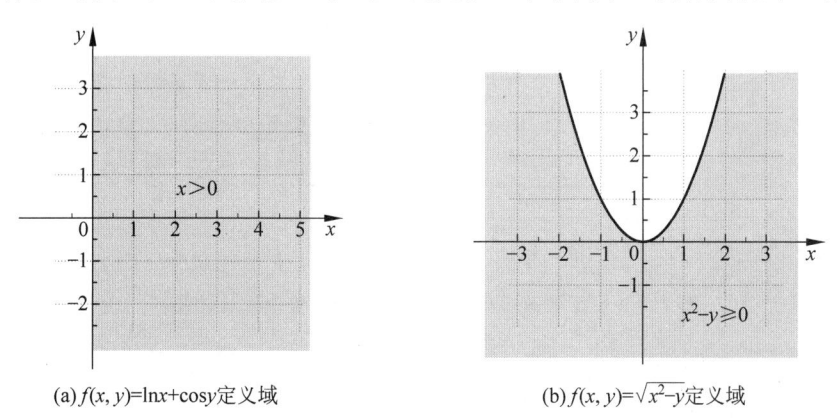

图 7.1　多元函数定义域

7.1.2 多元函数的图像

在二元函数中，其函数图像常常可以用三维空间中的曲面进行表示。而二元函数的图像展现，往往是空间中起伏不平的曲面。比如下面这个二元函数：

$$z = \sin x \cdot \cos y \tag{7.1.5}$$

其图像如图 7.2 所示。

可以这样理解：把 x,y 坐标看作经纬度，x 表示在东西方向上的坐标，y 表示在南北方向上的位置，则一辆小车在地图上的位置是 (x,y)，它在延绵起伏的山区里穿行，则它所处的海拔高度 z 会随着位置 (x,y) 而发生改变。还记得我们在第 6 章所学的各类常见的空间曲面吗？它们的表达式也对应多元函数，比如 $z=\sqrt{x^2+y^2}$ 是圆锥面。

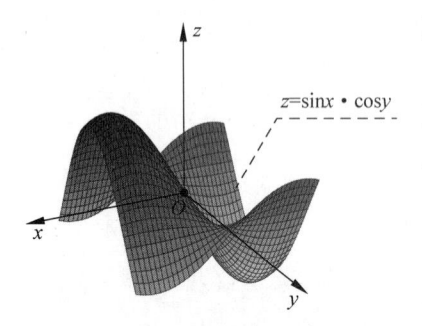

图 7.2 多元函数的图像

7.1.3 多元函数的极限与连续性

我们已经掌握了一元函数中的极限含义，$\lim\limits_{x\to a}f(x)$ 的含义是当 x 无限靠近 a 时($x\neq a$)求 $f(x)$ 趋近的目标。在多元函数中也有同样的规律，$\lim\limits_{(x,y)\to(x_0,y_0)}f(x,y)$ 是当点 (x,y) 无限靠近点 (x_0,y_0) 时，并且 $(x,y)\neq(x_0,y_0)$，求 $f(x,y)$ 趋近的目标。

> 对于函数 $f(x,y)$，当点 (x,y) 沿任何路径趋近于点 (x_0,y_0) 时，函数值都趋于同一个确定的值 L，即：
> $$\lim_{(x,y)\to(x_0,y_0)}f(x,y)=L$$

二元函数极限与一元函数极限最大的不同在于：如图 7.3 所示，一元函数中只有 x 一个自变量，它趋于 a 的方式只有两种，即左侧 a^- 和右侧 a^+；而二元函数自变量 (x,y) 向固定的点 (x_0,y_0) 靠近时，有无数种靠近的方向或路径。

一元函数：$x\to a$　　二元函数：$(x,y)\to(x_0,y_0)$

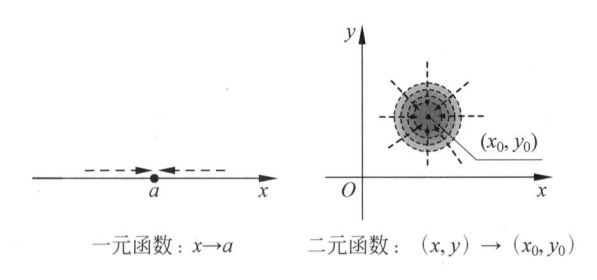

图 7.3 一元函数极限过程与二元函数极限过程的差异

求以下多元函数的极限。

(1) $\lim\limits_{(x,y)\to(1,0)}\dfrac{\ln(x+e^y)}{\sqrt{x^2+y^2}}$

(2) $\lim\limits_{(x,y)\to(0,0)}\dfrac{2-\sqrt{xy+4}}{xy}$

(3) $\lim\limits_{(x,y)\to(0,0)}\dfrac{xy}{x^2+y^2}$

解：

(1) 根据题目信息可知，x 趋于 1、y 趋于 0，这时函数分子 $\ln(x+e^y)$ 的极限值应当是 $\ln(1+e^0)=\ln 2$，而分母 $\sqrt{x^2+y^2}$ 的极限值应是 $\sqrt{1^2+0^2}=1$，所以可知该二元函数的极限为

$$\lim_{(x,y)\to(1,0)}\frac{\ln(x+e^y)}{\sqrt{x^2+y^2}}=\frac{\ln 2}{1}=\ln 2$$

(2) 当 x 趋于 0、y 趋于 0 时，不难发现此式的分子、分母都是无穷小的。在一元函数极限中我们就经常处理这类"$\frac{0}{0}$"的极限问题，本题的分子涉及根号的减法，当然是优先考虑凑平方差公式来化简解决：

$$\lim_{(x,y)\to(0,0)}\frac{2-\sqrt{xy+4}}{xy}\xrightarrow{\text{上下同乘}(2+\sqrt{xy+4})}\lim_{(x,y)\to(0,0)}\frac{4-(xy+4)}{xy(2+\sqrt{xy+4})}$$

$$=\lim_{(x,y)\to(0,0)}\frac{-1}{(2+\sqrt{xy+4})}=-\frac{1}{4}$$

(3) 本题也是"$\frac{0}{0}$"类型的极限问题。在解本题时，如果令 $y=kx$，则是让自变量沿着斜率为 k 的这条直线向 $(0,0)$ 点靠近，如图 7.4 所示。

如此一来，原本的二元函数极限就变为

$$\lim_{(x,y)\to(0,0)}\frac{xy}{x^2+y^2}=\lim_{x\to 0}\frac{kx^2}{(k^2+1)x^2}=\frac{k}{k^2+1}$$

所以极限值与 k 的取值相关，沿着不同斜率的直线就会趋近不同的结果。这说明该二元函数极限不存在。

在一元函数中，如果 $x\to a$ 时左右方向得到的极限结果不一致，则 $\lim_{x\to a}f(x)$ 不存在，在二元函数中也是同理。

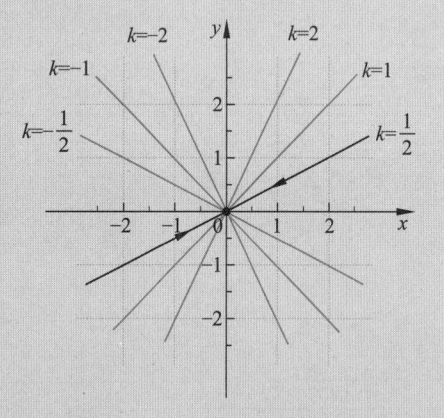

图 7.4 指定 y 和 x 的关系后的二元极限过程

多元函数的极限运算形式多样，所涉及的理论与方法比一元函数的极限运算也更为复杂。本书并没有深究这些细节，它们不会影响后续核心知识点的学习。

7.2 偏导数

在第 3 章中我们学习了微分与导数的概念，导数用于研究因变量随自变量变化而变化的趋势与程度。在多元函数中我们也需要这样的工具。举一个生活化的例子，比如将某人的体重记为 W（单位：kg），而体重是受到多种因素影响的，比如每天吃饭（记为 a，单位：kg）、走路（记为 b，单位：km）、睡眠时间（记为 c，单位：h）。可以理解为 W 是关于 a,b,c 的多元函数，$W=f(a,b,c)$。如果一个人想要控制自己的体重变化，那么他需要了解不同参数的改变带来

的效果如何,于是有了下面的实验:

(1) 在走路和睡眠不变的情况下,每天多吃 0.1kg 食物($\Delta a=+0.1$),发现体重增加 0.5kg($\Delta W=+0.5$);

(2) 在吃饭和睡眠不变的情况下,每天多走 2km 路程($\Delta b=+2$),发现体重减少 0.3kg($\Delta W=-0.3$);

(3) 在吃饭和走路不变的情况下,每天少睡 0.5h($\Delta c=-0.5$),发现体重增加 0.4kg ($\Delta W=+0.4$)。

可以看出,a,b,c 3 个自变量产生的影响效果不同。我们可以用比值来衡量它们的影响,比如 W 随 a 的变化率就是 $\frac{\Delta W}{\Delta a}=5$,$W$ 随 b 的变化率就是 $\frac{\Delta W}{\Delta b}=-0.15$,$W$ 随 c 的变化率就是 $\frac{\Delta W}{\Delta c}=-0.8$。而产生这些变化率的前提是,**当你研究一个自变量带来的影响时,其他的自变量需要保持不变**。于是,接下来在多元函数中,"导数"应叫作"偏导数",因为偏向于某一个自变量的影响。

下面利用一个具体的二元函数并研究它的偏导数。比如以下二元函数:

$$z=f(x,y)=2-\frac{1}{10}x^2-\frac{1}{15}y^2+\frac{2}{5}(x+y)+\frac{1}{10}xy \tag{7.2.1}$$

如果 x 或 y 发生改变,z 随之改变的变化率是怎样的?举个例子,自变量取$(x,y)=(4,2)$,在该位置我们如果研究 z 随 x 的变化情况,则需要让 x 坐标稍微改变 Δx,来到$(4+\Delta x,2)$,则 z 的变化量为 $f(4+\Delta x,2)-f(4,2)$,于是变化率为

$$\frac{f(4+\Delta x,2)-f(4,2)}{\Delta x} \tag{7.2.2}$$

为了更精确地描述$(4,2)$附近的变化率情况,需要让式(7.2.2)中的 $\Delta x\to 0$,并求得极限:

$$\lim_{\Delta x\to 0}\frac{f(4+\Delta x,2)-f(4,2)}{\Delta x}=\lim_{\Delta x\to 0}\frac{\left[2-\frac{1}{10}(4+\Delta x)^2-\frac{4}{15}+\frac{2}{5}(6+\Delta x)+\frac{1}{5}(4+\Delta x)\right]-\frac{10}{3}}{\Delta x}$$
$$=-\frac{1}{5} \tag{7.2.3}$$

同理,可以求得$(4,2)$处 z 随 y 的变化率:

$$\lim_{\Delta y\to 0}\frac{f(4,2+\Delta y)-f(4,2)}{\Delta y}=\lim_{\Delta y\to 0}\frac{\left[2-\frac{16}{10}-\frac{1}{15}(2+\Delta y)^2+\frac{2(6+\Delta y)}{5}+\frac{4+2\Delta y}{5}\right]-\frac{10}{3}}{\Delta y}$$
$$=\frac{8}{15} \tag{7.2.4}$$

从以上过程我们再次体会了偏导数的运算核心:求 z 对 x 的变化率时 y 需要保持不变,求 z 对 y 的变化率时 x 要保持不变。该过程也可用图形来解释,如图 7.5 所示,记自变量取$(4,2)$在函数曲面上对应点为 A 点。如果从 A 点出发,并且保持 y 固定而沿着 x 方向移动,则会走出一条图中蓝色的曲线,在这条线上 z 随着 x 发生变化;保持 x 固定而沿着 y 方向移动,则会走出一条图中红色的曲线。

根据以上推导内容,可以给出偏导数的具体定义。

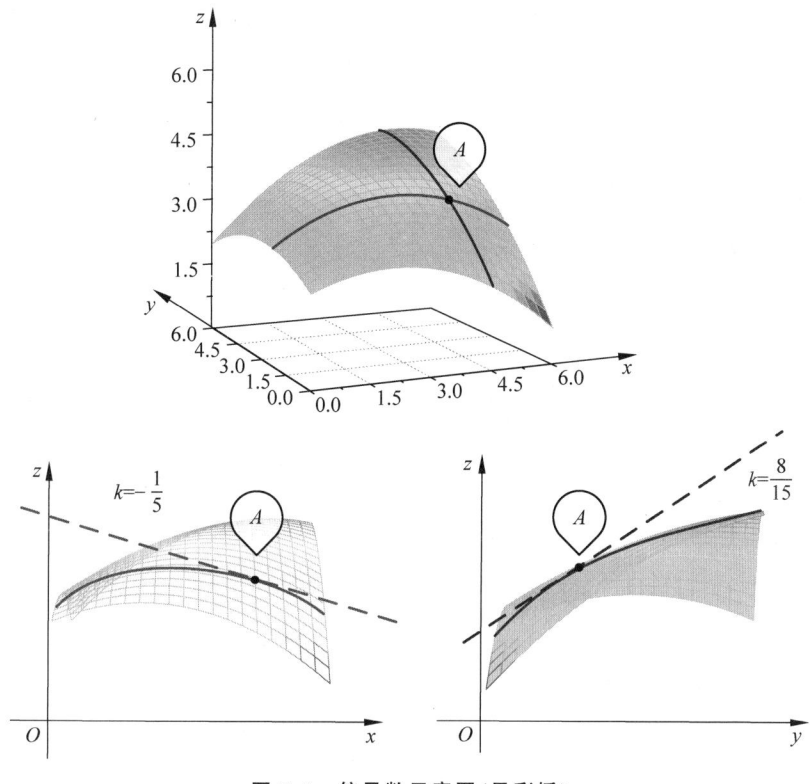

图 7.5　偏导数示意图（见彩插）

对于函数 $f(x,y)$，

对 x 的偏导数：$\dfrac{\partial f}{\partial x} = \lim\limits_{h \to 0} \dfrac{f(x+h,y) - f(x,y)}{h}$

对 y 的偏导数：$\dfrac{\partial f}{\partial y} = \lim\limits_{h \to 0} \dfrac{f(x,y+h) - f(x,y)}{h}$

其中，$\dfrac{\partial f}{\partial x}$ 和 $\dfrac{\partial f}{\partial y}$ 可分别被记为 f'_x 和 f'_y。

而在计算偏导数时，除了像式(7.2.3)或式(7.2.4)那样用极限定义的方式计算，还有更快捷的方法：在求 $\dfrac{\partial f}{\partial x}$ 时，只需要将 y 看作常数，像一元函数求导数操作得到 f 对 x 的导函数；在求 $\dfrac{\partial f}{\partial y}$ 时，同样需要将 x 看作常数，像一元函数求导数操作得到 f 对 y 的导函数。如以下例题演示。

求出下列多元函数的偏导数：
(1) 求 $f(x,y) = x^2 - 2xy + 5y$ 在点 $(1,2)$ 处的偏导数。
(2) 求 $f(x,y) = (1+x)^y$ 的偏导数 $(x>0, y>0)$。

解：
(1) 解法一，根据偏导数定义直接求解：

$$\left.\frac{\partial f}{\partial x}\right|_{(1,2)} = \lim_{\Delta x \to 0} \frac{f(1+\Delta x, 2) - f(1,2)}{\Delta x}$$

$$= \lim_{\Delta x \to 0} \frac{(1+\Delta x)^2 - 2(1+\Delta x) \times 2 + 5 \times 2 - 7}{\Delta x}$$

$$= \lim_{\Delta x \to 0} (-2 + \Delta x) = -2$$

$$\left.\frac{\partial f}{\partial y}\right|_{(1,2)} = \lim_{\Delta y \to 0} \frac{f(1, 2+\Delta y) - f(1,2)}{\Delta y}$$

$$= \lim_{\Delta y \to 0} \frac{1 - 2 \times (2+\Delta y) + 5 \times (2+\Delta y) - 7}{\Delta y} = 3$$

解法二,按照一元函数导数运算法则(求 $\frac{\partial f}{\partial x}$ 时将 y 看作常数,求 $\frac{\partial f}{\partial y}$ 时将 x 看作常数)求解

$$\frac{\partial f}{\partial x} = 2x - 2y, \quad \left.\frac{\partial f}{\partial x}\right|_{(1,2)} = -2$$

$$\frac{\partial f}{\partial y} = -2x + 5, \quad \left.\frac{\partial f}{\partial y}\right|_{(1,2)} = 3$$

(2)

$$\frac{\partial f}{\partial x} = y(1+x)^{y-1}$$

$$\frac{\partial f}{\partial y} = (1+x)^y \cdot \ln(1+x)$$

由对一元函数导数的介绍可知,一个函数的导函数可以继续求导数,便依次得到二阶导数、三阶导数等。在多元函数中也是如此。比如 $z = f(x,y) = 3x^2 + 2xy^2 - 5y^3$ 属于二元函数,其偏导函数如下:

$$\frac{\partial z}{\partial x} = 6x + 2y^2 \tag{7.2.5}$$

$$\frac{\partial z}{\partial y} = 4xy - 15y^2 \tag{7.2.6}$$

可以看出, $\frac{\partial z}{\partial x}$ 与 $\frac{\partial z}{\partial y}$ 这两者本身也是新的二元函数,它们可以继续对 x 或者 y 求偏导数,这便形成了二阶偏导数。

(1) $\frac{\partial^2 z}{\partial x^2}$:令 $\frac{\partial z}{\partial x}$ 对 x 求偏导数,比如上面例子中 $\frac{\partial^2 z}{\partial x^2} = 6$;

(2) $\frac{\partial^2 z}{\partial y^2}$:令 $\frac{\partial z}{\partial y}$ 对 y 求偏导数,比如上面例子中 $\frac{\partial^2 z}{\partial y^2} = 4x - 30y$;

(3) $\frac{\partial^2 z}{\partial x \partial y}$:令 $\frac{\partial z}{\partial x}$ 对 y 求偏导数,比如上面例子中 $\frac{\partial^2 z}{\partial x \partial y} = 4y$;

(4) $\frac{\partial^2 z}{\partial y \partial x}$:令 $\frac{\partial z}{\partial y}$ 对 x 求偏导数,比如上面例子中 $\frac{\partial^2 z}{\partial y \partial x} = 4y$。

$\frac{\partial^2 z}{\partial x \partial y}$ 与 $\frac{\partial^2 z}{\partial y \partial x}$ 也被称为"混合偏导",它们的区别是对 x 和 y 的求偏导的顺序不同,但一般

情况下(如果这两个混合偏导是连续的)这两者得出结果是相等的。

设函数 $z=x^2y^3-\sin x \cdot \cos y$,求二阶偏导数 $\dfrac{\partial^2 z}{\partial x^2}, \dfrac{\partial^2 z}{\partial y^2}, \dfrac{\partial^2 z}{\partial x \partial y}, \dfrac{\partial^2 z}{\partial y \partial x}$。

解:首先求出两个基础的一阶偏导数为

$$\frac{\partial z}{\partial x}=2xy^3-\cos x \cos y$$

$$\frac{\partial z}{\partial y}=3x^2y^2+\sin x \sin y$$

然后逐个求出二阶偏导数为

$$\frac{\partial^2 z}{\partial x^2}=2y^3+\sin x \cos y$$

$$\frac{\partial^2 z}{\partial y^2}=6x^2y+\sin x \cos y$$

$$\frac{\partial^2 z}{\partial x \partial y}=6xy^2+\cos x \sin y$$

$$\frac{\partial^2 z}{\partial y \partial x}=6xy^2+\cos x \sin y$$

7.3 全微分

举个例子:如何不借助计算器,近似计算出 $1.999^{3.002}$ (取 $\ln 2=0.7$)?

我们知道 $2^3=8$,而现在底数减少了 0.001,指数增加了 0.002,如何算得该数从 8 增加或减少了多少? 可以设函数如下:

$$z=x^y \tag{7.3.1}$$

原本的问题可以转换成:已知 $z(2,3)=8$,求出 $z(2-0.001,3+0.002)$ 的近似值。不难求出 z 对 x 和 y 的两个偏导数:

$$\begin{aligned}\frac{\partial z}{\partial x}\Big|_{(2,3)} &= yx^{y-1}\Big|_{(2,3)}=3\times 2^2=12 \\ \frac{\partial z}{\partial y}\Big|_{(2,3)} &= x^y \ln x\Big|_{(2,3)}=8\times 0.7=5.6\end{aligned} \tag{7.3.2}$$

式(7.3.2)说明:在 $x=2,y=3$ 这个点处,z 随着 x 的变化率为 12,z 随着 y 的变化率为 5.6。

x 的变化量 $\Delta x=-0.001$,它导致 z 的近似变化量为

$$\Delta z_x=12\times(-0.001)=-0.012 \tag{7.3.3}$$

y 的变化量 $\Delta y=0.002$,它导致 z 的近似变化量为

$$\Delta z_y=5.6\times(0.002)=0.0112 \tag{7.3.4}$$

既然 x 和 y 同时发生了细微的改变,我们自然可以想到把两者给 z 带来的变化叠加起来,则得到 z 的综合变化量:

$$\Delta z=\Delta z_x+\Delta z_y=-0.012+0.0112=-0.0008 \tag{7.3.5}$$

近似计算的结果为：$z(2-0.001,3+0.002)=z(2,3)-0.0008=7.9992$。而实际上 $1.999^{3.002}$ 的真实取值（保留 4 位小数）为 7.9991，说明近似计算的结果还是相当接近的。我们通过这个过程，理解了两个自变量的改变是如何影响因变量的，这便是我们了解全微分这个概念的开端。

设 $z=f(x,y)$，且有连续的偏导数 $\frac{\partial z}{\partial x}$、$\frac{\partial z}{\partial y}$，我们可以根据偏导数的特性得出：如果自变量 x 发生无穷小的改变 $\mathrm{d}x$（自变量 y 不变），则因变量 z 会随之改变 $\frac{\partial z}{\partial x}\cdot\mathrm{d}x$；如果自变量 y 发生无穷小的改变 $\mathrm{d}y$（自变量 x 不变），则因变量 z 会随之改变 $\frac{\partial z}{\partial y}\cdot\mathrm{d}y$。而如果 x 和 y 都发生了改变，那么怎样求出 z 的改变量呢？我们提出如下理念：

$$z \text{ 的改变量} = x \text{ 变化导致的改变量} + y \text{ 变化导致的改变量} \tag{7.3.6}$$

注意，式(7.3.6)中的等号左右涉及的 3 个量都是无穷小的。这就是本节需要学习的**全微分**。下面给出具体的定义。

多元函数的全微分

对于 $z=f(x,y)$，其因变量 z 以及自变量 x,y，它们各自的无穷小增量分别记为"$\mathrm{d}z$""$\mathrm{d}x$"和"$\mathrm{d}y$"。如果一个函数是可微分的，则有如下关系：

$$\mathrm{d}z=\frac{\partial z}{\partial x}\mathrm{d}x+\frac{\partial z}{\partial y}\mathrm{d}y$$

需要注意，并非任何多元函数的任何位置都是可微分的。

一个多元函数 $f(x,y)$ 在 (x_0,y_0) 处可微分的**充分条件**是：偏导数 $\frac{\partial z}{\partial x}$、$\frac{\partial z}{\partial y}$ 在 (x_0,y_0) 处存在且连续。

一个多元函数 $f(x,y)$ 在 (x_0,y_0) 处可微分的**必要条件**是：$f(x,y)$ 在 (x_0,y_0) 处连续，并且具有偏导数 $\frac{\partial z}{\partial x}$、$\frac{\partial z}{\partial y}$。

请写出以下函数的全微分公式：

(1) $z=x\cdot\mathrm{e}^{2y}$

(2) $t=3xy-yz+2xz$

解：

(1) 求得偏导数为：$\frac{\partial z}{\partial x}=\mathrm{e}^{2y}$，$\frac{\partial z}{\partial y}=2x\mathrm{e}^{2y}$，于是全微分可写为

$$\mathrm{d}z=\mathrm{e}^{2y}\mathrm{d}x+2x\mathrm{e}^{2y}\mathrm{d}y$$

(2) 可以看得出来 t 为三元函数，其偏导数分别为

$$\frac{\partial t}{\partial x}=3y+2z,\quad \frac{\partial t}{\partial y}=3x-z,\quad \frac{\partial t}{\partial z}=-y+2x$$

所以全微分可以写为

$$\mathrm{d}t=\frac{\partial t}{\partial x}\mathrm{d}x+\frac{\partial t}{\partial y}\mathrm{d}y+\frac{\partial t}{\partial z}\mathrm{d}z=(3y+2z)\mathrm{d}x+(3x-z)\mathrm{d}y+(-y+2x)\mathrm{d}z$$

7.4 方向导数与梯度

设想一个登山者正在山区中徒步穿行,他的海拔高度 z 会随着经度 x、纬度 y 而发生变化,假设对应的表达式为

$$z(x,y) = 1 - 0.5x^2 + 0.4y^2 + 0.3xy \tag{7.4.1}$$

该曲面的图形如图 7.6(a)所示。如果此时登山者正站在 $(1,1,1.2)$ 这个位置,而他正要沿着东偏北 $\frac{\pi}{3}$ 的方向移动,如图 7.6(b)中的箭头方向,请问他沿着该方向迈出一步,则他的海拔高度会发生多大的变化?

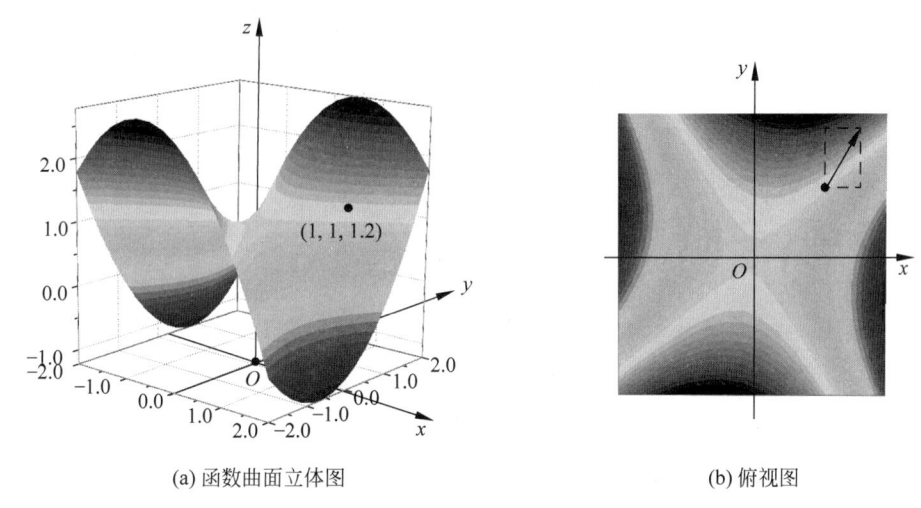

(a) 函数曲面立体图　　(b) 俯视图

图 7.6　空间曲面示意图(见彩插)

逐步分析这个问题,如图 7.7 所示,让登山者沿着该方向 $\left(\alpha = \frac{\pi}{3}\right)$ 迈出一小步,这一步长度为 h。这相当于在 x 轴上移动了 $h \cdot \cos\alpha$,在 y 轴上移动了 $h \cdot \sin\alpha$,则他的海拔高度从 $z(1,1)$ 变化为 $z\left(1 + \frac{h}{2}, 1 + \frac{\sqrt{3}h}{2}\right)$。

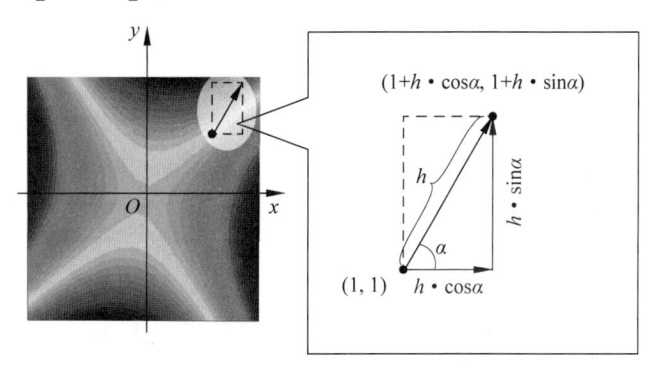

图 7.7　方向导数示意图(见彩插)

所以沿着该方向迈出一步所产生的**高度落差**为

$$\Delta z = z\left(1+\frac{h}{2}, 1+\frac{\sqrt{3}h}{2}\right) - z(1,1)$$

$$= (-0.35 + 0.55\sqrt{3})h + (0.175 + 0.075\sqrt{3})h^2 \quad (7.4.2)$$

为了能够求出该点处的陡峭程度,需要进一步计算**高度落差** Δz 与**移动距离** h 之间的比值;另外,让 h 无穷小,从而更精确地描述 $(1,1,1.2)$ 点处的情况:

$$\lim_{h\to 0^+}\frac{\Delta z}{h} = \lim_{h\to 0^+}\frac{(-0.35+0.55\sqrt{3})h+(0.175+0.075\sqrt{3})h^2}{h}$$

$$= -0.35 + 0.55\sqrt{3} \approx 0.603 \quad (7.4.3)$$

得出该数值为 0.603,说明沿着 $\alpha = \frac{\pi}{3}$ 的方向迈出一小步,则海拔高度会增加 0.603 倍的步长。

通过以上步骤,我们研究了一个这样的问题:在二元函数的曲面 $z=f(x,y)$ 上,在某个位置沿着一个特定方向去改变 x 和 y,研究此方向上函数的变化率,称之为方向导数。

方向导数

以下两种表达方式没有本质区别,只是改换角度表达方式,任意一种都可以定义方向导数。

(1) l 是 xOy 平面上以 $P(x_0,y_0)$ 为起始点的射线,该射线与 x 轴正半轴之间的夹角为 α,函数 $f(x,y)$ 在 $P(x_0,y_0)$ 处沿方向 l 的方向导数,记为 $\left.\frac{\partial z}{\partial l}\right|_{(x_0,y_0)}$。方向导数可用以下表达式计算:

$$\left.\frac{\partial z}{\partial l}\right|_{(x_0,y_0)} = \lim_{h\to 0^+}\frac{f(x_0+h\cos\alpha, y_0+h\sin\alpha)-f(x_0,y_0)}{h}$$

(2) l 是 xOy 平面上以 $P(x_0,y_0)$ 为起始点的射线,该射线与 x 轴、y 轴正半轴之间的夹角分别为 α 与 β,函数 $f(x,y)$ 在 $P(x_0,y_0)$ 处沿方向 l 的方向导数,记为 $\left.\frac{\partial z}{\partial l}\right|_{(x_0,y_0)}$。方向导数可用以下表达式计算:

$$\left.\frac{\partial z}{\partial l}\right|_{(x_0,y_0)} = \lim_{h\to 0^+}\frac{f(x_0+h\cos\alpha, y_0+h\cos\beta)-f(x_0,y_0)}{h}$$

利用极限的方式来计算显得比较复杂,接下来我们提出一个更简化的计算方向导数的方案。对于一个**可微**的二元函数 $f(x,y)$,当它的 x 和 y 分别发生微小的改变 Δx、Δy(两者都是无穷小)时,根据全微分的原理,z 的变化量有以下表达:

$$\Delta z = \frac{\partial z}{\partial x}\Delta x + \frac{\partial z}{\partial y}\Delta y \quad (7.4.4)$$

在方向导数的问题中,我们是沿着某个特定方向移动一小步 h,则有:

$$\Delta x = h \cdot \cos\alpha$$
$$\Delta y = h \cdot \sin\alpha \quad (7.4.5)$$

将式 $(7.4.5)$ 代入式 $(7.4.4)$,可得:

$$\Delta z = \frac{\partial z}{\partial x} h\cos\alpha + \frac{\partial z}{\partial y} h\sin\alpha \tag{7.4.6}$$

方向导数是 Δz 与 h 之间的比值,在式(7.4.6)除去 h 便是方向导数:

$$\frac{\partial z}{\partial x}\cos\alpha + \frac{\partial z}{\partial y}\sin\alpha \tag{7.4.7}$$

这样求方向导数就容易多了:只要求出偏导数 $\frac{\partial z}{\partial x}$、$\frac{\partial z}{\partial y}$,以及指定方向对应的余弦值 $\cos\alpha$、$\sin\alpha$,用式(7.4.7)就可得出结果。比如在前面的问题中,二元函数 $z(x,y) = 1 - 0.5x^2 + 0.4y^2 + 0.3xy$,在(1,1)处它的偏导数为 $\frac{\partial z}{\partial x}(1,1) = -0.7$,$\frac{\partial z}{\partial y}(1,1) = 1.1$,而指定方向 $\cos\alpha = \frac{1}{2}$ 与 $\sin\alpha = \frac{\sqrt{3}}{2}$,则得到方向导数为

$$(-0.7) \cdot \frac{1}{2} + 1.1 \times \frac{\sqrt{3}}{2} \approx 0.603 \tag{7.4.8}$$

方向导数的偏导数算法

如果函数 $f(x,y)$ 在 $P(x_0,y_0)$ 处可微,沿着 α 角度方向的方向导数可以用以下方式计算:

$$\left.\frac{\partial z}{\partial l}\right|_{(x_0,y_0)} = \left.\frac{\partial z}{\partial x}\right|_{(x_0,y_0)} \cdot \cos\alpha + \left.\frac{\partial z}{\partial y}\right|_{(x_0,y_0)} \cdot \sin\alpha$$

另外,对于任意向量 (m,n),它与 x 轴之间夹角的余弦值 $\cos\alpha = \dfrac{m}{\sqrt{m^2+n^2}}$,正弦值 $\sin\alpha = \dfrac{n}{\sqrt{m^2+n^2}}$。

设函数 $z = f(x,y) = x^2 + xy - 2y$,请求出在(2,3)处:

(1) 沿着向量 $(1,\sqrt{3})$ 方向的方向导数;

(2) 沿着非零向量 (m,n) 方向的方向导数。

解:(1) (2,3)处的偏导数为

$$\left.\frac{\partial z}{\partial x}\right|_{(1,\sqrt{3})} = (2x+y)\Big|_{(1,\sqrt{3})} = 2+\sqrt{3}$$

$$\left.\frac{\partial z}{\partial y}\right|_{(1,\sqrt{3})} = (x-2)\Big|_{(1,\sqrt{3})} = -1$$

向量 $(1,\sqrt{3})$ 与 x 轴的夹角的余弦值为 $\frac{1}{2}$,正弦值为 $\frac{\sqrt{3}}{2}$,所以方向导数为

$$\left.\frac{\partial z}{\partial l}\right|_{(1,\sqrt{3})} = (2+\sqrt{3}) \times \frac{1}{2} + (-1) \times \frac{\sqrt{3}}{2} = 1$$

(2) 利用第(1)题中同样的计算方式,不难得出沿着 (m,n) 方向的方向导数为

$$\left.\frac{\partial z}{\partial l}\right|_{(1,\sqrt{3})} = \frac{m(2+\sqrt{3}) - n}{\sqrt{m^2+n^2}}$$

掌握了方向导数,我们来分析本节最后一个问题:在确定的某个点处,沿着哪个方向可以获得最大的方向导数,即 α 取怎样的值可以使式(7.4.7)最大。在实际场景中,这个问题可以理解为:登山者站在山坡的曲面上,他沿哪个方向走一步可以上升最多?

为解决这个问题,可以先了解下面这个话题。设函数表达式 $f(x)$ 如下:

$$f(x) = a \cdot \cos x + b \cdot \sin x \tag{7.4.9}$$

其中,a,b 都是非零的常数,求 $f(x)$ 在何处可以取得最大值?最大值是多少?这个问题我们有多种方法可以解决,比如高中所学的辅助角公式,或者利用导数求极大值的方法也可以。但这里提供一个更直接的方法:向量点乘。我们不妨把式(7.4.9)的右侧看作两个向量点乘的结果:

$$a \cdot \cos x + b \cdot \sin x = (a, b) \cdot (\cos x, \sin x) \tag{7.4.10}$$

如图 7.8 所示,将向量 (a, b) 作为一个固定向量,而 $(\cos x, \sin x)$ 是一个单位向量,长度固定为 1,方向随着 x 取值不同而变化。

根据两个向量点乘的几何含义:$\vec{u} \cdot \vec{v} = |\vec{u}| \cdot |\vec{v}| \cdot \cos\langle \vec{u}, \vec{v} \rangle$,当长度(模)固定时,两者同向(夹角为 0)则点乘结果最大,为 $|\vec{u}| \cdot |\vec{v}|$。(注:本书向量用箭头的形式表示)现在 (a, b) 与 $(\cos x, \sin x)$ 点乘,两者的长度都是固定的,当 $(\cos x, \sin x)$ 与 (a, b) 取相同方向时,点乘结果可以最大,为 $\sqrt{a^2 + b^2} \cdot \sqrt{\cos x^2 + \sin x^2} = \sqrt{a^2 + b^2}$。

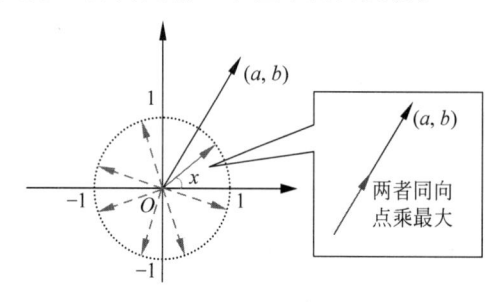

图 7.8 三角函数点乘示意图

回到方向导数的问题中来:在空间曲面 $z = f(x, y)$ 中的某个点 $P(x_0, y_0)$ 存在两个偏导数 $\frac{\partial z}{\partial x}\big|_{(x_0, y_0)}$、$\frac{\partial z}{\partial y}\big|_{(x_0, y_0)}$,此时沿着特定角度 α 移动,也就意味着沿着单位向量 $(\cos\alpha, \sin\alpha)$ 移动,所产生的方向导数为

$$\frac{\partial z}{\partial x}\bigg|_{(x_0, y_0)} \cdot \cos\alpha + \frac{\partial z}{\partial y}\bigg|_{(x_0, y_0)} \cdot \sin\alpha \tag{7.4.11}$$

该式可看作 $(\cos\alpha, \sin\alpha)$ 与 $\left(\frac{\partial z}{\partial x}\big|_{(x_0, y_0)}, \frac{\partial z}{\partial y}\big|_{(x_0, y_0)}\right)$ 两个向量点乘的结果,得出结论:当两者同向时,式(7.4.11)可以取得最大值,即获得最大的方向导数。所以我们定义这个由偏导数形成的向量,叫作"梯度"。

梯度

如果函数 $f(x, y)$ 在 xOy 平面上的区域 D 内存在连续的一阶偏导数 $\frac{\partial z}{\partial x}$、$\frac{\partial z}{\partial y}$,取一点 $P(x_0, y_0)$,则该点处的偏导数组成一个向量 $\left(\frac{\partial z}{\partial x}\big|_{(x_0, y_0)}, \frac{\partial z}{\partial y}\big|_{(x_0, y_0)}\right)$,该向量被称为点 $P(x_0, y_0)$ 处的梯度,记为 $\mathbf{grad} f(x_0, y_0)$,即:

$$\mathbf{grad} f(x_0, y_0) = \left(\frac{\partial z}{\partial x}\bigg|_{(x_0, y_0)}, \frac{\partial z}{\partial y}\bigg|_{(x_0, y_0)}\right)$$

设函数 $z=f(x,y)=2x-3\mathrm{e}^x y+2y^2$，求在 $(0,1)$ 点处的梯度，以及在该点处最大的方向导数值。

解：该函数在 $(0,1)$ 点处的偏导数为

$$\left.\frac{\partial z}{\partial x}\right|_{(0,1)} = (2-3\mathrm{e}^x y)\Big|_{(0,1)} = -1$$

$$\left.\frac{\partial z}{\partial y}\right|_{(0,1)} = (-3\mathrm{e}^x + 4y)\Big|_{(0,1)} = 1$$

由这两个偏导数组成的向量 $(-1,1)$ 便是该点处的梯度，沿着该方向可以获得最大的方向导数。

这个梯度向量的模为 $\sqrt{2}$，这便是该点处最大的方向导数值。

7.5 多元函数的极值问题

我们已经学习如何计算一元函数的极值点，本节我们学习在二元函数中如何寻求极值点。如图 7.9 所示，如果二元函数 $z=f(x,y)$ 在某一点处的取值，大于其某个邻域内的其他函数值，则该点处的函数值为极大值；同理，在某一点处的取值，小于其某个邻域内的其他函数值，则该点处的函数值为极小值。

与一元函数最大的差异在于，二元函数的极值问题分为两类：无条件极值和有条件极值。下面分别学习如何运算。

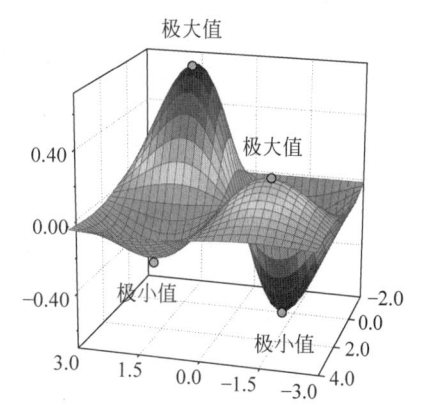

图 7.9 二元函数极大值、极小值的示意图（见彩插）

7.5.1 无条件极值问题

二元函数的无条件极值

函数 $z=f(x,y)$ 在区域 D 内有连续的二阶偏导数，则它的极大值或极小值点 $P(x_0,y_0)$ 需要满足以下条件：

(1) $f'_x(x_0,y_0)=f'_y(x_0,y_0)=0$；

(2) 记 $A=f''_{xx}(x_0,y_0), B=f''_{xy}(x_0,y_0), C=f''_{yy}(x_0,y_0)$。

- 若 $AC-B^2>0$，则 $P(x_0,y_0)$ 是极值点，并且 $A>0$ 则为极小值，$A<0$ 则为极大值；
- 若 $AC-B^2<0$，则 $P(x_0,y_0)$ 不是极值点；
- 若 $AC-B^2=0$，则不确定 $P(x_0,y_0)$ 是否为极值点，需要用其他方法判断。

求函数 $f(x,y)=x^3-y^3+3x^2+3y^2-9x$ 的极值。

解：$f'_x(x,y)=3x^2+6x-9, f'_y(x,y)=-3y^2+6y$，则求方程组：

$$\begin{cases} 3x^2+6x-9=0 \\ -3y^2+6y=0 \end{cases}$$

解得：$x_1=1, x_2=-3, y_1=0, y_2=2$，所以驻点有：$(1,0),(1,2),(-3,0),(-3,2)$。

为判断它们是否为极值点，需要求出二阶偏导数：

$f''_{xx}(x,y)=6x+6, f''_{xy}(x,y)=0, f''_{yy}(x,y)=-6y+6$

在$(1,0)$处，有：$A=12, B=0, C=6, AC-B^2>0$，所以$(1,0)$处取极小值 $f(1,0)=-5$；

在$(1,2)$处，有：$A=12, B=0, C=-6, AC-B^2<0$，所以$(1,2)$处不是极值点；

在$(-3,0)$处，有：$A=-12, B=0, C=6, AC-B^2<0$，所以$(-3,0)$处不是极值点；

在$(-3,2)$处，有：$A=-12, B=0, C=-6, AC-B^2>0$，所以$(-3,2)$处取极大值 $f(-3,2)=31$。

求函数 $f(x,y)=(y-x^2)(y-x^3)$ 的极值。

解：首先需要令偏导数为 0，列方程组

$$\begin{cases} f'_x=-x(2y+3xy-5x^3)=0 \\ f'_y=2y-x^2-x^3=0 \end{cases}$$

方程组的解为

$$\begin{cases} x=1 \\ y=1 \end{cases}, \begin{cases} x=\dfrac{2}{3} \\ y=\dfrac{10}{27} \end{cases}, \begin{cases} x=0 \\ y=0 \end{cases}$$

由此得到，该二元函数的驻点为$(1,1), \left(\dfrac{2}{3},\dfrac{10}{27}\right),(0,0)$。

为判断此 3 点是否为极值点，需要求出它们的二阶导数：

$f''_{xx}=-(2y+3xy-5x^3)-x(3y-15x^2), \quad f''_{xy}=-x(2+3x), \quad f''_{yy}=2$。

接下来逐点分析：

(1) 在点$(1,1)$，有 $\begin{cases} A=f''_{xx}=12 \\ B=f''_{xy}=-5, AC-B^2<0, (1,1)\text{不是极值点。} \\ C=f''_{yy}=2 \end{cases}$

(2) 在点$\left(\dfrac{2}{3},\dfrac{10}{27}\right)$，有 $\begin{cases} A=f''_{xx}=\dfrac{100}{27} \\ B=f''_{xy}=-\dfrac{8}{3}, AC-B^2>0 \text{ 且 } A>0, \left(\dfrac{2}{3},\dfrac{10}{27}\right)\text{是极小值点，极小} \\ C=f''_{yy}=2 \end{cases}$

值为 $-\dfrac{4}{729}$。

(3) 在点(0,0),有 $\begin{cases} A = f''_{xx} = 0 \\ B = f''_{xy} = 0, AC - B^2 = 0 \\ C = f''_{yy} = 2 \end{cases}$,这时不能直接套用公式来判断它是否为

极值点,需要分析(0,0)周边的情况,比如从(0,0)沿着 x 轴移动 Δx,则有 $A(\Delta x, 0)$, $B(-\Delta x, 0)$,两点的函数值分别为$(\Delta x)^5$、$-(\Delta x)^5$,一正一负,所以(0,0)处的函数值 0 既不是极大值也非极小值。

7.5.2 有条件极值问题

本节基于一个具体问题展开讨论:我们曾经在第 3 章中提到"倾斜的椭圆",它的表达式如下:

$$x^2 - 4xy + 9y^2 = 1 \tag{7.5.1}$$

该表达式中存在 x 与 y 的乘积(我们一般称之为"交叉项"),这导致椭圆的主轴既不在 x 轴也不在 y 轴上,而是如图 7.10 所示的情况。

请问该椭圆的长半轴 r_1 与短半轴 r_2 各是多长?这个问题也可以理解为:椭圆上的点到(0,0)的距离的最大值和最小值是多少?一个点(x,y)到原点的距离如下:

$$d = \sqrt{x^2 + y^2} \tag{7.5.2}$$

根据式(7.5.2),可以把 d 看作关于 x,y 的二元函数 $d(x,y)$,我们的目标是求得该二元函数的极大值和极小值。然而这里面自变量 x 和 y 不能随意取值,两者之间需要遵循一个基本条件:(x,y) 需要处于椭圆上。这就是**二元函数的有条件极值**

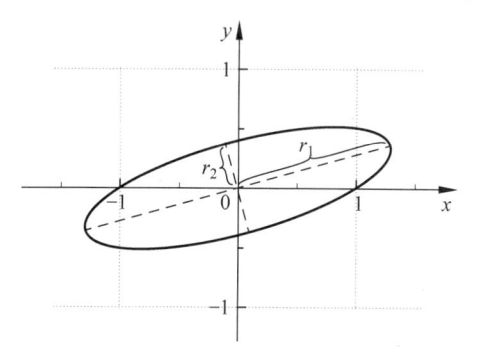

图 7.10 椭圆问题示意图

问题,所谓条件就是约束自变量之间的关系,本题的条件就是式(7.5.1)。我们给出有条件极值的解决方案——<u>拉格朗日乘数法</u>,如下。

二元函数的有条件极值

对于函数 $z = f(x,y)$,如果要求自变量 x,y 必须满足条件 $\phi(x,y) = 0$,在这种情形下求出因变量 z 的极大值或极小值,则需要构造一个拉格朗日函数:

$$L(x,y,\lambda) = f(x,y) - \lambda \phi(x,y)$$

其中,将 λ 看作一个新出现的自变量。此时需要解如下方程组:

$$\begin{cases} \dfrac{\partial L}{\partial x} = 0 \\ \dfrac{\partial L}{\partial y} = 0 \\ \dfrac{\partial L}{\partial \lambda} = 0 \end{cases}$$

解得对应的(x,y)即有可能是符合条件要求的极值点。

我们求 $d=\sqrt{x^2+y^2}$ 的极大值和极小值，实质上也是求 x^2+y^2 的极大值和极小值，为了简化后续运算，所以将**目标函数**先定为

$$f(x,y)=x^2+y^2 \tag{7.5.3}$$

自变量 x,y 需要满足的**条件**为

$$\phi(x,y)=x^2-4xy+9y^2-1=0 \tag{7.5.4}$$

于是拉格朗日函数为

$$L(x,y,\lambda)=x^2+y^2-\lambda(x^2-4xy+9y^2-1) \tag{7.5.5}$$

该表达式中我们需要把 x,y,λ 都看作独立的自变量，求出三者的偏导数并都等于 0，列出方程组：

$$\begin{cases} \dfrac{\partial L}{\partial x}=2x-2\lambda x+4\lambda y=0 \\ \dfrac{\partial L}{\partial y}=2y+4x\lambda-18\lambda y=0 \\ \dfrac{\partial L}{\partial \lambda}=-(x^2-4xy+9y^2-1)=0 \end{cases} \tag{7.5.6}$$

3 个未知数，3 个方程，可获得对应的 4 组解如下（求解过程略，思路是可以利用前两个方程把 y 和 x 用 λ 表示出来，然后第三个方程变为 λ 的一元二次方程，即可解出）：

$$\begin{cases} x=\dfrac{\sqrt{5}+2}{\sqrt{10}} \\ y=\dfrac{1}{\sqrt{10}} \\ \lambda=1+\dfrac{2\sqrt{5}}{5} \end{cases},\quad \begin{cases} x=-\dfrac{\sqrt{5}+2}{\sqrt{10}} \\ y=-\dfrac{1}{\sqrt{10}} \\ \lambda=1+\dfrac{2\sqrt{5}}{5} \end{cases},\quad \begin{cases} x=\dfrac{-\sqrt{5}+2}{\sqrt{10}} \\ y=\dfrac{1}{\sqrt{10}} \\ \lambda=1-\dfrac{2\sqrt{5}}{5} \end{cases},\quad \begin{cases} x=\dfrac{\sqrt{5}-2}{\sqrt{10}} \\ y=-\dfrac{1}{\sqrt{10}} \\ \lambda=1-\dfrac{2\sqrt{5}}{5} \end{cases} \tag{7.5.7}$$

这 4 组解中 x,y 所形成的坐标，我们标注在图 7.11 中。不难看出，这 4 个点刚好分别是椭圆上到原点最近和最远的位置。求出它们到原点的距离，即为椭圆的长半轴 r_1 与短半轴 r_2。

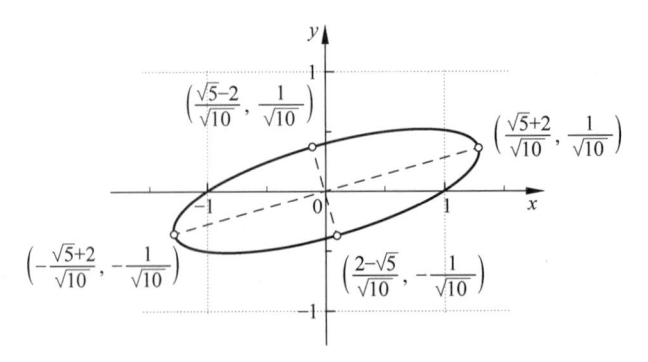

图 7.11 椭圆问题极值点标注

求出距离：

$$r_1=\sqrt{\left(\dfrac{\sqrt{5}+2}{\sqrt{10}}\right)^2+\left(\dfrac{1}{\sqrt{10}}\right)^2}\approx 1.376\,38 \tag{7.5.8}$$

$$r_2 = \sqrt{\left(\frac{2-\sqrt{5}}{\sqrt{10}}\right)^2 + \left(\frac{-1}{\sqrt{10}}\right)^2} \approx 0.32492 \tag{7.5.9}$$

求函数 $f(x,y) = x^2 + 2y^2 - x^2 y^2$ 在圆形曲线 $l = \{(x,y) | x^2 + y^2 = 4\}$ 上的最大值和最小值。

解：此问题属于有条件极值问题，故根据题目信息，设拉格朗日函数为

$$L(x,y,\lambda) = x^2 + 2y^2 - x^2 y^2 - \lambda(x^2 + y^2 - 4)$$

求得对应的偏导数，并使其为 0，得到方程组：

$$\begin{cases} L'_x = 2x - 2xy^2 - 2\lambda x = 0 \\ L'_y = 4y - 2x^2 y - 2\lambda y = 0 \\ L'_\lambda = x^2 + y^2 - 4 = 0 \end{cases}$$

该方程组的解为

$$\begin{cases} x = 0 \\ y = 2 \end{cases}, \begin{cases} x = 2 \\ y = 0 \end{cases}, \begin{cases} x = -2 \\ y = 0 \end{cases}, \begin{cases} x = \frac{\sqrt{10}}{2} \\ y = \frac{\sqrt{6}}{2} \end{cases}, \begin{cases} x = -\frac{\sqrt{10}}{2} \\ y = \frac{\sqrt{6}}{2} \end{cases}$$

分别求出这 5 个点处的函数值：

$$f(0,2) = 8$$
$$f(2,0) = 4$$
$$f(-2,0) = 4$$
$$f\left(\frac{\sqrt{10}}{2}, \frac{\sqrt{6}}{2}\right) = \frac{7}{4}$$
$$f\left(-\frac{\sqrt{10}}{2}, \frac{\sqrt{6}}{2}\right) = \frac{7}{4}$$

由于这根曲线上只可能在这 5 个点处出现极大值或者极小值，则意味着这 5 个点最大值、最小值即为整个曲线的最大值和最小值。所以最大值为 8，最小值为 $\frac{7}{4}$。

7.6 隐函数及导数

我们在一元函数的情景中学习了什么是"隐函数"，在多元函数中也同样存在隐函数。比如，

$$xyz + z^2 - e^{xy} = \sin(x+z) \tag{7.6.1}$$

这个表达式中涉及 3 个变量，而如果其中两个变量确定了取值，则可以计算得出第三个变量。这个方程表达式可以看作某个函数，比如把 x, y 看作自变量，则 z 是它们的因变量。式(7.6.1)就确定了一个二元隐函数。我们来学习如何在这种情景下求得偏导数 $\frac{\partial z}{\partial x}$ 和 $\frac{\partial z}{\partial y}$。

> **二元函数隐函数求导法则**
>
> 对于表达式 $F(x,y,z)=0$,设 $F(x,y,z)$ 有一阶连续的偏导数 $\dfrac{\partial F}{\partial x}$、$\dfrac{\partial F}{\partial y}$、$\dfrac{\partial F}{\partial z}$(分别记为 F'_x、F'_y、F'_z),并且 $\dfrac{\partial F}{\partial z}\neq 0$,则可以说 z 是关于 x,y 的隐函数,即 $z=f(x,y)$,并且有:
>
> $$\frac{\partial z}{\partial x}=-\frac{F'_x}{F'_z}$$
>
> $$\frac{\partial z}{\partial y}=-\frac{F'_y}{F'_z}$$

按照这个方法,以式(7.6.1)为例,我们将其改写为如下形式(全部移项到左侧):

$$F(x,y,z)=xyz+z^2-e^{xy}-\sin(x+z)=0 \tag{7.6.2}$$

进而求得 F 分别对 x,y,z 三者的导数:

$$F'_x = yz - ye^{xy} - \cos(x+z) \tag{7.6.3}$$

$$F'_y = xz - xe^{xy} \tag{7.6.4}$$

$$F'_z = xy + 2z - \cos(x+z) \tag{7.6.5}$$

根据二元函数隐函数求导法则,可得出 z 分别对 x,y 的偏导数如下:

$$\frac{\partial z}{\partial x}=-\frac{F'_x}{F'_z}=-\frac{yz-ye^{xy}-\cos(x+z)}{xy+2z-\cos(x+z)} \tag{7.6.6}$$

$$\frac{\partial z}{\partial y}=-\frac{F'_y}{F'_z}=-\frac{xz-xe^{xy}}{xy+2z-\cos(x+z)} \tag{7.6.7}$$

7.7 几何应用

我们需要了解两个有关空间曲面的概念:切平面与法线。以旋转抛物面 $z=x^2+y^2$ 为例,形状如图7.12所示,如果将一个曲面无限细分,则它本身可以看作是由无数多个**小块平面**组成的。此时在曲面上取一点(1,2,5),并把曲面在该处的**小块平面**延展开,这个平面就称为曲面在点(1,2,5)处的**切平面**;过点(1,2,5)找到一条垂直于切平面的直线,该直线被称为曲面在点(1,2,5)处的**法线**。

下面介绍获得一个曲面的切平面和法线的方法。

> **空间曲面的切平面和法线方程**
>
> 空间曲面的方程 $F(x,y,z)=0$,若 (x_0,y_0,z_0) 是曲面上一点,则曲面在该点处的法向量为
>
> $$\left(F'_x \big|_{(x_0,y_0,z_0)}, F'_y \big|_{(x_0,y_0,z_0)}, F'_z \big|_{(x_0,y_0,z_0)} \right)$$
>
> 切平面方程为
>
> $$F'_x \big|_{(x_0,y_0,z_0)}(x-x_0) + F'_y \big|_{(x_0,y_0,z_0)}(y-y_0) + F'_z \big|_{(x_0,y_0,z_0)}(z-z_0) = 0$$

法线方程为

$$\frac{x-x_0}{F'_x\big|_{(x_0,y_0,z_0)}}=\frac{y-y_0}{F'_y\big|_{(x_0,y_0,z_0)}}=\frac{z-z_0}{F'_z\big|_{(x_0,y_0,z_0)}}$$

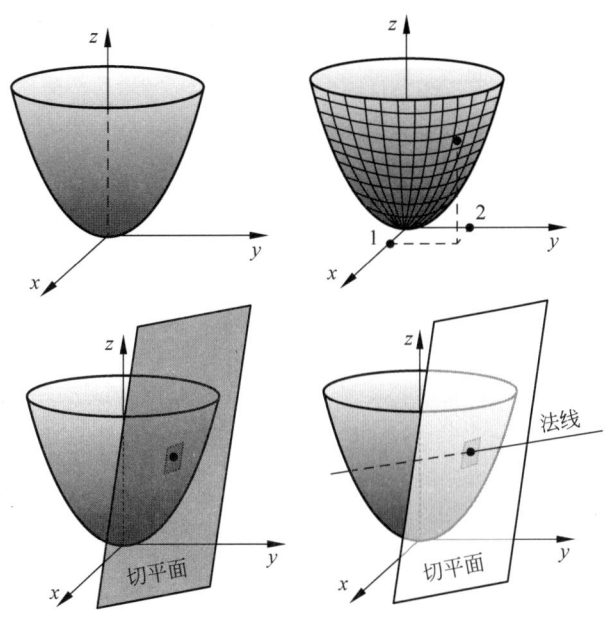

图 7.12 旋转抛物面的切平面与法线

我们以图 7.12 中的图形为例,求出该切平面以及法线方程。将旋转抛物面 $z=x^2+y^2$ 的方程改成以下形式：

$$F(x,y,z)=z-x^2-y^2=0 \tag{7.7.1}$$

求出 3 个偏导数：

$$\begin{aligned} F'_x &= -2x \\ F'_y &= -2y \\ F'_z &= 1 \end{aligned} \tag{7.7.2}$$

在点 (1,2,5) 处,这 3 个偏导数的取值分别为

$$\begin{aligned} F'_x &= -2 \\ F'_y &= -4 \\ F'_z &= 1 \end{aligned} \tag{7.7.3}$$

所以得出切平面方程为

$$-2(x-1)-4(y-2)+1(z-5)=0 \tag{7.7.4}$$

也可化简为

$$-2x-4y+z+5=0 \tag{7.7.5}$$

法线方程为

$$\frac{x-1}{-2}=\frac{y-2}{-4}=\frac{z-5}{1} \tag{7.7.6}$$

法线方程也可写成参数方程组的形式：
$$\begin{cases} x = -2t + 1 \\ y = -4t + 2 \\ z = t + 5 \end{cases} \tag{7.7.7}$$

7.8 结语

多元函数的内容是非常基础而又实用的，从经典的理论力学、流体力学等内容，再到现在方兴未艾的人工智能算法，背后都是多元函数的理论在支撑它们发展。比如，当我们在机器学习中训练神经网络，核心任务就是优化数量繁多的参数，而梯度下降算法就是解决这个任务最经典的方法，梯度恰是本章所学的一个重要知识点。

第 8 章 重 积 分

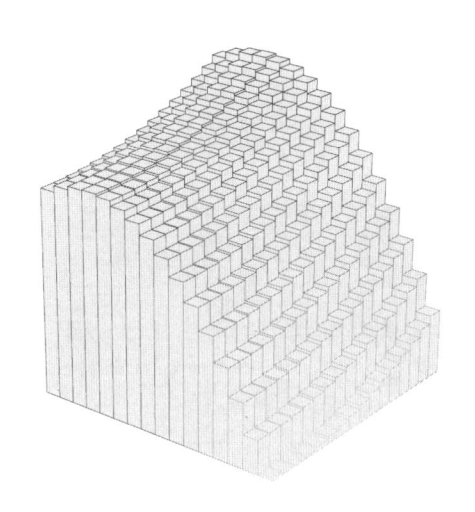

学习目标	重 要 性	难 度
理解二重积分的基本概念,能够使用累次积分的方式进行计算	★★★★	★★★☆
能够使用极坐标计算二重积分	★★★☆	★★☆☆
理解三重积分的概念,能够计算简单的三重积分	★★☆☆	★★★☆
使用重积分理解物理学中的概念,并解决具体物理问题	★★★★	★★★☆

在完成本章的学习后,你将能够独立解决下列问题:

- ◆ 计算如右图所示的立体体积,它的顶部曲面方程为 $z=4-x^2-y^2$,底部是 xOy 平面,并且 $-1 \leqslant x \leqslant 1, -1 \leqslant y \leqslant 1$,四周都是竖直平面。
- ◆ 计算表达式 $\iint_D e^{x^2+y^2} dx dy$,其中,$D$ 是 xOy 平面中,圆心在原点、半径为 3 的一个圆线所围成的区域。

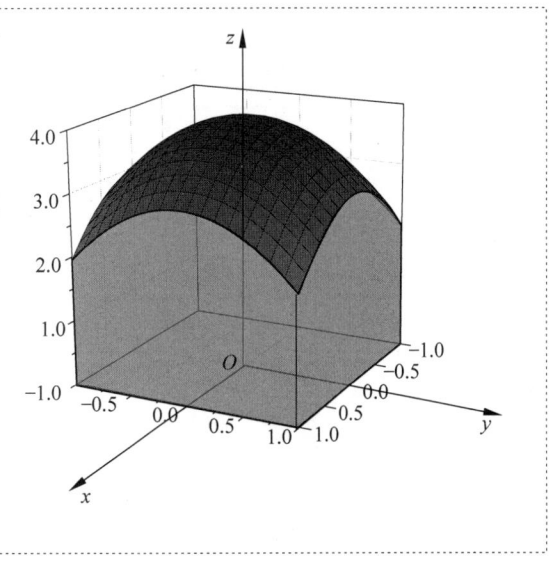

♦ 如下图所示,一个密度为 3kg/m^2 的平板,绕着它的一个端点,在平面内以 2rad/s 的角速度进行旋转,请问此时该平板所拥有的动能是多大?

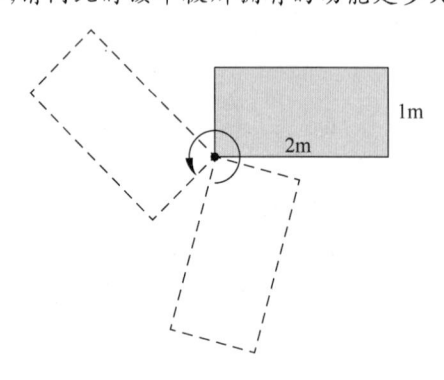

8.1 二重积分基础

二重积分用于解决在二维情景中不均匀的问题,比如空间一块曲顶图形的体积,或者一个密度不均匀的薄板的质量。我们将首先认识**二重积分**是怎样产生的,然后学习怎样通过**二次积分**计算它。

8.1.1 二重积分的概念

通过以下问题可以帮助我们进入二重积分的领域:三维空间中存在一个有限大的曲面 C,其方程为

$$z = f(x,y) = \frac{x^2}{2} + \frac{y^2}{3} + \frac{xy}{4} \quad (0 \leqslant x \leqslant 3, 0 \leqslant y \leqslant 2) \tag{8.1.1}$$

这个曲面处于 xOy 坐标面的上方,其图像如图 8.1(a) 所示。该曲面在 xOy 坐标面上占据的阴影区域为一个矩形 D,以阴影区域 D 为底部,以曲面 C 为顶部,则形成了一个空间中的立体区域,如图 8.1(b) 所示,它也可以被称为"曲顶立体"。我们的问题是:如何求得该立体区域的体积 V?

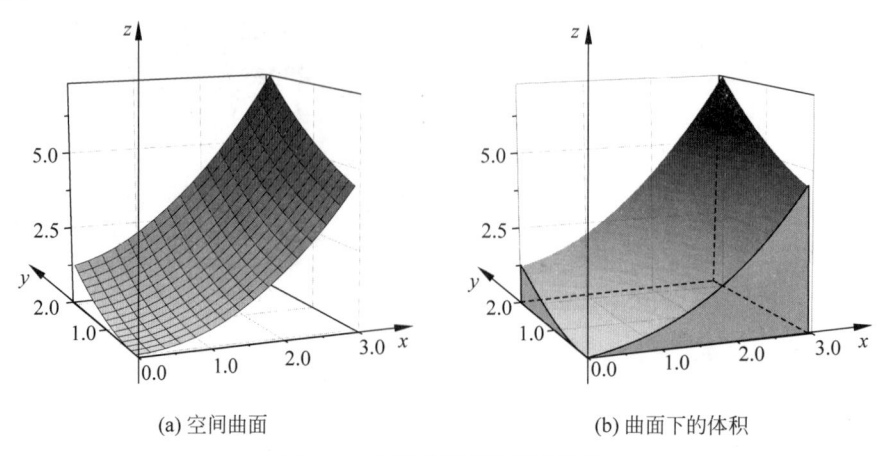

(a) 空间曲面　　　　　　(b) 曲面下的体积

图 8.1　空间曲面下的投影体积

利用微积分的思想,我们需要对这个体积进行微分(切成诸多小块)。如图 8.2 所示,将整个体积切分为无穷多根细长的、高度不同的"长条",每个长条近似为长方体。则此时单个长方体的底面积为 $\mathrm{d}x \cdot \mathrm{d}y$(因为是取 x 轴和 y 轴上的无穷小量作为长方体的长和宽),长方体的高为该处的 z 值,也就是对应二元函数表达式(8.1.1)。

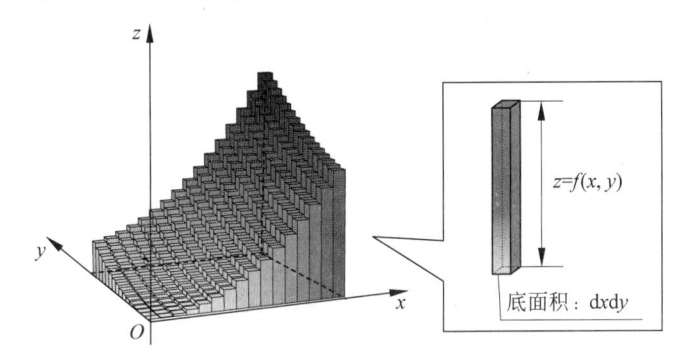

图 8.2 空间曲顶立体的微分处理

这时一个微分长条的体积为

$$f(x,y)\mathrm{d}x\mathrm{d}y \tag{8.1.2}$$

整个立体的体积就是这些长条的面积之和,我们只需要添加积分符号:

$$V = \iint_D f(x,y)\mathrm{d}x\mathrm{d}y \tag{8.1.3}$$

这里式(8.1.3)左侧的积分符号积分号"$\int$"写了两个,原因在于我们在 x 轴和 y 轴上都对这个立体进行了切割,现在把这些长条加起来的时候,既要沿着 x 轴进行相加,也要沿着 y 轴进行相加。而下标"D"代表的是该区域在 xOy 平面上的阴影区域,我们只需要把这个区域内的所有长条加起来即可。将函数 $f(x,y)$ 的表达式代入,得:

$$V = \iint_D \left(\frac{x^2}{2} + \frac{y^2}{3} + \frac{xy}{4}\right)\mathrm{d}x\mathrm{d}y \tag{8.1.4}$$

到这一步为止,我们就将该曲顶立体的体积用微积分的方式表示出来了。式(8.1.3)被称为"二重积分",想要计算它得到数字结果,需要用到二次积分,我们将在 8.1.2 节进行详细解释。

> 学生:您在本节的开头说,"二重积分用于解决在二维情景中不均匀的问题",可是现在明明画出的图像是三维空间里的曲面和立体,怎么能说是二维情景呢?
>
> 老师:用三维坐标系表达图像,并不意味着该问题一定是三维问题。在这个问题里,曲面上某处的高度 z 是随着 x,y 而决定的,实际上只需要利用 x,y 这两个变量就可以解决,所以此问题属于二维问题。

8.1.2 二次积分与运算

为了求出图 8.1 中立体的体积,我们需要参照这样的思路:把该图形沿着垂直于 y 轴的方式进行切片,整个立体图形可以理解为一个个薄片的体积的叠加。如图 8.3 所示,不难看出

每个板子的厚度都是 dy(取 y 轴上的微分量),侧面这个面积则可以用我们所学的一元函数定积分进行计算:

$$\text{表面积} = \int_0^3 f(x,y)dx = \int_0^3 \left(\frac{x^2}{2} + \frac{y^2}{3} + \frac{xy}{4}\right)dx \tag{8.1.5}$$

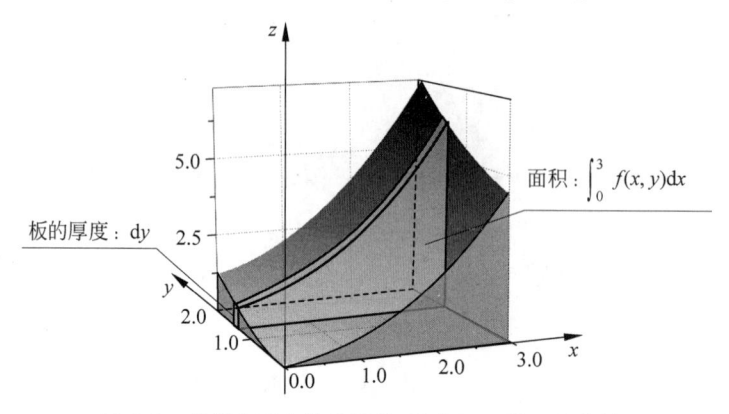

图 8.3 空间曲顶立体的切片(垂直于 y 轴)(见彩插)

对于一块薄板,y 是固定的一个数字,式(8.1.5)中关于 x 定积分的计算把 y 当作一个常数来看待即可,于是得到:

$$\text{表面积} = \int_0^3 \left(\frac{x^2}{2} + \frac{y^2}{3} + \frac{xy}{4}\right)dx = \left(\frac{1}{6}x^3 + \frac{y^2}{3}x + \frac{y}{8}x^2\right)\bigg|_0^3$$
$$= \frac{9}{2} + y^2 + \frac{9}{8}y \tag{8.1.6}$$

不难看出,每一个薄板随着所处的 y 坐标不同,对应的面积也会发生变化。每个薄板的体积为

$$\left(\frac{9}{2} + y^2 + \frac{9}{8}y\right)dy \tag{8.1.7}$$

整个立体的体积就是把所有薄板的体积进行累加:

$$V = \int_0^2 \left(\frac{9}{2} + y^2 + \frac{9}{8}y\right)dy = \left(\frac{9}{2}y + \frac{1}{3}y^3 + \frac{9}{16}y^2\right)\bigg|_0^2$$
$$= 9 + \frac{8}{3} + \frac{9}{4} = \frac{167}{12} \tag{8.1.8}$$

所以得出整个曲顶立体的体积为 $\frac{167}{12}$。回顾整个过程:先求单个薄板的侧面面积(沿着 x 轴的定积分),再把各个薄板的体积累加(沿着 y 轴的定积分)。整个求解思路可以写成一个表达式:

$$V = \int_0^2 \underbrace{\left[\overbrace{\int_0^3 f(x,y)dx}^{\text{薄板面积}}\right] \overbrace{dy}^{\text{厚度}}}_{\text{薄板体积}} \tag{8.1.9}$$

式(8.1.9)被称为"二次积分",顾名思义就是做了两次定积分运算。首先计算 x 的定积分(此时把 y 看作固定的常数),然后再计算 y 的定积分,俗称"先 x 后 y"。为了书写方便,二次积分可以把首先计算的积分(即上式方括号里的内容)搬到式子的最右侧:

$$\int_0^2 \left[\int_0^3 f(x,y) \mathrm{d}x \right] \mathrm{d}y = \int_0^2 \mathrm{d}y \int_0^3 f(x,y) \mathrm{d}x \tag{8.1.10}$$

如果我们沿着垂直于 x 轴的方向将曲顶立体进行切片,如图 8.4 所示,则会形成另一种计算过程。

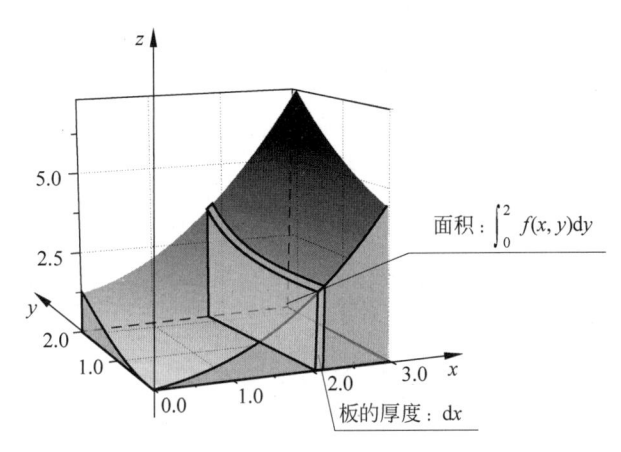

图 8.4 空间曲顶立体的切片(垂直于 x 轴)(见彩插)

先求单个薄板的侧面面积(沿着 y 轴的定积分),再把各个薄板的体积累加(沿着 x 轴的定积分),则得到:

$$V = \int_0^3 \underbrace{\left[\int_0^2 f(x,y) \mathrm{d}y \right]}_{\text{薄板面积}} \underbrace{\mathrm{d}x}_{\text{厚度}} \tag{8.1.11}$$

这时二次积分的顺序"先 y 后 x"。式(8.1.11)的计算过程也很简单:首先计算 y 的定积分(薄板面积),然后将结果作为被积函数,去计算 x 的定积分(立体体积),如下:

$$V = \int_0^3 \left[\int_0^2 f(x,y) \mathrm{d}y \right] \mathrm{d}x = \int_0^3 \mathrm{d}x \int_0^2 f(x,y) \mathrm{d}y$$

$$\xrightarrow{\text{代入} f(x,y) \text{表达式}} \int_0^3 \mathrm{d}x \int_0^2 \left(\frac{x^2}{2} + \frac{y^2}{3} + \frac{xy}{4} \right) \mathrm{d}y$$

$$\xrightarrow[\text{结果作为} x \text{的被积函数}]{\text{计算右侧} y \text{的定积分}} \int_0^3 \left(\frac{x^2}{2} y + \frac{y^3}{9} + \frac{xy^2}{8} \right) \Big|_0^2 \mathrm{d}x = \int_0^3 \left(x^2 + \frac{8}{9} + \frac{x}{2} \right) \mathrm{d}x$$

$$\xrightarrow{\text{计算} x \text{的定积分}} \left(\frac{x^3}{3} + \frac{8}{9} x + \frac{x^2}{4} \right) \Big|_0^3 = 27 + \frac{8}{3} + \frac{9}{4} = \frac{167}{12} \tag{8.1.12}$$

通过以上过程,我们了解了如何使用二次积分的思路来计算二重积分,并且二次积分有两种形态:"先 x 后 y"或者"先 y 后 x"。而上述内容中 x、y 的积分区域 D 是一个矩形,如果遇到更加复杂的积分区域,则可以由以下过程来确定 x 和 y 各自积分的上限和下限。

1. 先 y 后 x

如图 8.5 所示,区域 D_1 为:$a \leqslant x \leqslant b$,而 y 处于 $f_1(x)$ 与 $f_2(x)$ 之间。如果二次积分的顺序是先积 y 后积 x,可以写为如下形式:

$$\iint_D f(x,y) \mathrm{d}x \mathrm{d}y = \int_a^b \mathrm{d}x \int_{f_1(x)}^{f_2(x)} f(x,y) \mathrm{d}y \tag{8.1.13}$$

2. 先 x 后 y

如图 8.6 所示，区域 D_2 是：$a \leqslant y \leqslant b$，而 x 处于 $f_1(y)$ 与 $f_2(y)$ 之间。如果二次积分的顺序是先积 x 后积 y，写出如下二次积分：

$$\iint_D f(x,y) \mathrm{d}x \mathrm{d}y = \int_a^b \mathrm{d}y \int_{f_1(y)}^{f_2(y)} f(x,y) \mathrm{d}x \tag{8.1.14}$$

我们以下面两题为例，看一下两种不同的积分次序具体是如何操作的。

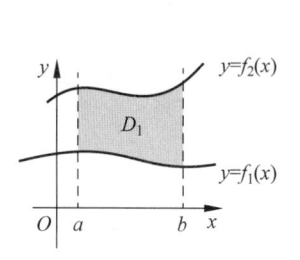

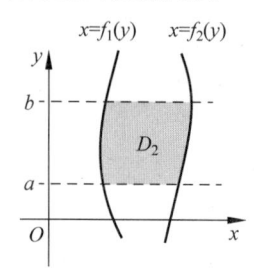

图 8.5 二重积分"先 y 后 x"的积分上下限　　图 8.6 二重积分"先 x 后 y"的积分上下限

计算 $\iint_D xy \mathrm{d}x \mathrm{d}y$，其中 D 是由直线 $y=1, x=2, y=x$ 所围成的区域。

解：积分区域如图 8.7 所示。

方法一，先 y 后 x。

$$\iint_D xy \mathrm{d}x \mathrm{d}y = \int_1^2 \left[\int_1^x xy \mathrm{d}y \right] \mathrm{d}x = \int_1^2 \left[x \cdot \frac{y^2}{2} \right] \Big|_1^x \mathrm{d}x$$

$$= \int_1^2 \left(\frac{x^3 - x}{2} \right) \mathrm{d}x = \left(\frac{x^4}{8} - \frac{x^2}{4} \right) \Big|_1^2 = \frac{9}{8}$$

方法二，先 x 后 y。

$$\iint_D xy \mathrm{d}x \mathrm{d}y = \int_1^2 \left[\int_y^2 xy \mathrm{d}x \right] \mathrm{d}y = \int_1^2 \left[y \cdot \frac{x^2}{2} \right] \Big|_y^2 \mathrm{d}x$$

$$= \int_1^2 \left(2y - \frac{y^3}{2} \right) \mathrm{d}x = \left(y^2 - \frac{y^4}{4} \right) \Big|_1^2 = \frac{9}{8}$$

计算 $\iint_D xy \mathrm{d}x \mathrm{d}y$，其中 D 是由抛物线 $y^2 = x$ 以及直线 $y = x - 2$ 所围成的闭区域。

解：积分区域 D 如图 8.8 所示。

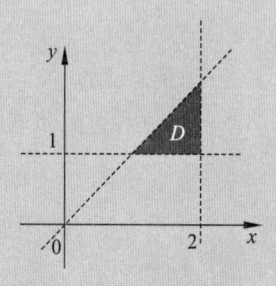

图 8.7 二重积分例题(1)　　图 8.8 二重积分例题(2)

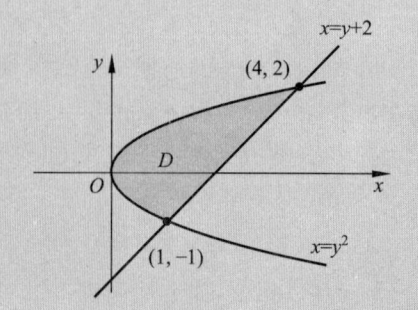

方法一，先 x 后 y。

$$\iint_D xy\,dx\,dy = \int_{-1}^{1}\left[\int_{y^2}^{y+2} xy\,dx\right]dy = \int_{-1}^{1}\left(y\cdot\frac{x^2}{2}\right)\Big|_{y^2}^{y+2}dy$$

$$= \int_{-1}^{2}\left(\frac{y^3}{2}+2y^2+2y-\frac{y^5}{2}\right)dy$$

$$= \left(\frac{y^4}{8}+\frac{2y^3}{3}+y^2-\frac{y^6}{12}\right)\Big|_{-1}^{2} = \frac{45}{8}$$

方法二，先 y 后 x。

区域 D 的下边界需要分两种情况：当 $0 \leqslant x \leqslant 1$ 时，$-\sqrt{x} \leqslant y \leqslant \sqrt{x}$；当 $1 \leqslant x \leqslant 4$ 时，$x-2 \leqslant y \leqslant \sqrt{x}$。所以该二次积分应当分两块来计算，如下：

$$\iint_D xy\,dx\,dy = \int_0^1\left[\int_{-\sqrt{x}}^{\sqrt{x}} xy\,dy\right]dx + \int_1^4\left[\int_{x-2}^{\sqrt{x}} xy\,dy\right]dx$$

$$= \int_0^1\left(\frac{xy^2}{2}\Big|_{-\sqrt{x}}^{\sqrt{x}}\right)dx + \int_1^4\left(\frac{xy^2}{2}\Big|_{x-2}^{\sqrt{x}}\right)dx$$

$$= \int_0^1 0\,dx + \int_1^4\left(\frac{x^2}{2}-\frac{x(x-2)^2}{2}\right)dx$$

$$= \int_1^4\left(\frac{-x^3+5x^2-4x}{2}\right)dx = \frac{45}{8}$$

8.2 二重积分的极坐标

我们在本书的第 1 章为大家介绍了极坐标的体系：用 ρ（极轴）和 θ（极角）来描述二维平面中一个点的位置，如图 8.9 所示。

对于一些特定情况下的二重积分，使用极坐标 ρ、θ 来取代直角坐标 x、y，可能更加方便计算。计算 $\iint_D f(x,y)\,dx\,dy$ 时，如果要使用极坐标，则转换过程包含两个步骤：

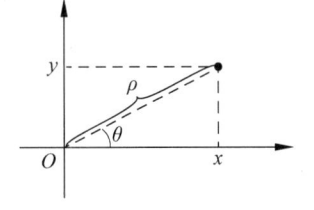

(1) 被积函数 $f(x,y)$ 中的 x 替换为 $\rho\cdot\cos\theta$，y 替换为 $\rho\cdot\sin\theta$；

(2) $dx\,dy$ 改写为 $\rho\cdot d\rho\,d\theta$，注意这里多出来一个 ρ，这是极坐标的特点，我们稍后解释原因。

图 8.9 极坐标示意图

对于同一个二重积分，其在直角坐标系和极坐标系下的表示分别为

$$\iint_D f(x,y)\,dx\,dy = \iint_D f(\rho\cos\theta,\rho\sin\theta)\cdot\rho\,d\rho\,d\theta \tag{8.2.1}$$

一般情况下，如果二重积分的积分区域与圆形有关系，则使用极坐标可能是个不错的方案。或者被积函数中出现了"x^2+y^2"或者"$\arctan\dfrac{y}{x}$"这类表达式，也应当优先考虑使用极坐标。

计算 $\iint_D e^{-x^2-y^2} dx dy$,其中 $D = \left\{(x,y) \mid 1 \leqslant x^2+y^2 \leqslant 4, x > 0, y > 0, \dfrac{\sqrt{3}}{3} \leqslant \dfrac{y}{x} \leqslant \sqrt{3}\right\}$。

解:不难画出积分区域,D 是圆环的一截。

根据被积区域 D 的特点,应优先考虑使用极坐标解决这个二重积分的计算。将 $\iint_D e^{-x^2-y^2} dx dy$ 由直角坐标系转为极坐标则写成:

$$\iint_D e^{-x^2-y^2} d\sigma = \iint_D e^{-\rho^2} \rho d\rho d\theta$$

极坐标也需要利用二次积分的过程加以解决。由图 8.10 不难看出,区域 D 所处的极角 θ 范围是 $\dfrac{\pi}{6} \leqslant \theta \leqslant \dfrac{\pi}{3}$,而对于这个范围内的任意的 θ,极轴 ρ 都是从 1 变化为 2。由此,极坐标下的二次积分可以写为

$$\iint_D e^{-\rho^2} \rho d\rho d\theta = \int_{\frac{\pi}{6}}^{\frac{\pi}{3}} d\theta \int_1^2 e^{-\rho^2} \rho d\rho$$

图 8.10 极坐标例题(1)

在计算 ρ 的定积分时,需要使用凑导数积分法,具体如下:

$$\int_{\frac{\pi}{6}}^{\frac{\pi}{3}} d\theta \int_1^2 e^{-\rho^2} \rho d\rho = \int_{\frac{\pi}{6}}^{\frac{\pi}{3}} d\theta \int_1^2 \left(-\dfrac{1}{2} e^{-\rho^2}\right) d(-\rho^2) = \int_{\frac{\pi}{6}}^{\frac{\pi}{3}} \left(-\dfrac{1}{2} e^{-\rho^2}\right) \bigg|_1^2 d\theta = \dfrac{\pi(e^{-1}-e^{-4})}{12}$$

学生:用极坐标计算二重积分的时候,为什么被积函数会多出来一个 ρ?$dxdy$ 不能直接换成 $d\theta d\rho$ 吗?

老师:这里涉及微元面积转换的表达,深入分析的话需要涉及"雅可比行列式"(感兴趣的同学可以去自行查找资料学习,本书不做过多探讨)。但是我现在可以给你提供一个更直观的解释!请看图 8.11,我们在二维平面中画出坐标的等值线。

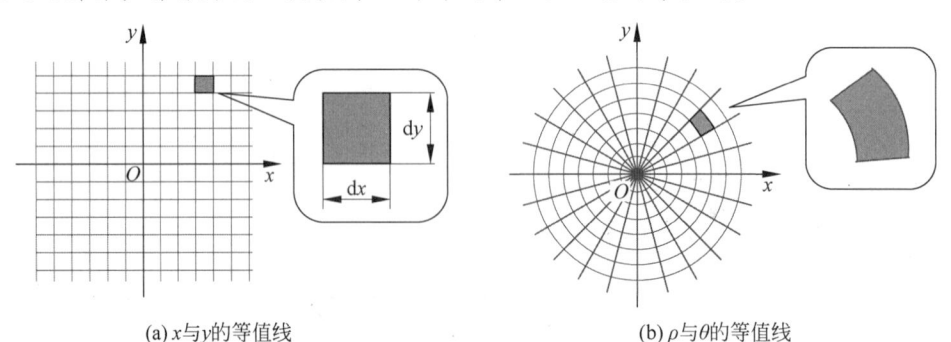

(a) x 与 y 的等值线   (b) ρ 与 θ 的等值线

图 8.11 直角坐标与极坐标的等值线

图 8.11(a)中画出了 x 的等值线(各条竖线,每条竖线上的 x 相同)和 y 的等值线(各条横线,每条横线上的 y 相同)。

图 8.11(b)中画出了 ρ 的等值线(各条圆圈,每个圆线上的 ρ 相同)和 θ 的等值线(各条从原点发出的射线,每条射线上的 θ 相同)。

学生:等值线在图中看起来密密麻麻的。

老师:我们可以这样想:间隔为无穷小的等值线把整个平面分割成了一个个无穷小的小块。在 x、y 坐标系里,每个小块是一个矩形,面积是 $\mathrm{d}x \cdot \mathrm{d}y$;而在 ρ、θ 的坐标系里,它们的等值线把平面分割成了圆环的一截,那这一小块的面积是多大?

学生:我来画个图分析一下!这个小块是两个扇形的面积之差,如图 8.12 所示。扇形的夹角都是 $\mathrm{d}\theta$,而其中一个半径是 ρ,另一个半径是 $\rho+\mathrm{d}\rho$,两者的面积之差为

$$\frac{(\rho+\mathrm{d}\rho)^2 \mathrm{d}\theta}{2} - \frac{\rho^2 \mathrm{d}\theta}{2} = \rho \mathrm{d}\rho \mathrm{d}\theta + \frac{(\mathrm{d}\rho)^2 \mathrm{d}\theta}{2}$$

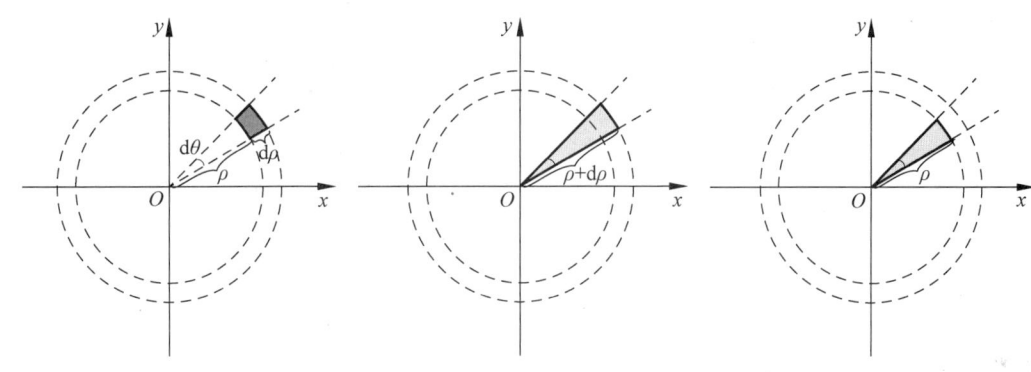

图 8.12 极坐标中微元面积示意图

老师:完美!让我最后帮你处理一下这个结果:在"$\rho \mathrm{d}\rho \mathrm{d}\theta + \frac{(\mathrm{d}\rho)^2 \mathrm{d}\theta}{2}$"中,前者包含两个无穷小量($\mathrm{d}\rho$ 和 $\mathrm{d}\theta$),而后者是无穷小量的三次方($\mathrm{d}\rho$ 的二次方和 $\mathrm{d}\theta$ 的一次方),所以后者是前者的无穷小倍,可以被忽略不计。

学生:这样这一小块的面积的大小可以看作 $\rho \mathrm{d}\rho \mathrm{d}\theta$。

老师:所以用极坐标运算二重积分的时候,同样表示"平面中无穷小的一块面积",用 x、y 坐标表示则面积是 $\mathrm{d}x \mathrm{d}y$,用 ρ、θ 坐标表示则面积就是 $\rho \mathrm{d}\rho \mathrm{d}\theta$。

计算二重积分 $\iint_D \frac{x+y}{x^2+y^2} \mathrm{d}x \mathrm{d}y$,其中 $D = \{(x,y) \mid x^2+y^2 \leq 1, x+y \geq 1\}$。

解:积分区域 D 如图 8.13 所示。
可得该二重积分的极坐标形式为

$$\iint_D \frac{x+y}{x^2+y^2} \mathrm{d}x \mathrm{d}y = \iint_D \frac{\rho(\cos\theta + \sin\theta)}{\rho^2} \rho \mathrm{d}\rho \mathrm{d}\theta = \iint_D (\cos\theta + \sin\theta) \mathrm{d}\rho \mathrm{d}\theta$$

接下来需要利用图像来确定 ρ、θ 各自积分的上限和下限,从而形成二次积分,如图 8.14 所示。

(1) 该区域所处的极角范围是 $0 \leq \theta \leq \frac{\pi}{2}$;

（2）沿着 $\left[0, \dfrac{\pi}{2}\right]$ 内的某个极角 θ 对应射线，该区域到原点距离有一个范围，最近是 $\rho = \dfrac{1}{\cos\theta + \sin\theta}$（直线 $x + y = 1$），最远是 1（圆弧 $x^2 + y^2 = 1$）。

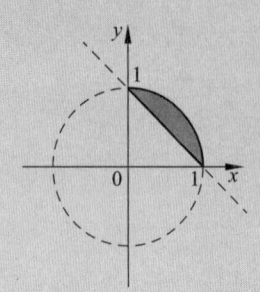

图 8.13　极坐标例题（2）

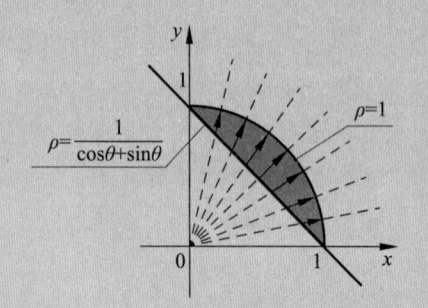

图 8.14　极坐标例题（3）

根据以上信息，可得二次积分的计算过程如下：

$$\iint_D (\cos\theta + \sin\theta)\mathrm{d}\rho\mathrm{d}\theta = \int_0^{\frac{\pi}{2}} \mathrm{d}\theta \int_{\frac{1}{\sin\theta + \cos\theta}}^1 (\cos\theta + \sin\theta)\mathrm{d}\rho = \int_0^{\frac{\pi}{2}} (\cos\theta + \sin\theta - 1)\mathrm{d}\theta = 2 - \frac{\pi}{2}$$

8.3　重积分的应用

重积分的作用并不仅仅局限于求曲顶立体的体积。实际上，重积分还能够在诸多物理问题的解决中发挥重要作用。它可以被应用于各种不同的物理情境中，帮助我们更好地理解和分析物理现象。例如，在力学领域，重积分可以用于计算物体的质心、转动惯量等重要物理量；在电磁学中，重积分可用于求解电场、磁场的能量等问题。接下来通过简单的两个具体物理问题，感受重积分处理问题的过程和思路，而不要只是机械地记忆结论公式。

8.3.1　非均匀薄板的质量与质心

设想现在存在一个厚度均匀的矩形薄板，如图 8.15 所示，该板长 3m、宽 2m。且板在不同位置的面密度 ρ（即质量与面积的比值，单位：kg/m²）会发生改变。比如面密度 ρ 函数如下：

$$\rho = 2 + \frac{x^2}{10} - \frac{\sqrt{y}}{2} \quad (\mathrm{kg/m^2}) \tag{8.3.1}$$

在这种情况下，如果想求出整个板子的质量，需要对薄板进行微分处理。如图 8.16 所示，薄板被划分成面积为 $\mathrm{d}x\mathrm{d}y$ 的小块，则其中每一个小块的质量为

$$\rho\mathrm{d}x\mathrm{d}y = \left(2 + \frac{x^2}{10} - \frac{\sqrt{y}}{2}\right)\mathrm{d}x\mathrm{d}y \tag{8.3.2}$$

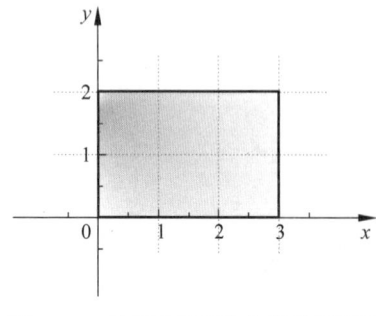

图 8.15　平面密度不均匀薄板示意图

将该区域内所有小块的质量叠加起来，即可得到整块薄板的质量 M：

$$M = \iint_D \left(2 + \frac{x^2}{10} - \frac{\sqrt{y}}{2}\right)\mathrm{d}x\mathrm{d}y = \int_0^3 \mathrm{d}x \int_0^2 \left(2 + \frac{x^2}{10} - \frac{\sqrt{y}}{2}\right)\mathrm{d}y = \frac{69}{5} - 2\sqrt{2} \approx 10.97157(\mathrm{kg})$$

$$\tag{8.3.3}$$

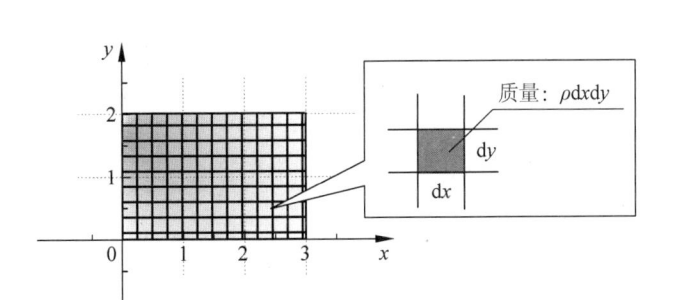

图 8.16　不均匀薄板微分处理

总结上述过程通用表达式如下：

> 一个平板在 xOy 坐标系中占据区域为 D，其面密度函数为 $\rho(x,y)$，则该平板的质量为
> $$\iint_D \rho(x,y)\,\mathrm{d}x\,\mathrm{d}y$$

谈到薄板的质量，接下来引出一个新的概念——质心。设想这样一个场景，如图 8.17 所示，如果仅用一个支点来支撑整个平板，并且整个平板在重力和支持力作用下保持水平状态的平衡，此时该支点的位置被称为这个平板的"质心"。质心可以理解为"重力的平均位置"，仿佛把整个平板的重量都想象成集中在这个点。你只要在质心处托住它，就能让整块平板平衡。

对于密度均匀的矩形平板，其质心的位置显然处于矩形的正中心（两条对角线的交点）；而如果是密度不均匀的矩形平板，情况则复杂一些。比如，图 8.17 中平板的右下方密度更大，则质心会向右下方偏移。我们直接给出计算质心的公式如下：

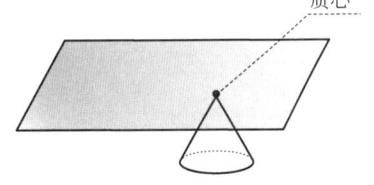

图 8.17　平板质心示意图

> 一个平板在 xOy 坐标系中占据区域为 D，其面密度函数为 $\rho(x,y)$，该平板的质量记为 M，记该平板的质心位置为 $(\bar{x}, \bar{y})$，则有：
> $$\bar{x} = \frac{\iint_D x \cdot \rho(x,y)\,\mathrm{d}x\,\mathrm{d}y}{M}, \quad \bar{y} = \frac{\iint_D y \cdot \rho(x,y)\,\mathrm{d}x\,\mathrm{d}y}{M}$$

在本节中，我们已经通过式 (8.3.3) 计算得出平板质量 M，求质心的横纵坐标的过程如下：

$$\bar{x} = \frac{\iint_D x\left(2 + \frac{x^2}{10} - \frac{\sqrt{y}}{2}\right)\mathrm{d}x\,\mathrm{d}y}{M} = \frac{\int_0^3 \mathrm{d}x \int_0^2 x\left(2 + \frac{x^2}{10} - \frac{\sqrt{y}}{2}\right)\mathrm{d}y}{M} = \frac{\frac{441}{20} - 3\sqrt{2}}{\frac{69}{5} - 2\sqrt{2}} \approx 1.623\,05$$

(8.3.4)

$$\bar{y} = \frac{\iint_D y\left(2 + \frac{x^2}{10} - \frac{\sqrt{y}}{2}\right)\mathrm{d}x\,\mathrm{d}y}{M} = \frac{\int_0^3 \mathrm{d}x \int_0^2 y\left(2 + \frac{x^2}{10} - \frac{\sqrt{y}}{2}\right)\mathrm{d}y}{M} = \frac{69 - 12\sqrt{2}}{69 - 10\sqrt{2}} \approx 0.948\,44$$

(8.3.5)

所以该平板的质心位置约为(1.623 05,0.948 44)。

学生：为何质心的计算公式是这样的？它能在支点上平衡的原理是什么？

老师：这涉及我们中学时接触过的一个概念——**力矩**。力矩是"力臂×力"所得出的结果，是杠杆原理中的核心概念。如图 8.18 所示，如果只考虑两端物块的质量，则在重力作用下产生的力矩分别为

$$逆时针力矩\ M_1 = m_1 g h_1$$
$$顺时针力矩\ M_2 = m_2 g h_2$$

如果要使杠杆在支点上平衡，则需要左右的力矩大小相等。我们再看下面这种情形：如图 8.19 所示，一根密度不均匀的长杆，长度为 L，其线密度为 ρ（质量与长度的比值，单位：kg/m）是关于位置 x 的函数 $\rho(x)$。如果将这个杆放在支点上，要求左右达到平衡，怎么确定支点放在哪里，即如何求得质心的位置？

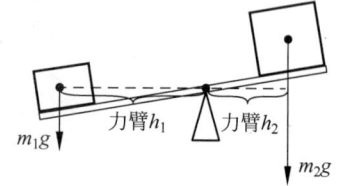

图 8.18 力矩概念示意图

学生：我们可以取杆的最左侧记为 0 点，沿杆建立 x 坐标系，设质心的位置为 x_c。为了能平衡，则左右两侧在重力作用下的力矩应该相等。

老师：那对于这样一个不均匀的长杆，我们怎么获得左右两侧的重力力矩呢？

学生：那很容易，我们用微积分的思想来化解它！将长杆微分处理，划分为无穷多小节，如图 8.20 所示：在 x 坐标处取一小节，长度为 $\mathrm{d}x$，它的质量就是 $\rho(x)\mathrm{d}x$，所受重力即为 $\rho(x)\mathrm{d}x \cdot g$；而力臂为 $(x - x_c)$，在本题中如果力臂为负数（支点左侧），则产生的力矩使杆逆时针倾斜；如果力臂为正数（支点右侧），则使杆顺时针倾斜。

图 8.19 密度不均的长杆与支点

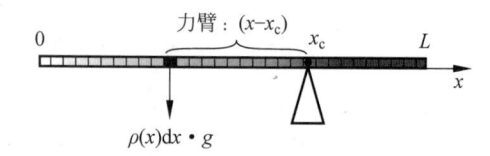

图 8.20 密度不均长杆与支点

老师：非常棒的分析！根据你的推导，长杆上任意位置对支点处产生的力矩为

$$g\rho(x)(x - x_c)\mathrm{d}x$$

整个长杆重量在支点上的力矩为

$$\int_0^L g\rho(x)(x - x_c)\mathrm{d}x$$

学生：是的。最后，为了长杆达到平衡，整个力矩应该为 0（支点的左右相消）。可以得出以下推导：

$$\int_0^L g\rho(x)(x - x_c)\mathrm{d}x = 0$$
$$\int_0^L g\rho(x)x\,\mathrm{d}x = \int_0^L g\rho(x)x_c\,\mathrm{d}x$$

而我们需要留意，重力加速度 g 和质心位置 x_c 是固定常数，可以从积分中提出来：

$$\int_0^L \rho(x)x\,\mathrm{d}x = x_c\int_0^L \rho(x)\mathrm{d}x$$

最后获得了质心 x_c 的表达式,并且其中 $\int_0^L \rho(x)\mathrm{d}x$ 恰恰是整根长杆的质量,所以可得公式:

$$x_c = \frac{\int_0^L \rho(x) x \mathrm{d}x}{\int_0^L \rho(x) \mathrm{d}x} = \frac{\int_0^L \rho(x) x \mathrm{d}x}{M}$$

老师:既然知道了长杆的情况,我想平板的质心公式你也能理解了吧?

总的来说,质心坐标本质上可以理解为"质量加权的坐标平均值",密度大的位置权重就高。

8.3.2 物体转动时的动能

在中学时我们学习过质点的匀速圆周运动相关内容,如图 8.21 所示,一个质量为 m 的质点,以半径 r、角速度 ω 做匀速圆周运动。

此时,该质点具有的动能为

$$E = \frac{m\omega^2 r^2}{2} \tag{8.3.6}$$

现在考虑一种更为复杂的情况:如图 8.22 所示,一个面密度为 $3\mathrm{kg/m^2}$、长为 $2\mathrm{m}$、宽为 $1\mathrm{m}$ 的薄板放置在 xOy 平面中,它以原点为转轴进行旋转运动,角速度为 $2\mathrm{rad/s}$。求此时平板具有的动能是多大?

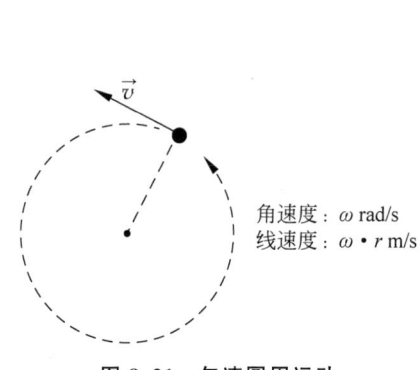

图 8.21 匀速圆周运动

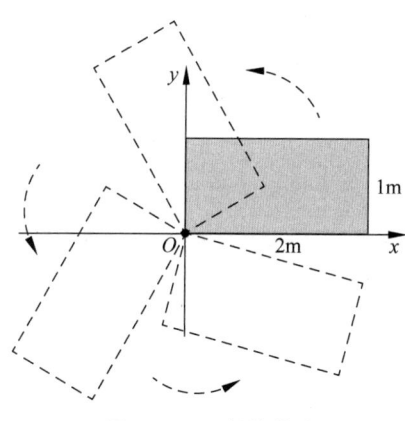

图 8.22 平板的转动

为了分析这个问题,我们需要意识到平板模型不同于质点模型,一块平板上不同位置的线速度会有所不同,而利用微积分的分析思路,则会豁然开朗:如图 8.23 所示,将整个平板微分化,每个微分网格可看作一个质点,整个平板的动能等于所有质点的动能总和。

微分网格的质量为

$$\mathrm{d}m = \rho \mathrm{d}x\mathrm{d}y = 3\mathrm{d}x\mathrm{d}y(\mathrm{kg}) \tag{8.3.7}$$

微分网格的运动速率为

$$v = \omega r = 2\sqrt{x^2 + y^2} \ (\mathrm{m/s}) \tag{8.3.8}$$

微分网格的动能为

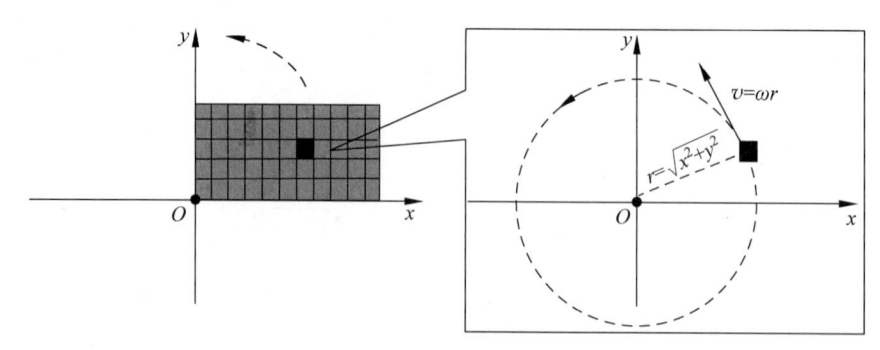

图 8.23　平板微分化处理示意图

$$\frac{\mathrm{d}m \cdot v^2}{2} = 6(x^2+y^2)\mathrm{d}x\mathrm{d}y (\mathrm{J}) \tag{8.3.9}$$

整个平板拥有的动能为

$$\iint_D 6(x^2+y^2)\mathrm{d}x\mathrm{d}y (\mathrm{J}) \tag{8.3.10}$$

进一步计算式(8.3.10)，得到：

$$\iint_D 6(x^2+y^2)\mathrm{d}x\mathrm{d}y = \int_0^2 \mathrm{d}x \int_0^1 6(x^2+y^2)\mathrm{d}y = 20(\mathrm{J}) \tag{8.3.11}$$

这样就计算得出了平板的转动动能。而本例中，我们处理的是密度均匀的矩形薄板，如果是密度不均匀的，或者非矩形的薄板，也不难用同样的方式进行分析处理，得到的结论如下。

- ◆ 一个平板在 xOy 平面中占据区域为 D，其面密度函数为 $\rho(x,y)$。如果平板以 $P(x_0,y_0)$ 为轴心，以角速度 ω 在 xOy 平面中转动，则该平板具有的动能为

$$E = \iint_D \frac{\omega^2 r^2}{2} \rho(x,y) \mathrm{d}x\mathrm{d}y$$

其中，r 是点到转轴的距离，$r^2 = (x-x_0)^2 + (y-y_0)^2$。

- ◆ 可以定义一个物理量：**转动惯量 I**，它的计算公式为

$$I = \iint_D r^2 \rho(x,y) \mathrm{d}x\mathrm{d}y$$

从计算公式可以看出，一个物体的转动惯量 I 与它自身的密度分布情况以及转轴位置有关。

综合以上两点，如果已经确定了物体的转动惯量 I 以及角速度 ω，则此时物体的转动动能为

$$E = \frac{I\omega^2}{2}$$

8.4　结语

在探寻重积分的旅程中，我们不只收获了如何计算更复杂的体积、面积或质量，更感受到微积分思想背后那股神奇的力量：对未知世界进行"近似—累加—极限"的拆解与重构。我们

看到了数学理论与物理、工程等学科的巧妙交融,也见证了重积分为解决各种现实问题提供的可能性。数学的魅力就在于此:它不仅是公式与算式的集合,也是让我们能将抽象问题"看得见,摸得着"的思维方式。

希望本章对你而言,不仅仅是知识和技能的积累,也是一种数学热情的点燃:去深挖、去好奇、去思考——原来无穷小与无穷大之间,还有如此妙不可言的风景。愿你在重积分的世界里,既能循着严谨推理一步步攀登,也能在不经意的回眸中,惊叹于数学之美无处不在!

第 9 章 无 穷 级 数

在古希腊神话中,阿基里斯是奔跑速度最快的战士,他的奔跑速度是普通人的数倍。有一天,他和一只乌龟比赛跑步。为了让比赛公平,阿基里斯让乌龟先走 100 米。看起来阿基里斯轻松就能追上乌龟,但是哲学家芝诺提出了一个奇妙的论证:

假设乌龟速度是 1 米/秒,阿基里斯速度是 10 米/秒。当阿基里斯跑到乌龟的起点时,乌龟已经又向前爬了 10 米。当阿基里斯跑完这 10 米时,乌龟又向前爬了 1 米。当阿基里斯跑完这 1 米时,乌龟又向前爬了 0.1 米……按这个逻辑,阿基里斯永远都追不上乌龟!

这就是著名的"芝诺悖论"。它看似荒谬,却很难直接指出问题在哪里。让我们用数学来分析:

如果把追赶过程分解成一系列时间段:

第一段,阿基里斯需要跑 100 米,用时 10 秒;

第二段,阿基里斯需要跑 10 米,用时 1 秒;

第三段,阿基里斯需要跑 1 米,用时 0.1 秒;

第四段,阿基里斯需要跑 0.1 米,用时 0.01 秒;

……

不难看出,阿基里斯追上乌龟所需的时间为

$$10 + 1 + 0.1 + 0.01 + 0.001 + \cdots$$

这个时间是由无穷多个数字叠加而成的,其结果是 11.1111…无限循环小数,而它恰恰是 $\frac{100}{9}$。所以想要破解芝诺悖论,就只需要我们意识到:**无穷多个数字相加,其结果不一定是无穷大的**。而这就是本章所学的内容主题——无穷级数。

学习目标	重 要 性	难 度
了解常数项级数的概念,了解 p 级数和几何级数,掌握常用的级数审敛方法	★★☆☆	★★☆☆
了解幂级数的概念,并能够使用基础的方法计算幂级数的收敛半径与收敛域	★★☆☆	★★☆☆
了解泰勒级数和麦克劳林级数,理解它们的原理,掌握常见函数的麦克劳林级数,能够将其应用于解决近似计算问题	★★★★	★★★☆
了解傅里叶级数,理解傅里叶级数的原理	★★★☆	★★★★

在完成本章的学习后,你将能够独立解决下列问题:

♦ 判断下列表达式中,哪些结果是有限大的,哪些结果是无穷大的?

$$1 + \frac{1}{2} + \frac{1}{3} + \frac{1}{4} + \cdots$$

$$1 + \frac{1}{2} + \frac{1}{4} + \frac{1}{8} + \cdots$$

$$1 - \frac{1}{2} + \frac{1}{3} - \frac{1}{4} + \frac{1}{5} + \cdots$$

♦ 对于如下表达式,当 x 取值在哪个区间内,可以使得该式是收敛的?

$$\sum_{n=0}^{\infty} \frac{2^n}{n+1} x^n = 1 + \frac{2}{2} x^1 + \frac{2^2}{3} x^2 + \frac{2^3}{4} x^3 + \cdots$$

♦ 在不借助计算器的情况下,仅用加、减、乘、除 4 种运算,近似算出 $\sin(0.1)$、$e^{0.2}$、$\ln(1.01)$ 这些数值(精确到小数点后 3 位)。

♦ 求定积分 $\int_0^1 e^{x^2} dx$ 的数值,精确到小数点后 3 位。

9.1 常数项级数

有以下形式的表达式:

$$\sum_{n=1}^{\infty} a_n = a_1 + a_2 + a_3 + \cdots \tag{9.1.1}$$

它的特点在于:a_n 是常数,并且有无穷多项进行相加,这便被称为"**常数项级数**"。常数项级数中,如果 $a_n > 0$,则被称为"**正项级数**";如果 a_n 有正有负,则被称为"**任意项级数**"。在任意项级数中,如果 a_n 刚好是一正一负交替符号,则被称为"**交错级数**"。比如下面这两个例子。

交错级数:$1 - \frac{1}{2} + \frac{1}{3} - \frac{1}{4} + \cdots$ \qquad (9.1.2)

任意项级数(非交错级数):$1 + \frac{1}{2} - \frac{1}{3} - \frac{1}{4} + \frac{1}{5} + \frac{1}{6} - \frac{1}{7} - \frac{1}{8} \cdots$ \qquad (9.1.3)

关于级数,其中最重要的话题就是它是**收敛**的还是**发散**的。通俗的理解就是这无穷多个数累加后的结果是否会成为一个明确的、有限大的数字。级数的敛散性在数学中的严格定义如下：

> 表达式 $S_n = \sum_{k=1}^{n} a_k = a_1 + a_2 + \cdots + a_n (n=1,2,\cdots)$ 被称为无穷级数的部分和。若数项级数 $\sum_{n=1}^{\infty} a_n$ 的部分和数列 $\{S_n\}$ 的极限 $\lim_{n \to \infty} S_n$ 存在，则称级数 $\sum_{n=1}^{\infty} u_n$ 收敛；否则称级数 $\sum_{n=1}^{\infty} u_n$ 发散。

9.1.1 正项级数

我们首先了解两类最基本的正项级数：**等比级数**（又称几何级数）和 **p 级数**。

首先是等比级数，它的形式如下：

$$\sum_{n=0}^{\infty} a \cdot q^n \quad (a>0, q>0) \tag{9.1.4}$$

举几个例子：

(1) $a=1, q=3, \sum_{n=0}^{\infty} 3^n = 1 + 3 + 3^2 + 3^3 + 3^4 + \cdots$

(2) $a=3, q=\dfrac{1}{2}, \sum_{n=0}^{\infty} 3\left(\dfrac{1}{2}\right)^n = 3 + \dfrac{3}{2} + \dfrac{3}{2^2} + \dfrac{3}{2^3} + \dfrac{3}{2^4} + \cdots$

(3) $a=2, q=\dfrac{3}{4}, \sum_{n=0}^{\infty} 2\left(\dfrac{3}{4}\right)^n = 2 + \dfrac{2 \times 3}{4} + \dfrac{2 \times 3^2}{4^2} + \dfrac{2 \times 3^3}{4^3} + \dfrac{2 \times 3^4}{4^4} + \cdots$

等比级数的敛散性有以下结论。

> 等比级数 $\sum_{n=0}^{\infty} a \cdot q^n (a>0, q>0)$ 的敛散性：如果 $q \geqslant 1$，则该级数发散；如果 $0 < q < 1$，则该级数收敛。

原理也不难理解，等比级数本身是一个等比数列的求和，按照等比数列求和公式如下：

$$\sum_{n=0}^{\infty} a \cdot q^n (a>0, q>0) = \begin{cases} \lim\limits_{n \to \infty} an, & q=1 \\ \lim\limits_{n \to \infty} \dfrac{a(1-q^n)}{1-q}, & q \neq 1 \end{cases} \tag{9.1.5}$$

而等号右侧极限的结果如下：

$$\lim_{n \to \infty} an = \infty \tag{9.1.6}$$

$$\lim_{n \to \infty} \frac{a(1-q^n)}{1-q} = \begin{cases} \dfrac{a}{1-q}, & 0<q<1 \\ \infty, & q>1 \end{cases} \tag{9.1.7}$$

接下来再看 p 级数，其形式如下：

$$\sum_{n=1}^{\infty} \frac{1}{n^p} \tag{9.1.8}$$

举几个例子：

(1) $p=2$，$\sum_{n=1}^{\infty}\frac{1}{n^2}=\frac{1}{1^2}+\frac{1}{2^2}+\frac{1}{3^2}+\frac{1}{4^2}+\cdots$

(2) $p=\frac{1}{3}$，$\sum_{n=1}^{\infty}\frac{1}{n^{\frac{1}{3}}}=\frac{1}{\sqrt[3]{1}}+\frac{1}{\sqrt[3]{2}}+\frac{1}{\sqrt[3]{3}}+\frac{1}{\sqrt[3]{4}}+\cdots$

(3) $p=1$，$\sum_{n=1}^{\infty}\frac{1}{n^1}=\frac{1}{1}+\frac{1}{2}+\frac{1}{3}+\frac{1}{4}+\cdots$

p 级数的敛散性有以下结论：

---

p 级数 $\sum_{n=1}^{\infty}\frac{1}{n^p}$ 的敛散性

如果 $p\leqslant 1$，则该级数发散；如果 $p>1$，则该级数收敛。

此外，如果 $p=1$，也就是上述例子中的(3)，则称之为"调和级数"，调和级数是发散的，它的结果是无穷大。对于 $p>1$ 的情况，我们只知道该 p 级数是收敛的，很难求得它收敛的极限值到底是多少。不过，我们目前只关心它的敛散性，不需要考虑求和的具体值。

在了解等比级数与 p 级数后，还需掌握以下几种常见的判定方法，从而判断其他情况中的**正项级数**是否收敛。

判断正项级数收敛或发散的常见方法

(1) **比值审敛法**（达朗贝尔判别法）：对于正项级数 $\sum_{n=1}^{\infty}a_n$，求 $\lim_{n\to+\infty}\frac{a_{n+1}}{a_n}$，若该极限值存在，则将极限值记为 ρ：$\rho>1$，级数 $\sum_{n=1}^{\infty}a_n$ 发散；$0<\rho<1$，级数 $\sum_{n=1}^{\infty}a_n$ 发散；$\rho=1$，这意味着级数 $\sum_{n=1}^{\infty}a_n$ 既可能收敛也可能发散，需要换其他方法来判断给出结论。

(2) **大小比较法**：两个正项级数 $\sum_{n=1}^{\infty}a_n$ 与 $\sum_{n=1}^{\infty}b_n$，其中 $a_n<b_n$，如果 b_n 收敛则 a_n 也收敛，如果 a_n 发散则 b_n 也发散。

(3) **极限比较法**：两个正项级数 $\sum_{n=1}^{\infty}a_n$ 与 $\sum_{n=1}^{\infty}b_n$，如果 $\lim_{n\to+\infty}\frac{a_n}{b_n}$ 的结果是一个非 0 常数，则两者具有相同的敛散性，即 $\sum_{n=1}^{\infty}a_n$ 收敛 $\sum_{n=1}^{\infty}b_n$ 也收敛，$\sum_{n=1}^{\infty}a_n$ 发散 $\sum_{n=1}^{\infty}b_n$ 也发散。

我们通过以下例题来熟练应用上述方法。

判断以下无穷级数的敛散性：

(1) $\sum_{n=1}^{\infty}\frac{1+n}{2^n}$

(2) $\sum_{n=1}^{\infty} \dfrac{3^n}{n!}$

(3) $\sum_{n=1}^{\infty} \dfrac{1}{n^2+1}$

解：

(1) 利用比值审敛法，求得 $\lim\limits_{n\to\infty} \dfrac{\dfrac{1+(n+1)}{2^{n+1}}}{\dfrac{1+n}{2^n}} = \lim\limits_{n\to\infty} \dfrac{2+n}{2+2n} = \dfrac{1}{2} < 1$，可得该级数收敛。

(2) 利用比值审敛法，求得 $\lim\limits_{n\to\infty} \dfrac{\dfrac{3^{n+1}}{(n+1)!}}{\dfrac{3^n}{n!}} = \lim\limits_{n\to\infty} \dfrac{3}{n+1} = 0 < 1$，可得该级数收敛。

(3) 利用比值审敛法，求得 $\lim\limits_{n\to\infty} \dfrac{\dfrac{1}{n^2+1}}{\dfrac{1}{(n+1)^2+1}} = \lim\limits_{n\to\infty} \dfrac{(n+1)^2+1}{n^2+1} = 1$，此时无法判断该级数的敛散性，需要换用其他方法判断。利用极限比较法，找到另一个级数 $\sum_{n=1}^{\infty} \dfrac{1}{n^2}$，可以算出 $\lim\limits_{n\to\infty} \dfrac{\dfrac{1}{n^2+1}}{\dfrac{1}{n^2}} = \lim\limits_{n\to\infty} \dfrac{n^2}{n^2+1} = 1$，说明 $\sum_{n=1}^{\infty} \dfrac{1}{n^2}$ 与 $\sum_{n=1}^{\infty} \dfrac{1}{n^2+1}$ 具有相同的敛散性，而前者是 $p=2$ 的 p 级数（收敛），两者都是收敛的。

9.1.2 交错级数

在常数项级数 $\sum_{n=1}^{\infty} a_n$ 中，如果 a_n 刚好是一正一负交错出现的，则称之为交错级数。不同于正项级数，判定交错级数是否收敛可使用如下法则。

莱布尼茨审敛法

如果交错级数 $\sum_{n=1}^{\infty} a_n$ 同时满足以下两个条件，则可以充分得出它是收敛的。

(1) $|a_n|$ 是递减的；(2) $\lim\limits_{n\to\infty} |a_n| = 0$。

比如对于以下交错级数，可以判断出它们是收敛的：

$$\sum_{n=1}^{\infty} \dfrac{(-1)^n}{n} = -1 + \dfrac{1}{2} - \dfrac{1}{3} + \dfrac{1}{4} - \cdots \tag{9.1.9}$$

$$\sum_{n=1}^{\infty}\left(\frac{-1}{3}\right)^n = -\frac{1}{3} + \frac{1}{3^2} - \frac{1}{3^3} + \frac{1}{3^4} - \cdots \qquad (9.1.10)$$

> **绝对收敛与条件收敛**
>
> 对于交错级数 $\sum_{n=1}^{\infty} a_n$,如果已知它是收敛的,则它还可以细分为两种情况。
>
> (1) **绝对收敛**:将 a_n 每项取绝对值进行相加,形成正项级数 $\sum_{n=1}^{\infty} |a_n|$,如果该正项级数仍是收敛的,则称 $\sum_{n=1}^{\infty} a_n$ 属于绝对收敛。
>
> (2) **条件收敛**:交错级数 $\sum_{n=1}^{\infty} a_n$ 是收敛的,但是取正项级数 $\sum_{n=1}^{\infty} |a_n|$ 是发散的,则称 $\sum_{n=1}^{\infty} a_n$ 属于条件收敛。

不难看出,式(9.1.9)的交错级数是条件收敛的,而式(9.1.10)中的交错级数是绝对收敛的。

9.2 幂级数

9.2.1 收敛半径、收敛区间

幂级数不同于常数项级数,它本质上是一个关于 x 的多项式函数。本书讨论的幂级数都是如下形式的:

$$\sum_{n=0}^{\infty} a_n x^n \qquad (9.2.1)$$

举个例子:

$$\sum_{n=1}^{\infty} \frac{x^n}{n} = x + \frac{x^2}{2} + \frac{x^3}{3} + \frac{x^4}{4} + \cdots \qquad (9.2.2)$$

在幂级数中,x 的取值会影响该级数是否收敛:

(1) 在式(9.2.2)中,如果 $x=1$,则形成 $\sum_{n=1}^{\infty} \frac{1}{n}$,作为 $p=1$ 的 p 级数,它显然是发散的;

(2) 在式(9.2.2)中,如果 $x=-1$,则形成交错级数 $\sum_{n=1}^{\infty} \frac{(-1)^n}{n}$,按照莱布尼茨法则进行判断,它是收敛的。

有关幂级数,我们需要掌握如下核心知识点。

> **阿贝尔定理**
>
> 对于幂级数 $\sum_{n=0}^{\infty} a_n x^n$,当 $x=c(c \neq 0)$ 时收敛,则该幂级数在满足 $|x|<|c|$ 的所有

x 处绝对收敛;如果幂级数 $\sum_{n=0}^{\infty} a_n x^n$,当 $x=c$ 时发散,则该幂级数在满足 $|x|>|c|$ 的所有 x 处发散。举例说明情况,如图 9.1 所示。

幂级数 $\sum_{n=0}^{\infty} a_n x^n$

如果 $x=0.5$ 时,幂级数收敛

阿贝尔定理:$-0.5<x<0.5$ 时幂级数都可以收敛

如果 $x=0.6$ 时,幂级数发散

阿贝尔定理:$x<-0.6$ 或 $x>0.6$ 时幂级数都发散

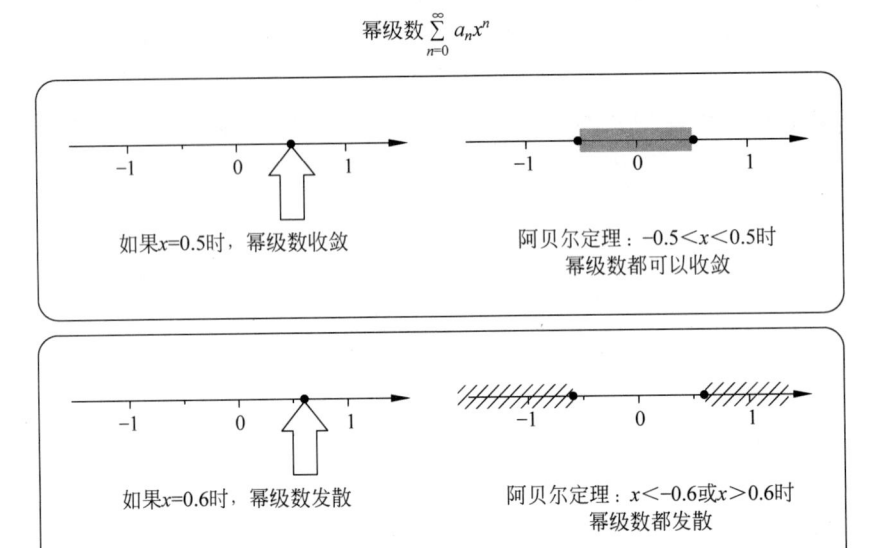

图 9.1 阿贝尔定理含义图示

收敛半径与收敛区间的定义

对于幂级数 $\sum_{n=0}^{\infty} a_n x^n$,如果存在一个正数 R,当 $x \in (-R, R)$ 时,该级数是收敛的;而当 $x \in (-\infty, -R) \cup (R, +\infty)$ 时,该级数发散。此时我们称 R 是这个幂级数的收敛半径,而 $(-R, R)$ 是该级数的收敛区间。特别地,如果对于幂级数 $\sum_{n=0}^{\infty} a_n x^n$,只有在 $x=0$ 时它才会收敛,则称该幂级数的收敛半径 $R=0$。

收敛半径与收敛区间的计算方法

对于幂级数 $\sum_{n=0}^{\infty} a_n x^n$,如果存在以下极限结果:

$$\lim_{n \to \infty} \left| \frac{a_{n+1}}{a_n} \right| = \rho$$

则根据 ρ 的情况有以下结论:

① 如果 ρ 是一个非零的常数($0<\rho<\infty$),则幂级数的收敛半径 $R=\dfrac{1}{\rho}$,收敛区间为 $(-R, R)$;

② 如果 $\rho=0$,则幂级数的收敛半径 $R=+\infty$,收敛区间为 $(-\infty, \infty)$,这也就意味着不论 x 取什么样的实数,代入该幂级数都会得到收敛的结果;

③ 如果 $\rho=\infty$,则幂级数的收敛半径 $R=0$,这也就意味着只有当 $x=0$ 时,该幂级数才会收敛。

通过以下例题来学习应用上述理论。

在以下幂级数中,求出它们各自的收敛半径和收敛区间:

(1) $\sum_{n=1}^{\infty} \frac{n}{2^n} x^n$

(2) $\sum_{n=1}^{\infty} \frac{3^n}{n} x^n$

(3) $\sum_{n=1}^{\infty} \frac{n^2}{n!} x^n$

(4) $\sum_{n=1}^{\infty} \frac{n!}{n+1} x^n$

解:

(1) $a_n = \frac{n}{2^n}, a_{n+1} = \frac{n+1}{2^{n+1}}$,求极限可知 $\lim_{n \to \infty} \left| \frac{a_{n+1}}{a_n} \right| = \lim_{n \to \infty} \frac{1}{2} \cdot \frac{n+1}{n} = \frac{1}{2}$,所以收敛半径 $R = 2$,收敛区间为 $(-2, 2)$。

(2) $a_n = \frac{3^n}{n}, a_{n+1} = \frac{3^{n+1}}{n+1}$,求极限可知 $\lim_{n \to \infty} \left| \frac{a_{n+1}}{a_n} \right| = \lim_{n \to \infty} 3 \cdot \frac{n}{n+1} = 3$,所以收敛半径 $R = \frac{1}{3}$,收敛区间为 $\left(-\frac{1}{3}, \frac{1}{3} \right)$。此外,还可以考虑收敛区间的两端 $\left(x = \pm \frac{1}{3} \right)$ 的收敛情况。

① 如果 $x = -\frac{1}{3}$,代入该幂级数得到:

$$\sum_{n=1}^{\infty} \frac{3^n}{n} \left(-\frac{1}{3} \right)^n = \sum_{n=1}^{\infty} \frac{(-1)^n}{n}$$

得到一个交错级数,并且根据莱布尼茨法则可判定它是收敛的。

② 如果 $x = \frac{1}{3}$,代入该幂级数得到:

$$\sum_{n=1}^{\infty} \frac{3^n}{n} \left(\frac{1}{3} \right)^n = \sum_{n=1}^{\infty} \frac{1}{n}$$

得到调和级数($p = 1$ 的 p 级数),它是发散的。

此时我们称这个级数的**收敛域**是 $\left[-\frac{1}{3}, \frac{1}{3} \right)$。一个幂级数的收敛区间是开区间,而收敛域则还要补充考虑 x 在两端取值的敛散性。

(3) $a_n = \frac{n^2}{n!}, a_{n+1} = \frac{(n+1)^2}{(n+1)!}$,求极限可知 $\lim_{n \to \infty} \left| \frac{a_{n+1}}{a_n} \right| = \lim_{n \to \infty} \frac{(n+1)}{n^2} = 0$,所以收敛半径 $R = +\infty$,收敛区间为 $(-\infty, +\infty)$。

(4) $a_n = \frac{n!}{n+1}, a_{n+1} = \frac{(n+1)!}{n+2}$,求极限可知 $\lim_{n \to \infty} \left| \frac{a_{n+1}}{a_n} \right| = \lim_{n \to \infty} \frac{(n+1)^2}{n+2} = +\infty$,所以收敛半径 $R = 0$,只有在 $x = 0$ 时该幂级数才会收敛。

9.2.2 泰勒级数

老师：我来考考你，是否可以通过纸笔来近似计算出 $\sin(0.1)$ 或者 $e^{0.2}$ 呢？要精确到小数点后 3 位。

学生：这不像是一些常见的数字，恐怕我还无法给出回答。

老师：没错。尽管我们已经非常熟悉三角函数、指数函数、对数函数等内容，却仍不知道如何计算它们的函数值。接下来，我告诉你一个等式：

$$e^x = 1 + \frac{1}{1!}x + \frac{1}{2!}x^2 + \frac{1}{3!}x^3 + \frac{1}{4!}x^4 + \cdots = \sum_{n=0}^{\infty} \frac{1}{n!}x^n \quad (-\infty < x < +\infty)$$

等号右侧是我们刚刚学习过的幂级数，这个等式告诉我们 e^x 可以被一个幂级数所取代。比如，我们需要计算 $e^{0.2}$，则有：

$$e^{0.2} = 1 + \frac{1}{1!}(0.2) + \frac{1}{2!}(0.2)^2 + \frac{1}{3!}(0.2)^3 + \frac{1}{4!}(0.2)^4 + \cdots$$

学生：而计算等号右侧，只要用到最基本的加减乘除四则运算就可以搞定。但是它是有无穷多项相加，怎样得出数值的结果呢？

老师：如果只是近似计算，我们不必加无穷多项，把这个幂级数的前几项相加就可以达成目的。看下面的计算结果：

$$1 = 1.000\,00$$

$$1 + \frac{1}{1!}(0.2) = 1.200\,00$$

$$1 + \frac{1}{1!}(0.2) + \frac{1}{2!}(0.2)^2 = 1.220\,00$$

$$1 + \frac{1}{1!}(0.2) + \frac{1}{2!}(0.2)^2 + \frac{1}{3!}(0.2)^3 = 1.221\,33$$

$$1 + \frac{1}{1!}(0.2) + \frac{1}{2!}(0.2)^2 + \frac{1}{3!}(0.2)^3 + \frac{1}{4!}(0.2)^4 = 1.221\,40$$

$$1 + \frac{1}{1!}(0.2) + \frac{1}{2!}(0.2)^2 + \frac{1}{3!}(0.2)^3 + \frac{1}{4!}(0.2)^4 + \frac{1}{5!}(0.2)^5 = 1.221\,40$$

学生：我明白了，加到第 6 项时，该结果前 5 位小数已经稳定在了 1.221 40，所以 $e^{0.2}$ 近似取值为 1.221（保留 3 位小数）就可以。

老师：除了 e^x 这个函数，还有以下等式，把函数展开为幂级数：

$$\sin x = x - \frac{1}{3!}x^3 + \frac{1}{5!}x^5 - \frac{1}{7!}x^7 + \cdots, \quad -\infty < x < +\infty$$

$$\cos x = 1 - \frac{1}{2!}x^2 + \frac{1}{4!}x^4 - \frac{1}{6!}x^6 + \cdots, \quad -\infty < x < +\infty$$

学生：我们是怎样得到这样的等式的？

老师：这就是我们本节讨论的内容——泰勒级数。

首先需要了解,以下为 n 次多项式函数:
$$f(x)=a_0+a_1x+a_2x^2+a_3x^3+\cdots+a_nx^n \tag{9.2.3}$$
其中,n(x 的最大指数)越大,对应的函数曲线图像类型也会发生明显变化,如图 9.2 所示。

(a) $n=0$ $y=a_0$

(b) $n=1$ $y=a_0+a_1x$

(c) $n=2$ $y=a_0+a_1x+a_2x^2$

(d) $n=3$ $y=a_0+a_1x+a_2x^2+a_3x^3$

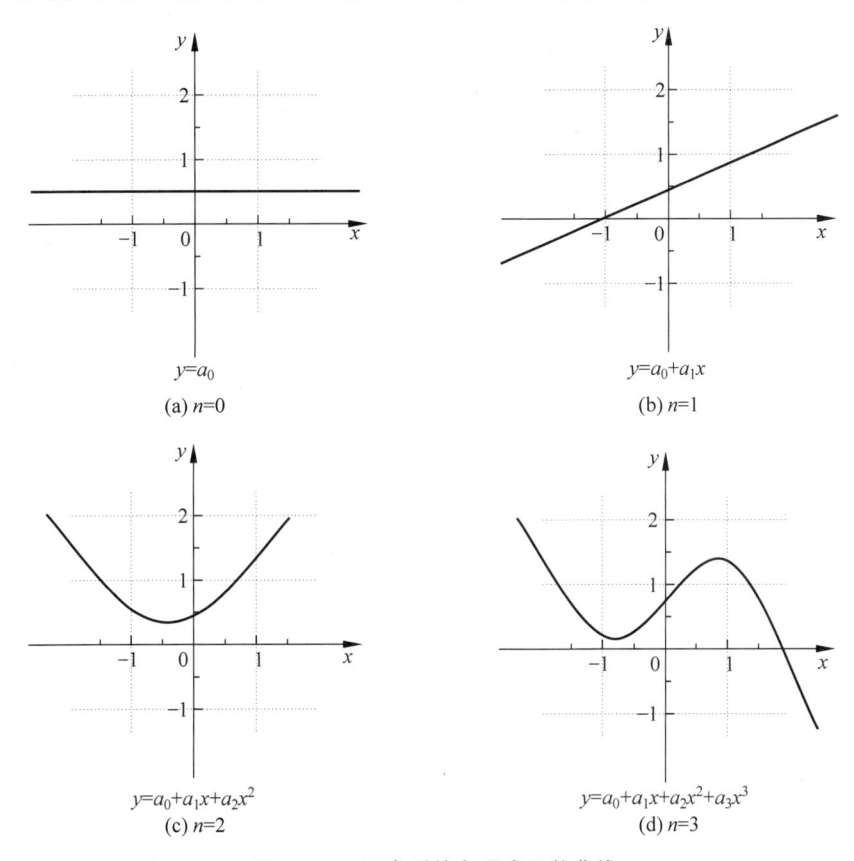

图 9.2   不同类型的多项式函数曲线

从图 9.2 中的图像可以得出一个这样的规律:随着 n 的增大,曲线的形状更加多变,通俗意义上可以理解为曲线的"柔韧性"更好。如果令 $n \to +\infty$,则形成一个无穷次多项式函数(即幂级数 $\sum_{n=1}^{\infty} a_n x^n$),此时从理论上来说,只要选定恰当的系数 a_n,该幂级数形成的曲线形状可以近似、取代其他函数曲线,比如 e^x、$\cos x$、$\sin x$ 等。比如以下表达式:
$$e^x=a_0+a_1x+a_2x^2+a_3x^3+\cdots+a_nx^n+\cdots \tag{9.2.4}$$
如何求得其中各项 x^n 前的系数 a_n 呢?我们先从最简单的 a_0 开始,直接在式(9.2.4)左右代入 $x=0$,即可得到:
$$e^0=a_0 \tag{9.2.5}$$
这样就得到 $a_0=1$。求 a_1 时,需要先让式(9.2.4)左右两侧均求一阶导函数,得到:
$$e^x=a_1+2a_2x+3a_3x^2+\cdots+na_nx^{n-1}+\cdots \tag{9.2.6}$$
在式(9.2.6)左右代入 $x=0$,即可得到:
$$e^0=a_1 \tag{9.2.7}$$
这样就得到 $a_1=1$。

同理,求 a_2 时,需要先对式(9.2.4)左右两侧均求二阶导函数,得到:

$$e^x = 2a_2 + 6a_3x + \cdots + n(n-1)a_n x^{n-2} + \cdots \quad (9.2.8)$$

在式(9.2.8)左右代入 $x=0$,即可得到:

$$e^0 = 2a_2 \quad (9.2.9)$$

这样就得到 $a_2 = \dfrac{1}{2}$。通过以上过程可以知道,求 a_n 时,有**求导**、**代入**这两步操作,即先在左右两侧同时求 n 阶导数,然后代入 $x=0$。如图9.3所示,第一步使等号左右两边求 n 阶导数,这可以使低于 n 次的幂函数变为0;第二步等号两侧代入 $x=0$,这可以使原式中 a_n 后面的幂函数变为0。经这两步,幂级数中的无穷多项就只保留下 a_n 有关的这一项,从而帮助我们顺利解得 a_n 取值。

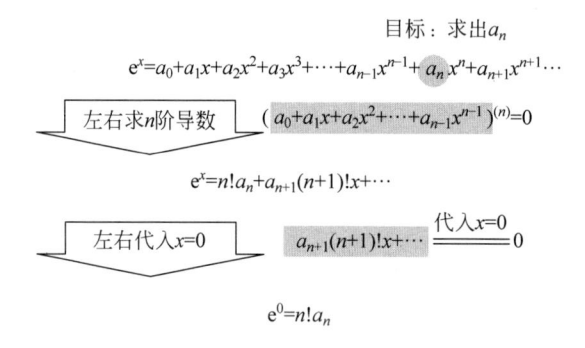

图 9.3 求幂级数系数步骤示意图

经过这样的操作就可以得出结果:

$$a_n = \frac{e^0}{n!} = \frac{1}{n!} \quad (9.2.10)$$

将由式(9.2.10)得出的系数代入式(9.2.4),就得到了 e^x 对应的幂级数:

$$e^x = 1 + \frac{1}{1!}x + \frac{1}{2!}x^2 + \frac{1}{3!}x^3 + \frac{1}{4!}x^4 + \cdots = \sum_{n=0}^{\infty} \frac{1}{n!}x^n \quad (9.2.11)$$

我们还需要考虑这个幂级数的收敛情况和适用范围。利用9.2.1节中的知识:已知 $a_n = \dfrac{1}{n!}, a_{n+1} = \dfrac{1}{(n+1)!}$,求极限 $\lim\limits_{n \to \infty}\left|\dfrac{a_{n+1}}{a_n}\right| = \lim\limits_{n \to \infty}\dfrac{1}{n+1} = 0$,可得收敛半径 $R = +\infty$,于是幂级数(见式(9.2.11))的收敛区间为 $(-\infty, +\infty)$,这也就意味着 x 取任意实数,把 e^x 等同于这个幂级数都会成立。

如果把上述过程中的 e^x 换为另一种函数 $f(x)$,要实现它的幂级数展开:

$$f(x) = a_0 + a_1 x + a_2 x^2 + a_3 x^3 + \cdots + a_n x^n + \cdots \quad (9.2.12)$$

在确定 $f(x)$ 在 $x=0$ 处存在任意阶的导数情况下,可按照**求导**、**代入**的流程,推理得出它幂级数中的系数:

$$a_n = \frac{f^{(n)}(0)}{n!} \quad (9.2.13)$$

式(9.2.12)被称为"麦克劳林级数"。

麦克劳林级数

如果函数 $f(x)$ 在 $x=0$ 的某一邻域内存在任意阶导数，则可以将其展开为如下形式的幂级数，称之为 $f(x)$ 的麦克劳林级数：

$$f(x) = f(0) + \frac{f'(0)}{1!}x + \frac{f''(0)}{2!}x^2 + \cdots + \frac{f^{(n)}(0)}{n!}x^n + \cdots$$

麦克劳林级数利用了函数 $f(x)$ 在 $x=0$ 处的情况，而如果遇到其他位置，也可以做类似的推理，获得更加通用的公式，这便是泰勒级数。

泰勒级数

如果函数 $f(x)$ 在 $x=a$ 的某一邻域内存在任意阶导数，则可以将其展开为如下形式的幂级数，称之为 $f(x)$ 在 $x=a$ 处的泰勒级数：

$$f(x) = f(a) + \frac{f'(a)}{1!}(x-a) + \frac{f''(a)}{2!}(x-a)^2 + \cdots + \frac{f^{(n)}(a)}{n!}(x-a)^n + \cdots$$

麦克劳林级数属于泰勒级数的一种特定形式（令泰勒级数中的 $a=0$）。

以下是常见函数的麦克劳林级数以及它们的适用范围：

$$e^x = \sum_{n=0}^{\infty} \frac{1}{n!}x^n = 1 + \frac{1}{1!}x + \frac{1}{2!}x^2 + \frac{1}{3!}x^3 + \cdots \quad (-\infty < x < +\infty) \tag{9.2.14}$$

$$\sin x = \sum_{n=0}^{\infty} \frac{(-1)^n}{(2n+1)!}x^{2n+1} = x - \frac{1}{3!}x^3 + \frac{1}{5!}x^5 - \frac{1}{7!}x^7 + \cdots \quad (-\infty < x < +\infty)$$
$$\tag{9.2.15}$$

$$\cos x = \sum_{n=0}^{\infty} \frac{(-1)^n}{(2n)!}x^{2n} = 1 - \frac{1}{2!}x^2 + \frac{1}{4!}x^4 - \frac{1}{6!}x^6 + \cdots \quad (-\infty < x < +\infty)$$
$$\tag{9.2.16}$$

$$\frac{1}{1-x} = \sum_{n=0}^{\infty} x^n = 1 + x + x^2 + x^3 + x^4 + \cdots \quad (-1 < x < 1) \tag{9.2.17}$$

$$\frac{1}{1+x} = \sum_{n=0}^{\infty} (-1)^n x^n = 1 - x + x^2 - x^3 + x^4 + \cdots \quad (-1 < x < 1) \tag{9.2.18}$$

$$\ln(1+x) = \sum_{n=1}^{\infty} (-1)^{n+1} \frac{x^n}{n} = x - \frac{x^2}{2} + \frac{x^3}{3} - \frac{x^4}{4} + \cdots \quad (-1 < x \leqslant 1) \tag{9.2.19}$$

$$\arctan x = \sum_{n=0}^{\infty} \frac{(-1)^n}{2n+1}x^{2n+1} = x - \frac{x^3}{3} + \frac{x^5}{5} - \frac{x^7}{7} + \cdots \quad (-1 \leqslant x \leqslant 1) \tag{9.2.20}$$

为了展示麦克劳林级数的有效性，我们可以通过图 9.4 了解曲线之间的接近程度（只保留幂级数的前 5 项）。

从图 9.4 中可以看出，在 $x=0$ 附近，两根曲线取值情况非常接近，而其他位置会出现较大区别。这是因为我们只取了幂级数的前 5 项进行绘图，所以存在这种差异是很正常的。理论上，如果取完整的幂级数进行画图，则不会有任何区别。我们通过以下例题来了解麦克劳林级数的应用。

(a) 指数函数图像   (b) 三角函数图像

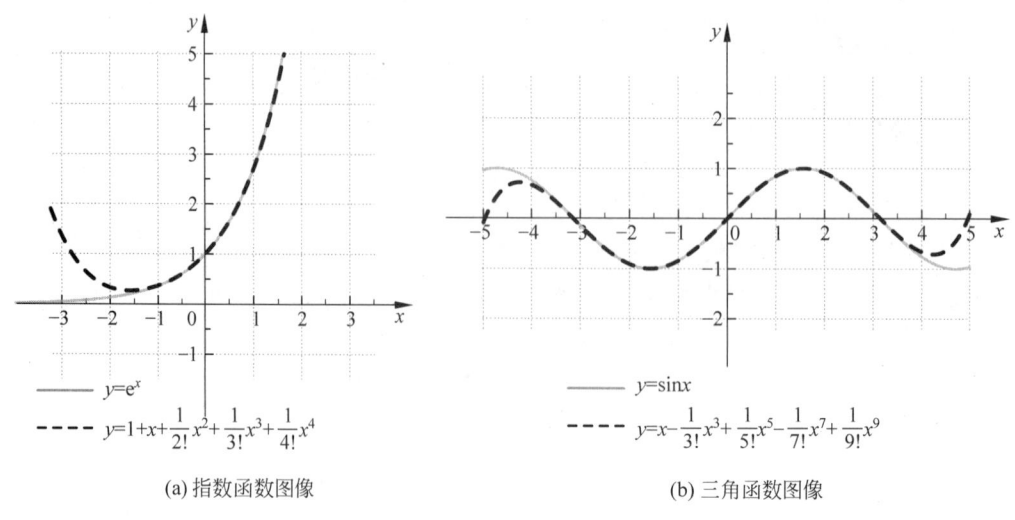

图 9.4　幂级数曲线逼近效果

近似计算以下数值（保留 3 位小数）：

(1) $\cos(0.1)$。

(2) $\int_0^1 e^{x^2} dx$。

(1) 根据麦克劳林级数定义，可知

$$\cos x = 1 - \frac{1}{2!}x^2 + \frac{1}{4!}x^4 - \frac{1}{6!}x^6 + \cdots, \quad -\infty < x < +\infty$$

代入 $x = 0.1$ 即可得到：

$$\cos(0.1) = 1 - \frac{1}{2!}(0.1)^2 + \frac{1}{4!}(0.1)^4 - \frac{1}{6!}(0.1)^6 + \cdots$$

由于是近似计算，因此只需要保留前 3 项（后续数值之和明显小于 0.0001），可得：

$$\cos(0.1) \approx 1 - \frac{1}{2!}(0.1)^2 + \frac{1}{4!}(0.1)^4 = 0.995$$

(2) 对于 e^{x^2}，我们在有限的基本函数范畴内无法算得它的原函数。现在可以利用麦克劳林级数来近似计算。

已知 e^x 的麦克劳林级数如下：

$$e^x = 1 + \frac{1}{1!}x + \frac{1}{2!}x^2 + \frac{1}{3!}x^3 + \cdots$$

将等号两边的 x 替换为 x^2，就可以很便捷地获得 e^{x^2} 的麦克劳林级数：

$$e^{x^2} = 1 + \frac{1}{1!}x^2 + \frac{1}{2!}x^4 + \frac{1}{3!}x^6 + \cdots$$

所以积分运算可以变形如下：

$$\int_0^1 e^{x^2} dx = \int_0^1 \left(1 + \frac{1}{1!}x^2 + \frac{1}{2!}x^4 + \frac{1}{3!}x^6 + \cdots\right) dx$$

$$= \left(x + \frac{1}{1!} \cdot \frac{x^3}{3} + \frac{1}{2!} \cdot \frac{x^5}{5} + \frac{1}{3!} \cdot \frac{x^7}{7} + \cdots\right) \Big|_0^1$$

$$=1+\frac{1}{1!\times 3}+\frac{1}{2!\times 5}+\frac{1}{3!\times 7}+\cdots+\frac{1}{n!\times(2n+1)}+\cdots$$

计算后可发现:

$$1+\frac{1}{1!\times 3}+\frac{1}{2!\times 5}+\frac{1}{3!\times 7}=1.457\,14$$

$$1+\frac{1}{1!\times 3}+\frac{1}{2!\times 5}+\frac{1}{3!\times 7}+\frac{1}{4!\times 9}=1.461\,77$$

$$1+\frac{1}{1!\times 3}+\frac{1}{2!\times 5}+\frac{1}{3!\times 7}+\frac{1}{4!\times 9}+\frac{1}{5!\times 11}=1.462\,53$$

$$1+\frac{1}{1!\times 3}+\frac{1}{2!\times 5}+\frac{1}{3!\times 7}+\frac{1}{4!\times 9}+\frac{1}{5!\times 11}+\frac{1}{6!\times 13}=1.462\,64$$

$$1+\frac{1}{1!\times 3}+\frac{1}{2!\times 5}+\frac{1}{3!\times 7}+\frac{1}{4!\times 9}+\frac{1}{5!\times 11}+\frac{1}{6!\times 13}+\frac{1}{7!\times 15}=1.462\,65$$

说明该积分数值结果保留3位小数结果应该位1.463。

9.3 傅里叶级数

在信号处理领域有一个核心角色——傅里叶变换,它被广泛地应用于图像、气象、地质、机械、物理、经济等学科。对于理工科专业的同学,将在本科高年级或者研究生阶段接触和使用这个知识方法。**傅里叶级数**是**傅里叶变换**的前置基础知识,在这里我们简单了解它的基本原理和思想,以便为后续学习更深入的内容做好准备。

9.3.1 基本公式

1822年,法国数学家傅里叶(见图9.5)在他的著作《热的解析理论》中提出了一个看似疯狂的想法:任何周期性函数都可以表示为一系列简单的正弦波和余弦波的叠加,这一理论被称为"傅里叶级数"。

举个例子,一个周期为2π的函数,其在一个周期内的定义如下:

$$f(x)=\begin{cases}-1, & -\pi\leqslant x<0\\ 1, & 0\leqslant x<\pi\end{cases} \quad (9.3.1)$$

它的图像如图9.6所示。

根据傅里叶级数的计算,以下三角函数表达式对应的取值会与式(9.3.1)中的函数非常接近,图像上两者的曲线也是十分贴合的:

图 9.5 约瑟夫·傅里叶(Joseph Fourier, 1768—1830)

$$\tilde{f}(x)=\sum_{n=0}^{\infty}\frac{4}{\pi}\frac{\sin[(2n+1)x]}{2n+1}$$

$$=\frac{4}{\pi}\frac{\sin x}{1}+\frac{4}{\pi}\frac{\sin(3x)}{3}+\frac{4}{\pi}\frac{\sin(5x)}{5}+\cdots \quad (9.3.2)$$

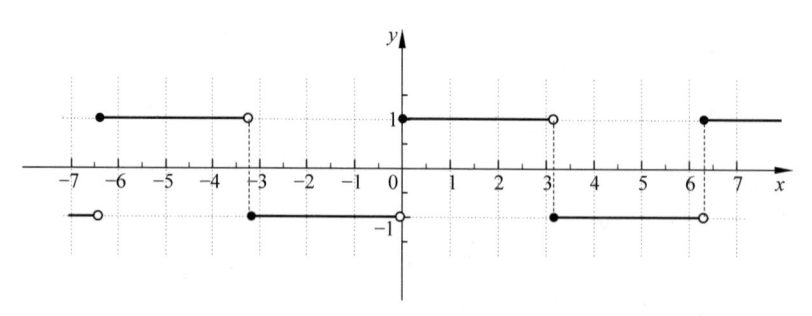

图 9.6 周期函数图像

从图 9.7 中也可以验证这种贴合情况,尽管无法画出式(9.3.2)中的无穷多项求和,但我们可以取前面若干项作为近似代替,并且随着三角函数个数增多,图 9.7 与图 9.6 也越发接近。

$y=\dfrac{4}{\pi}\sin x+\dfrac{4}{\pi}\dfrac{\sin(3x)}{3}+\dfrac{4}{\pi}\dfrac{\sin(5x)}{5}$

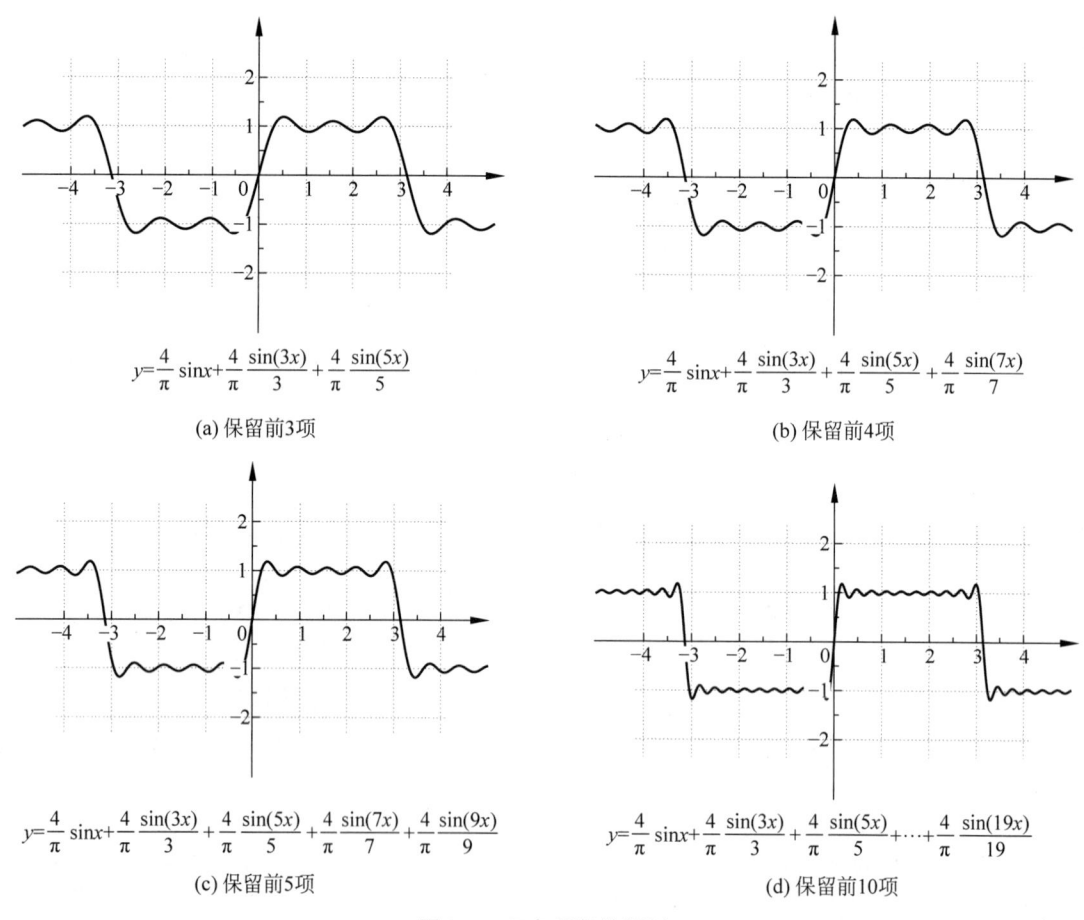

(a) 保留前3项

$y=\dfrac{4}{\pi}\sin x+\dfrac{4}{\pi}\dfrac{\sin(3x)}{3}+\dfrac{4}{\pi}\dfrac{\sin(5x)}{5}+\dfrac{4}{\pi}\dfrac{\sin(7x)}{7}$

(b) 保留前4项

$y=\dfrac{4}{\pi}\sin x+\dfrac{4}{\pi}\dfrac{\sin(3x)}{3}+\dfrac{4}{\pi}\dfrac{\sin(5x)}{5}+\dfrac{4}{\pi}\dfrac{\sin(7x)}{7}+\dfrac{4}{\pi}\dfrac{\sin(9x)}{9}$

(c) 保留前5项

$y=\dfrac{4}{\pi}\sin x+\dfrac{4}{\pi}\dfrac{\sin(3x)}{3}+\dfrac{4}{\pi}\dfrac{\sin(5x)}{5}+\cdots+\dfrac{4}{\pi}\dfrac{\sin(19x)}{19}$

(d) 保留前10项

图 9.7 三角函数的逼近

式(9.3.2)中出现的三角函数分别是 $\sin x$、$\sin(3x)$、$\sin(5x)$、……它们的周期越来越短,频率(周期的导数)越来越高。傅里叶级数就是把一个周期函数分解为不同频率的三角函数之和,如图 9.8 所示。

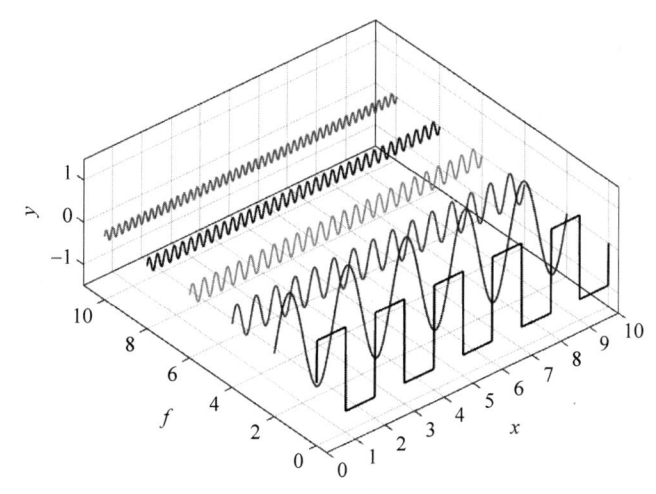

图 9.8 傅里叶级数的立体展现(见彩插)

以下给出傅里叶级数的详细定义与公式。

狄利克雷条件

对于一个周期函数 $f(x)$,记它的周期为 $2l$,如果它同时满足以下两个条件:

(1) 函数在 $[-l, l]$ 上连续,或者只有有限个第一类间断点;

(2) 函数在 $[-l, l]$ 中只存在有限个极值点。

则称 $f(x)$ 满足"狄利克雷条件"。

傅里叶级数

对于满足狄利克雷条件的周期函数 $f(x)$(周期为 $2l$),它存在一个三角级数与之近似:

$$\tilde{f}(x) = \frac{a_0}{2} + \sum_{n=1}^{\infty} \left[a_n \cos\left(\frac{n\pi}{l}x\right) + b_n \sin\left(\frac{n\pi}{l}x\right) \right]$$

其中,a_n、b_n 分别为各项余弦函数、正弦函数的系数,它们的计算公式如下:

$$\begin{cases} a_n = \frac{1}{l} \int_{-l}^{l} f(x) \cos\left(\frac{n\pi}{l}x\right) \mathrm{d}x, & n = 0, 1, 2, \cdots \\ b_n = \frac{1}{l} \int_{-l}^{l} f(x) \sin\left(\frac{n\pi}{l}x\right) \mathrm{d}x, & n = 1, 2, 3, \cdots \end{cases}$$

9.3.2 三角函数的正交性

傅里叶级数公式看似复杂,在深入理解它的原理后,你会发现格外精彩和简单。我们需要先从二维平面中向量问题谈起。我们早就知道,在二维平面直角坐标系中存在两个最基本的单位向量:$\vec{i}(1,0)$,$\vec{j}(0,1)$。如图 9.9 所示,向量 $\vec{v}$ 可以用 (x, y) 这样的坐标来表示,其本质上的含义是表示这两个基本单位向量的组合:

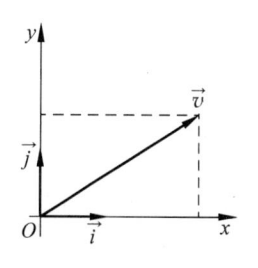

图 9.9 平面向量示意图 1

$$\vec{v} = x\vec{i} + y\vec{j} \tag{9.3.3}$$

我们也知道,在平面中任意两个**不共线**的向量 $\vec{a},\vec{b}$ 进行组合,可以表示出该平面内的**任意一个向量**,这样的向量组 $\{\vec{a},\vec{b}\}$ 可以成为该平面空间的"基"。例如,如图 9.10 所示,向量 $\vec{v}=(7,6),\vec{a}=(3,1),\vec{b}=(1,4)$,请用 $\{\vec{a},\vec{b}\}$ 这组基来表示 $\vec{v}$。

我们可以设 $\vec{v}=x\vec{a}+y\vec{b}$,即 $(7,6)=x(3,1)+y(1,4)$,列成方程组形式为

$$\begin{cases} 3x+y=7 \\ x+4y=6 \end{cases} \Rightarrow \begin{cases} x=2 \\ y=1 \end{cases} \tag{9.3.4}$$

所以有:$\vec{v}=2\vec{a}+1\vec{b}$。可以说 $(2,1)$ 是向量 $\vec{v}$ 在基 $\{\vec{a},\vec{b}\}$ 中的**坐标**。

接下来我们考虑一种特殊情况:如图 9.11 所示,如果 $\vec{a},\vec{b}$ 这两个基向量**互相垂直**,这时计算任意向量 $\vec{v}$ 在基 $\{\vec{a},\vec{b}\}$ 中的坐标有一种不需要解方程组的直接方法。

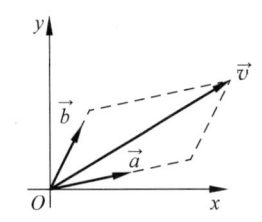

图 9.10 平面向量示意图 2　　　　图 9.11 平面向量示意图 3

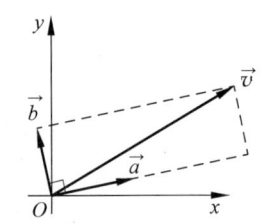

设 $\vec{v}=x\vec{a}+y\vec{b}$,然后左右两侧同时与 $\vec{a}$ 进行点乘,可以得到:

$$\vec{v} \cdot \vec{a} = x\vec{a} \cdot \vec{a} + y\vec{b} \cdot \vec{a} \tag{9.3.5}$$

基向量 $\vec{a},\vec{b}$ 垂直,意味着式(9.3.5)等号右侧的 $\vec{b} \cdot \vec{a}=0$。所以用点乘的结果可以直接算出系数 x:

$$x = \frac{\vec{v} \cdot \vec{a}}{\vec{a} \cdot \vec{a}} \tag{9.3.6}$$

同理,左右同时和 $\vec{b}$ 点乘,得到系数 y:

$$y = \frac{\vec{v} \cdot \vec{b}}{\vec{b} \cdot \vec{b}} \tag{9.3.7}$$

举个例子,$\vec{v}=(4,7),\vec{a}=(2,1),\vec{b}=(-1,2),\vec{v}=x\vec{a}+y\vec{b}$,求 $\vec{v}$ 在基 $\{\vec{a},\vec{b}\}$ 中的坐标。

虽然列方程可以解决,但是我们观察到这里面 $\vec{a},\vec{b}$ 是垂直的(两者点积为 0),所以直接套用公式:

$$\begin{aligned} x &= \frac{\vec{v} \cdot \vec{a}}{\vec{a} \cdot \vec{a}} = \frac{(4,7) \cdot (2,1)}{(2,1) \cdot (2,1)} = 3 \\ y &= \frac{\vec{v} \cdot \vec{b}}{\vec{b} \cdot \vec{b}} = \frac{(4,7) \cdot (-1,2)}{(-1,2) \cdot (-1,2)} = 2 \end{aligned} \tag{9.3.8}$$

可得:

$$\vec{v} = 3\vec{a} + 2\vec{b} \qquad (9.3.9)$$

通过上述过程,我们理解了基向量 $\vec{a}, \vec{b}$ 相互垂直的好处。如果基向量相互垂直,则称这个基为**正交基**(现代数学中,"正交"一词的含义与"垂直"类似)。

那么我们接下来就把这样的二维情形拓展到三维、n 维的情形。

三维向量常被记为 (x, y, z),三维向量中的点乘运算过程如下:

$$(a_1, b_1, c_1) \cdot (a_2, b_2, c_2) = a_1 a_2 + b_1 b_2 + c_1 c_2 \qquad (9.3.10)$$

n 维向量的表示方法为 $(x_1, x_2, x_3, \cdots, x_n)$,同理可知,$n$ 维向量的点乘公式如下:

$$(x_1, x_2, x_3, \cdots, x_n) \cdot (y_1, y_2, y_3, \cdots, y_n) = x_1 y_1 + x_2 y_2 + x_3 y_3 + \cdots + x_n y_n = \sum_{i=1}^{n} x_i y_i \qquad (9.3.11)$$

不妨思考一个问题:可不可以将函数看作一种向量呢?比如研究一个定义域在 $[a, b]$ 上的连续函数。我们可以认为这段函数曲线是无穷多个点构成的,把每个点对应的函数值作为向量的坐标,如图 9.12 所示。

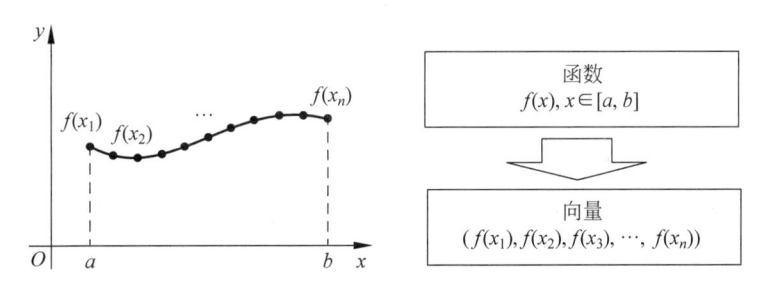

图 9.12　函数曲线可以理解为一种向量

尽管此时向量的维数是无穷大的,但它们也可以得出"点乘"的操作。设 $[a, b]$ 上有两个函数 $f(x)$ 与 $g(x)$,参考式(9.3.11),两个函数之间的点乘可以写为

$$\langle f(x), g(x) \rangle = \int_a^b f(x) g(x) \, \mathrm{d}x \qquad (9.3.12)$$

> 提示:用向量的方式来看待并研究函数,这是现代数学中的一个重要话题,对此感兴趣的同学可以专门学习《泛函分析》。

如果两者点乘结果为 0,即 $\int_a^b f(x) g(x) \, \mathrm{d}x = 0$,则可以称这两个函数在向量层面是"垂直"的,不过更专业的说法是此时 **$f(x)$ 与 $g(x)$ 是正交的**。

好了,前面做了这么多铺垫,下面轮到三角函数登场了。我们取一个三角函数组成的集合 $\{\cos(nx), \sin(nx) \mid n \in \mathbf{N}\}$,它们包含无数多个三角函数,如下所示:

$$\{\cos(nx), \sin(nx) \mid n \in \mathbf{N}\} = \{1, 0, \cos x, \sin x, \cos(2x), \sin(2x), \cos(3x), \sin(3x), \cdots\} \qquad (9.3.13)$$

集合中的 1 和 0 这两个常值可以分别理解为 $\cos(0x)$、$\sin(0x)$ 这两种特殊的三角函数。

以 $x \in [0, 2\pi]$ 为讨论区间,数学家惊奇地发现:**这个集合中的函数是相互正交的!** 从式(9.3.13)所示的集合中取任意两个不同的函数进行点乘,得到的结果都是 0,比如以下的例子:

$$\langle \cos x, \sin x \rangle = \int_0^{2\pi} \cos x \sin x \, dx = \int_0^{2\pi} \frac{\sin(2x)}{2} dx = -\frac{\cos 2x}{4} \Big|_0^{2\pi} = 0$$

$$\langle \cos x, \cos(2x) \rangle = \int_0^{2\pi} \cos x \cos(2x) dx = \int_0^{2\pi} \cos x (2\cos^2 x - 1) dx = \left(\sin x - \frac{2}{3} \cos x \right) \Big|_0^{2\pi} = 0$$

$$\langle \cos x, \sin(2x) \rangle = \int_0^{2\pi} \cos x \sin(2x) dx = \int_0^{2\pi} \cos x (2\sin x \cos x) dx = -\frac{2}{3} \cos^3 x \Big|_0^{2\pi} = 0$$

(9.3.14)

这样集合 $\{\cos(nx), \sin(nx) | n \in \mathbf{N}\}$ 可以看作 $[0, 2\pi]$ 区间上表达各类函数曲线的**正交基**。另外，$\langle \cos(nx), \sin(nx) | n \in \mathbf{N} \rangle$ 中，除了 0 和 1 之外，每个函数与自身点乘的结果都是 π：

$$\langle \cos x, \cos x \rangle = \int_0^{2\pi} \cos x \cos x \, dx = \int_0^{2\pi} \frac{1 + \cos(2x)}{2} dx = \pi$$

$$\langle \sin x, \sin x \rangle = \int_0^{2\pi} \sin x \sin x \, dx = \int_0^{2\pi} \frac{1 - \cos(2x)}{2} dx = \pi$$

$$\langle \cos(2x), \cos(2x) \rangle = \int_0^{2\pi} \cos(2x) \cos(2x) dx = \int_0^{2\pi} (4\cos^4 x - 4\cos^2 x + 1) dx = \pi \quad (9.3.15)$$

$$\langle 1, 1 \rangle = \int_0^{2\pi} 1 \, dx = 2\pi$$

$$\langle 0, 0 \rangle = \int_0^{2\pi} 0 \, dx = 0$$

有了以上工作铺垫，我们现在可以把 $[0, 2\pi]$ 上一个 $f(x)$ 看作一个向量，该向量将可以用三角函数组成的基 $\{\cos(nx), \sin(nx) | n \in \mathbf{N}\}$ 表示出来：

$$f(x) = a_0 + a_1 \cos x + b_1 \sin x + a_2 \cos(2x) + b_2 \sin(2x) + \cdots \quad (9.3.16)$$

那么问题来了，怎么求这里面的系数 $a_0, a_1, b_1, a_2, b_2 \cdots$ 呢？

回想一下前面提到的二维平面中的例子：$\vec{v} = x\vec{a} + y\vec{b}$，如果 $\vec{a}, \vec{b}$ 是正交的，则有 $m = \frac{\vec{v} \cdot \vec{a}}{\vec{a} \cdot \vec{a}}, n = \frac{\vec{v} \cdot \vec{b}}{\vec{b} \cdot \vec{b}}$。受此启发，比如现在求式(9.3.16)中的 a_2，它是 $\cos(2x)$ 的系数，我们只需要让式(9.3.16)左右都对 $\cos(2x)$ 进行点乘操作，就可以推出：

$$a_2 = \frac{\langle f(x), \cos(2x) \rangle}{\langle \cos 2x, \cos(2x) \rangle} = \frac{\int_0^{2\pi} f(x) \cos(2x) dx}{\int_0^{2\pi} \cos(2x) \cos(2x) dx} = \frac{1}{\pi} \int_0^{2\pi} f(x) \cos(2x) dx \quad (9.3.17)$$

同理可以得出以下公式：

$$a_n = \frac{\int_0^{2\pi} f(x) \cos(nx) dx}{\int_0^{2\pi} \cos(nx) \cos(nx) dx} = \begin{cases} \frac{1}{\pi} \int_0^{2\pi} f(x) \cos(nx) dx, & n \in \mathbf{N}_+ \\ \frac{1}{2\pi} \int_0^{2\pi} f(x) dx, & n = 0 \end{cases}$$

(9.3.18)

$$b_n = \frac{\int_0^{2\pi} f(x) \sin(nx) dx}{\int_0^{2\pi} \sin(nx) \sin(nx) dx} = \begin{cases} \frac{1}{\pi} \int_0^{2\pi} f(x) \sin(nx) dx, & n \in \mathbf{N}_+ \\ 0, & n = 0 \end{cases}$$

系数的问题解决了，那么我们不妨把这个想法拓展一下。如果不再局限于 $[0, 2\pi]$ 区间，

对于一个周期长度为 $2l$ 的函数,我们可以直接把三角函数 $\{\cos(nx),\sin(nx)|n\in\mathbf{N}\}$ 通过伸缩变换,使它们的周期变成 $2l$ 就好了,即 $\left\{\cos\left(\dfrac{\pi}{l}nx\right),\sin\left(\dfrac{\pi}{l}nx\right)\Big|n\in\mathbf{N}\right\}$,这里面三角函数仍然保持相互正交的关系。此时如果 $n\neq 0$,$\cos\left(\dfrac{\pi}{l}nx\right)$ 或 $\sin\left(\dfrac{\pi}{l}nx\right)$ 在 $[-l,l]$ 区间上与自身的点乘结果为 l。

由此得到了傅里叶级数更加通用的相关公式,在宽度为 $2l$ 的区间上将函数展开为如下形式:

$$f(x)=\dfrac{a_0}{2}+\sum_{n=1}^{\infty}\left(a_n\cos\dfrac{n\pi x}{l}+b_n\sin\dfrac{n\pi x}{l}\right)$$

$$a_n=\dfrac{1}{l}\int_{-l}^{l}f(x)\cos\dfrac{n\pi x}{l}\mathrm{d}x,\quad n=0,1,2,3,\cdots \quad (9.3.19)$$

$$b_n=\dfrac{1}{l}\int_{-l}^{l}f(x)\sin\dfrac{n\pi x}{l}\mathrm{d}x,\quad n=0,1,2,3,\cdots$$

以上就是关于傅里叶级数的推导过程。

傅里叶级数也是局限的,它仅适合于研究周期函数。如果是定义在整个实数域上的非周期函数,怎么办呢?把**非周期函数看作周期无穷大的周期函数**就好了,也就是令 $l\to+\infty$。这时定义 $\dfrac{\pi}{l}=\omega$,则有 $\omega\to 0$,再引入大名鼎鼎的欧拉公式:

$$\mathrm{e}^{\mathrm{i}\omega}=\cos\omega+\mathrm{i}\sin\omega \quad (9.3.20)$$

以及

$$\cos\omega=\dfrac{\mathrm{e}^{\mathrm{i}\omega}+\mathrm{e}^{-\mathrm{i}\omega}}{2},\quad \sin\omega=\dfrac{\mathrm{e}^{\mathrm{i}\omega}-\mathrm{e}^{-\mathrm{i}\omega}}{2} \quad (9.3.21)$$

代入上面关于傅里叶级数的内容,就可以得出傅里叶变换公式:

$$F(\omega)=\int_{-\infty}^{+\infty}f(t)\mathrm{e}^{-\mathrm{i}\omega t}\mathrm{d}t \quad (9.3.22)$$

9.4 结语

傅里叶在提出他的理论(傅里叶级数)后,遭受了诸多数学和物理学家的质疑,直到他离开人世。在这两百年间,伴随着后人对这个天才想法的不断深入研究,他的理论在诸多学科中生根发芽,甚至可以说改变了人类理解世界的方式,让许多工程师、科学家常用的横坐标从"时间 t"改成了"频率 ω"。

无穷级数,奥妙无穷。这里就是本书的最后一部分了,你竟然耐心地看到了这里,真是让我感到意外和惊喜,感谢你的用心陪伴!但是这里不是终点,这里是起点。不必在此停留太久,你该开启下一程了,带着更加好奇的眼睛、自信的胸膛和勇敢的心!